劳动和社会保障部全国计算机信息高新技术考试指定教材

U0148824

办公软件应用（Windows平台）

Windows XP,Office 2003
试题解答

★ 高级操作员级 ★

段福生 朱厚峰 刘文军 等编写

科学出版社
www.sciencep.com

北京希望电子出版社
Beijing Hope Electronic Press
www.bhp.com.cn

内 容 简 介

由劳动和社会保障部职业技能鉴定中心在全国统一组织实施的全国计算机信息高新技术考试是面向广大社会劳动者举办的计算机职业技能考试，考试采用国际通行的专项职业技能鉴定方式，测定应试者的计算机应用操作能力，以适应社会发展和科技进步的需要。

本书包含了全国计算机信息高新技术考试办公软件应用模块（Windows平台）高级操作员级考试全部试题的操作解答。全部解答根据试题特点，重点突出、详略得当，使读者能尽快掌握操作系统的应用、文档处理的基本操作与综合操作、数据表格处理的基本操作与综合应用、演示文稿的制作、办公软件的联合应用及桌面信息管理程序应用等知识和技巧。

本书以培训教材和试题汇编为依据，试题解答正确清晰，不但能满足培训考试需要，还可供广大读者学习办公软件应用模块的操作技能使用，更是各类大、中专院校，技校，职高作为办公软件应用模块技能培训的优秀参考书。

为方便考生练习，本书配套光盘含有 50% 的题库素材，若需全部素材请与 010-82702675 联系。

需要本书或技术支持的读者，请与北京清河 6 号信箱（邮编：100085）发行部联系，电话：010-62978181（总机）转发行部，010-82702675（邮购），传真：010-82702698，E-mail：zhoujx@bhp.com.cn,wtshi@bhp.com.cn。

图书在版编目（CIP）数据

办公软件应用（Windows 平台）Windows XP,Office 2003 试题解答：高级操作员级/段福生等编写. —北京：科学出版社，2008.10

劳动和社会保障部全国计算机信息高新技术考试指定教材

ISBN 978-7-03-023777-4

Ⅰ. 办… Ⅱ. 段… Ⅲ. ①窗口软件，Windows XP—技术培训—试题 ②办公室—自动化—应用软件，Office 2003—技术培训—解题 Ⅳ. TP316.7-44 TP317.1-44

中国版本图书馆 CIP 数据核字（2008）第 201774 号

责任编辑：范二朋　　　／责任校对：孔会丽
责任印刷：密　东　　　／封面设计：刘荣慧

科学出版社 出版
北京东黄城根北街 16 号
邮政编码：100717
http://www.sciencep.com

北京市密东印刷有限公司印刷
科学出版社发行　各地新华书店经销

*

2008 年 10 月第 　1　 版　　开本：787mm×1092mm 1/16
2008 年 10 月第 1 次印刷　　印张：18.625
印数：1-3 000 册　　字数：425 千字
定价：30.00 元（配 1 张光盘）

国家职业技能鉴定专家委员会
计算机专业委员会名单

主 任 委 员：路甬祥

副主任委员：陈 冲 陈 宇 周明陶

委　　　员：（按姓氏笔画排序）

王 林　冯登国　关东明　朱崇君　李 华　李明树

李京申　求伯君　何新华　宋 建　陆卫民　陈 禹

陈 钟　陈 敏　明 宏　罗 军　金志农　金茂忠

赵洪利　钟玉琢　徐广卿　徐建华　鲍岳桥　雷 毅

秘 书 长：赵伯雄

全国计算机信息高新技术考试简介

全国计算机信息高新技术考试是劳动和社会保障部为适应社会发展和科技进步的需要，提高劳动力素质和促进就业，加强计算机信息高新技术领域新职业、新工种职业技能鉴定工作，授权劳动和社会保障部职业技能鉴定中心在全国范围内统一组织实施的社会化职业技能考试。根据劳动和社会保障部职业技能开发司、劳动和社会保障部职业技能鉴定中心劳培司字[1997]63 号文件："考试合格者由劳动和社会保障部职业技能鉴定中心统一核发计算机信息高新技术考试合格证书。该证书作为反映计算机操作技能水平的基础性职业资格证书，在要求计算机操作能力并实行岗位准入控制的相应职业作为上岗证；在其他就业和职业评聘领域作为计算机相应操作能力的证明。通过计算机信息高新技术考试，获得操作员、高级操作员资格者，分别视同于中华人民共和国中级、高级技术等级，其使用及待遇参照相应规定执行；获得操作师、高级操作师资格者参加技师、高级技师技术职务评聘时分别作为其专业技能的依据。"

开展这项工作的主要目的，是为了推动高新技术在我国的迅速普及，促使其得到推广应用，提高应用人员的使用水平和高新技术装备的使用效率，促进生产效率的提高；同时，对高新技术应用人员的择业、流动提供一个应用水平与能力的标准证明，以适应劳动力的市场化管理。

根据职业技能鉴定要求和劳动力市场化管理需要，职业技能鉴定必须做到操作直观、项目明确、能力确定、水平相当且可操作性强。因此，全国计算机信息高新技术考试采用了一种新型的、国际通用的专项职业技能鉴定方式。根据计算机不同应用领域的特征，划分模块和系列，各系列按等级分别独立进行考试。

目前划分了五个级别：

序号	级别	与国家职业资格对应关系
1	高级操作师级	中华人民共和国职业资格证书国家职业资格一级
2	操作师级	中华人民共和国职业资格证书国家职业资格二级
3	高级操作员级	中华人民共和国职业资格证书国家职业资格三级
4	操作员级	中华人民共和国职业资格证书国家职业资格四级
5	初级操作员级	中华人民共和国职业资格证书国家职业资格五级

目前划分了 15 个模块，45 个系列，67 个平台：

序号	模块	模块名称	编号	平　　台
1		初级操作员	001	Windows/Office
2	00	办公软件应用	002	Windows 平台（MS Office）（中、高级）
			003	Windows 平台（WPS）（中级）
3	01	数据库应用	012	Visual FoxPro 平台（中级）
			013	SQL Server 平台（中级）
			014	Access 平台（中级）
4	02	计算机辅助设计	021	AutoCAD 平台（中、高级）
			022	Protel 平台（中级）
5	03	图形图像处理	032	Photoshop 平台（中、高级）
			034	3D Studio MAX 平台（中、高级）

序号	模块	模块名称	编号	平　台
5	03	图形图像处理	035	CorelDRAW 平台（中、高级）
			036	Illustrator 平台（中级）
6	04	专业排版	042	PageMaker 平台（中级）
			043	Word 平台（中级）
7	05	因特网应用	052	Internet Explorer 平台（中级）
			053	ASP 平台（高级）
			054	电子政务（中级）
8	06	计算机中文速记	061	双文速记平台（初、中、高级）
9	07	微型计算机安装调试维修	071	IBM-PC 兼容机（中级）
10	08	局域网管理	081	Windows NT/2000 平台（中、高级）
			083	信息安全（中、高级）
11	09	多媒体软件制作	091	Director 平台（中级）
			092	Authorware 平台（中、高级）
12	10	应用程序设计编制	101	Visual Basic 平台（中级）
			102	Visual C++平台（中级）
			103	Delphi 平台（中级）
			104	Visual C#平台（中级）
13	11	会计软件应用	111	用友软件系列（中、高级）
			112	金蝶软件系列（中级）
14	12	网页制作	121	Dreamweaver 平台（中级）
			122	Fireworks 平台（中级）
			123	Flash 平台（中级）
			124	FrontPage 平台（中级）
			125	Macromedia 平台（高级）
15	13	视频编辑	131	Premiere 平台（中级）
			132	After Effects 平台（中级）

　　全国计算机信息高新技术考试密切结合计算机技术迅速发展的实际情况，根据软硬件发展的特点来设计考试内容和考核标准及方法，尽量采用优秀国产软件，采用标准化考试方法，重在考核计算机软件的操作能力，侧重专门软件的应用，培养具有熟练的计算机相关软件操作能力的劳动者。在考试管理上，采用"随培随考"的方法，不搞全国统一时间的考试，以适应考生需要。向社会公开考题和答案，不搞猜题战术，以求公平并提高学习效率。

　　全国计算机信息高新技术考试特别强调规范性，劳动和社会保障部职业技能鉴定中心根据"统一命题、统一考务管理、统一考评员资格、统一培训考核机构条件标准、统一颁发证书"的原则进行质量管理，每一个考核模块都制订了相应的鉴定标准和考试大纲，各地区进行培训和考试执行统一的标准和大纲，并使用统一教材，以避免"因人而异"的随意性，使证书获得者的水平具有等价性。为适应计算机技术快速发展的现实情况，不断跟踪最新应用技术，还建立了动态的职业鉴定标准体系，并由专家委员会根据技术发展进行拟定、调整和公布。

　　考试咨询网站：www.citt.org.cn　　培训教材咨询电话：010-82702665，82702672

出 版 说 明

全国计算机信息高新技术考试是劳动和社会保障部为适应社会发展和科技进步的需要，提高劳动力素质和促进就业，加强计算机信息高新技术领域新职业、新工种职业技能鉴定工作，授权劳动和社会保障部职业技能鉴定中心在全国范围内统一组织实施的社会化职业技能鉴定考试。

根据职业技能鉴定要求和劳动力市场化管理需要，职业技能鉴定必须做到操作直观、项目明确、能力确定、水平相当且可操作性强的要求，因此，全国计算机信息高新技术考试采用了一种新型的、国际通用的专项职业技能鉴定方式。根据计算机不同应用领域的特征，划分了模块和平台，各平台按等级分别独立进行考试，应试者可根据自己工作岗位的需要，选择考核模块和参加培训。

全国计算机及信息高新技术考试特别强调规范性，劳动和社会保障部职业技能鉴定中心根据"统一命题、统一考务管理、统一考评员资格、统一培训考核机构条件标准、统一颁发证书"的原则进行质量管理。每一个考试模块都制定了相应的鉴定标准和考试大纲，各地区进行培训和考试都执行统一的标准和大纲，并使用统一教材，以避免"因人而异"的随意性，使证书获得者的水平具有等价性。

为保证考试与培训的需要，每个模块的教材由两种指定教材组成。其中一种是汇集了本模块全部试题的《试题汇编》，一种是用于系统教学使用的《培训教程》。

本书是劳动部和社会保障部全国计算机信息高新技术考试中的办公软件应用模块（Windows 平台）高级操作员级试题库的全部试题的解答。全部解答根据试题特点，重点突出、详略得当，使读者能尽快掌握操作系统的应用、文档处理的基本操作与综合操作、数据表格处理的基本操作与综合操作、演示文稿的制作、办公软件的联合应用及桌面信息管理程序应用等知识和技巧。

本书以培训教材和试题汇编为依据，试题解答正确清晰，不但能满足培训考试需要，还可供广大读者学习办公软件应用模块的操作技能使用，更是各类大、中专院校，技校，职高作为办公软件应用模块技能培训的优秀参考书。

本书也能为社会各界组织计算机应用考试，检测单位成员计算机应用能力提供考试支持，为各级各类学校组织计算机教学与考试提供题源，为自学者提供学习的主要侧重点和实际达到能力的检测手段。

本书执笔人为段福生、朱厚峰、刘文军、王飞跃、腾文学、王泓博、徐津、姜中华、刘在强、程斌、宝力高、杨宁、钟仕增、丁国栋、马喜、王飞、付华杰、魏新在、肖建芳、任俊伟、王帅、张舒、荣磊、田大伟、庞兆广、李建、张红军、焦亚波等。

关于本书的不足之处，敬请批评指正。

目 录

第一单元 操作系统应用 1

1.1 第 1 题解答 1

1.2 第 2 题解答 4

1.3 第 3 题解答 6

1.4 第 4 题解答 8

1.5 第 5 题解答 9

1.6 第 6 题解答 11

1.7 第 7 题解答 12

1.8 第 8 题解答 13

1.9 第 9 题解答 15

1.10 第 10 题解答 16

1.11 第 11 题解答 18

1.12 第 12 题解答 19

1.13 第 13 题解答 20

1.14 第 14 题解答 22

1.15 第 15 题解答 23

1.16 第 16 题解答 24

1.17 第 17 题解答 26

1.18 第 18 题解答 27

1.19 第 19 题解答 28

1.20 第 20 题解答 30

第二单元 文档处理的基本操作 32

2.1 第 1 题解答 32

2.2 第 2 题解答 36

2.3 第 3 题解答 38

2.4 第 4 题解答 40

2.5 第 5 题解答 42

2.6 第 6 题解答 44

2.7 第 7 题解答 45

2.8 第 8 题解答 47

2.9 第 9 题解答 48

2.10 第 10 题解答 50

2.11 第 11 题解答 52

2.12 第 12 题解答 53

2.13 第 13 题解答 55

2.14 第 14 题解答 56

2.15 第 15 题解答 58

2.16 第 16 题解答 59

2.17 第 17 题解答 60

2.18 第 18 题解答 62

2.19 第 19 题解答 63

2.20 第 20 题解答 65

第三单元 文档处理的综合操作 67

3.1 第 1 题解答 67

3.2 第 2 题解答 70

3.3 第 3 题解答 71

3.4 第 4 题解答 73

3.5 第 5 题解答 74

3.6 第 6 题解答 75

3.7 第 7 题解答 78

3.8 第 8 题解答 80

3.9 第 9 题解答 82

3.10 第 10 题解答 83

3.11 第 11 题解答 85

3.12 第 12 题解答 87

3.13 第 13 题解答 88

3.14 第 14 题解答 90

3.15 第 15 题解答 91

3.16 第 16 题解答 92

3.17 第 17 题解答 97

3.18 第 18 题解答 99

3.19 第 19 题解答 101

3.20 第 20 题解答 103

第四单元 数据表格处理的基本操作 106

4.1 第 1 题解答 106

4.2 第 2 题解答 110

4.3 第 3 题解答 112

4.4 第 4 题解答 114

4.5　第 5 题解答 115

4.6　第 6 题解答 118

4.7　第 7 题解答 120

4.8　第 8 题解答 122

4.9　第 9 题解答 124

4.10　第 10 题解答 126

4.11　第 11 题解答 128

4.12　第 12 题解答 130

4.13　第 13 题解答 131

4.14　第 14 题解答 133

4.15　第 15 题解答 135

4.16　第 16 题解答 137

4.17　第 17 题解答 139

4.18　第 18 题解答 140

4.19　第 19 题解答 142

4.20　第 20 题解答 144

第五单元　数据表处理的综合操作 146

5.1　第 1 题解答 146

5.2　第 2 题解答 150

5.3　第 3 题解答 153

5.4　第 4 题解答 154

5.5　第 5 题解答 156

5.6　第 6 题解答 157

5.7　第 7 题解答 161

5.8　第 8 题解答 162

5.9　第 9 题解答 164

5.10　第 10 题解答 166

5.11　第 11 题解答 168

5.12　第 12 题解答 170

5.13　第 13 题解答 172

5.14　第 14 题解答 173

5.15　第 15 题解答 175

5.16　第 16 题解答 176

5.17　第 17 题解答 177

5.18　第 18 题解答 178

5.19　第 19 题解答 179

5.20　第 20 题解答 180

第六单元　演示文稿的制作 182

6.1　第 1 题解答 182

6.2　第 2 题解答 184

6.3　第 3 题解答 187

6.4　第 4 题解答 189

6.5　第 5 题解答 191

6.6　第 6 题解答 192

6.7　第 7 题解答 194

6.8　第 8 题解答 195

6.9　第 9 题解答 197

6.10　第 10 题解答 199

6.11　第 11 题解答 200

6.12　第 12 题解答 202

6.13　第 13 题解答 203

6.14　第 14 题解答 205

6.15　第 15 题解答 207

6.16　第 16 题解答 209

6.17　第 17 题解答 210

6.18　第 18 题解答 211

6.19　第 19 题解答 213

6.20　第 20 题解答 215

第七单元　办公软件的联合应用 217

7.1　第 1 题解答 217

7.2　第 2 题解答 219

7.3　第 3 题解答 220

7.4　第 4 题解答 222

7.5　第 5 题解答 223

7.6　第 6 题解答 224

7.7　第 7 题解答 228

7.8　第 8 题解答 229

7.9　第 9 题解答 231

7.10　第 10 题解答 232

7.11　第 11 题解答 233

7.12　第 12 题解答 236

7.13　第 13 题解答 237

7.14　第 14 题解答 239

7.15　第 15 题解答 241

7.16　第 16 题解答 242

7.17　第 17 题解答 244

7.18　第 18 题解答..........................245
7.19　第 19 题解答..........................246
7.20　第 20 题解答..........................248
第八单元　桌面信息管理程序应用.....................250
8.1　第 1 题解答..........................250
8.2　第 2 题解答..........................254
8.3　第 3 题解答..........................255
8.4　第 4 题解答..........................257
8.5　第 5 题解答..........................259
8.6　第 6 题解答..........................261
8.7　第 7 题解答..........................263
8.8　第 8 题解答..........................265

8.9　第 9 题解答..........................267
8.10　第 10 题解答..........................268
8.11　第 11 题解答..........................270
8.12　第 12 题解答..........................272
8.13　第 13 题解答..........................274
8.14　第 14 题解答..........................276
8.15　第 15 题解答..........................278
8.16　第 16 题解答..........................279
8.17　第 17 题解答..........................281
8.18　第 18 题解答..........................283
8.19　第 19 题解答..........................284
8.20　第 20 题解答..........................286

第一单元 操作系统应用

1.1 第 1 题解答

1. 启动 "资源管理器"

第 1 步：进入 Windows XP 操作系统后，执行 "开始" | "所有程序" | "附件" | "资源管理器" 命令，或者在 "开始" 菜单上右击，在弹出的快捷菜单中选择 "资源管理器" 命令，打开资源管理器的窗口，如图 1-01 所示。

图 1-01　资源管理器窗口

2. 创建文件夹

第 2 步：在资源管理器左边的窗格中任意选中一个磁盘驱动器，在右边窗格中的空白位置右击，在弹出的快捷菜单中执行 "新建" | "文件夹" 命令。

第 3 步：在右边的窗格中，出现一个新建的文件夹，并且该文件夹名处于编辑状态，输入考生准考证号码后 7 位数字作为文件夹名。

3. 复制文件、改变文件名

第 4 步：在资源管理器左边的文件夹窗格中，选中 C 盘 Win2008GJW 文件夹中的 KSML2 文件夹，根据选题单，在右边的内容窗格中选中相应的文件，如图 1-02 所示。

第 5 步：执行 "编辑" | "复制" 命令，将选中的题目复制到剪贴板中。在资源管理器左边的文件夹窗口中选中新建的文件夹，执行 "编辑" | "粘贴" 命令，将考题复制到考生文件夹中。

第 6 步：在第 1 单元的考题上右击，在快捷菜单中选择 "重命名" 命令，在文件名编辑框中输入 "A1"，按相同的方法分别将第 2、3、4、5、6、7、8 单元的题目重命名为 A2、A3、A4、A5、A6、A7、A8，重命名时应注意不要改变原考题文件的扩展名。

图 1-02　选中要复制的题目

4. 系统设置与优化

第 7 步：单击"开始"按钮，执行"所有程序"|"附件"|"系统工具"|"磁盘清理"命令，打开"选择驱动器"对话框，如图 1-03 所示。

第 8 步：在"驱动器"下拉列表中选择"C："，单击"确定"按钮，系统开始对"C盘"进行扫描计算，然后打开"（C：）的磁盘清理"对话框，如图 1-04 所示。

图 1-03　"选择驱动器"对话框　　　　图 1-04　"（C：）的磁盘清理"对话框

第 9 步：在"要删除的文件"列表中选中要删除的文件，然后单击"确定"按钮，打开一个确认对话框，单击"是"按钮，系统开始对磁盘进行清理，此时将显示一个进度对话框，如图 1-05 所示。

第 10 步：在清理磁盘的过程中，按键盘上的 Print Screen SysRq 键对该屏幕进行拷屏，执行"开始"|"所有程序"|"附件"|"画图"命令，打开"画图"程序，执行"编辑"|"粘贴"命令，以拷屏内容新建 bmp 文件。

第 11 步：执行"文件"|"保存"命令，打开"保存为"对话框，如图 1-06 所示。

图 1-05 磁盘清理进度　　　　　　　　　图 1-06 "保存为"对话框

第 12 步：在"保存在"下拉列表中选择考生文件夹，在"文件名"文本框中输入"A1a"，单击"保存"按钮。

第 13 步：在任务栏的最右端双击时间图标，打开"日期和时间 属性"对话框，如图 1-07 所示。

第 14 步：在"日期和时间 属性"对话框的日期区域调整系统的日期为 2008 年 8 月 08 日，在时间区域利用微调按钮调整时间为上午 8:00。

第 15 步：按键盘上的 Print Screen SysRq 键对"日期和时间 属性"对话框窗口进行拷屏，打开"画图"程序，执行"编辑"|"粘

图 1-07 "日期和时间 属性"对话框

贴"命令，以拷屏内容新建 bmp 文件。执行"文件"|"保存"命令，打开"保存为"对话框，在"文件名"文本框中输入"A1b"，在"保存在"下拉列表中选择考生文件夹，单击"保存"按钮，并恢复系统原设置。

第 16 步：在桌面上的空白处右击，在打开的快捷菜单中选择"属性"命令，打开"显示 属性"对话框，单击"设置"选项卡，如图 1-08 所示。

第 17 步：单击"高级"按钮，打开"即插即用监视器"对话框，单击"监视器"选项卡，如图 1-09 所示。

第 18 步：在"刷新频率"下拉列表中选择"85 赫兹"，按键盘上的 Print Screen SysRq 键对该屏幕进行拷屏，执行"开始"|"所有程序"|"附件"|"画图"命令，打开"画图"程序，执行"编辑"|"粘贴"命令，以拷屏内容新建 bmp 文件。

第 19 步：执行"文件"|"保存"命令，打开"保存为"对话框，在"保存在"下拉列表中选择考生文件夹，在"文件名"文本框中输入"A1c"，单击"保存"按钮。并恢复系统原设置。

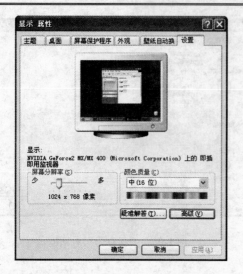

图 1-08　"显示 属性"对话框　　　　图 1-09　设置屏幕刷新频率

1.2　第 2 题解答

1. 启动"资源管理器"

第 1 步：进入 Windows XP 操作系统后，执行"开始"|"所有程序"|"附件"|"资源管理器"命令，或者在"开始"菜单上右击，在弹出的快捷菜单中选择"资源管理器"命令，打开资源管理器的窗口。

2. 创建文件夹

第 2 步：在资源管理器左边的窗格中任意选中一个磁盘驱动器，在右边窗格中的空白位置右击，在弹出的快捷菜单中执行"新建"|"文件夹"命令。

第 3 步：在右边的窗格中，出现一个新建的文件夹，并且该文件夹名处于编辑状态，输入考生准考证号码后 7 位数字作为文件夹名。

3. 复制文件、改变文件名

第 4 步：在资源管理器左边的文件夹窗格中，选中 C 盘 Win2008GJW 文件夹中的 KSML2 文件夹，根据选题单，在右边的内容窗格中选中相应的文件。

第 5 步：执行"编辑"|"复制"命令，将选中的题目复制到剪贴板中。在资源管理器左边的文件夹窗口中选中新建的文件夹，执行"编辑"|"粘贴"命令，将考题复制到考生文件夹中。

第 6 步：在第 1 单元的考题上右击，在快捷菜单中选择"重命名"命令，在文件名编辑框中输入"A1"，按相同的方法分别将第 2、3、4、5、6、7、8 单元的题目重命名为 A2、A3、A4、A5、A6、A7、A8，重命名时应注意不要改变原考题文件的扩展名。

4．系统设置与优化

第 7 步：执行"开始"|"搜索"|命令，打开"搜索结果"窗口，在"搜索助理"区域单击"所有文件和文件夹"，在"全部或部分文件名"文本框中输入".exe"，在"在这里寻找"下拉列表中选择"本地磁盘（C：）"，如图 1-10 所示。

图 1-10　"搜索结果"窗口

第 8 步：单击"搜索"按钮，系统开始在 C 盘中搜索符合条件的文件，查找结束后，按键盘上的 Print Screen SysRq 键对该屏幕进行拷屏，执行"开始"|"所有程序"|"附件"|"画图"命令，打开"画图"程序，执行"编辑"|"粘贴"命令，以拷屏内容新建 bmp文件。

第 9 步：执行"文件"|"保存"命令，打开"保存为"对话框，在"保存在"下拉列表中选择考生文件夹，在"文件名"文本框中输入"A1a"，单击"保存"按钮。

第 10 步：在任务栏的最右端双击时间图标，打开"日期和时间 属性"对话框，如图1-07 所示。

第 11 步：在"日期和时间 属性"对话框的日期区域调整系统的日期为 2008 年 8 月 8日，在时间区域利用微调按钮调整时间为上午 8:00。

第 12 步：按键盘上的 Print Screen SysRq 键对"日期和时间 属性"对话框窗口进行拷屏，打开"画图"程序，执行"编辑"|"粘贴"命令，以拷屏内容新建 bmp 文件。执行"文件"|"保存"命令，打开"保存为"对话框，在"文件名"文本框中输入"A1b"，在"保存在"下拉列表中选择考生文件夹，单击"保存"按钮，并恢复系统原设置。

第 13 步：在桌面上的空白处右击，在打开的快捷菜单中选择"属性"命令，打开"显示 属性"对话框，选择"桌面"选项卡，如图 1-11 所示。

第 14 步：在"显示 属性"对话框中单击"浏览"按钮，打开"浏览"对话框，如图1-12 所示。在"查找范围"列表中选择 C:\Win2008GJW\KSML3 文件夹，然后在文件列表中选中 BEIJING1-2.JPG 文件。单击"打开"按钮，返回"显示 属性"对话框，单击"确定"按钮。

第 15 步：按键盘上的 Print Screen SysRq 键对设置后的桌面进行拷屏，打开"画图"

程序，执行"编辑"|"粘贴"命令，以拷屏内容新建 bmp 文件。执行"文件"|"保存"命令，打开"保存为"对话框，在"文件名"文本框中输入"A1c"，在"保存在"下拉列表中选择考生文件夹，单击"保存"按钮，并恢复系统原设置。

图 1-11　"显示 属性"对话框　　　　图 1-12　"浏览"对话框

1.3　第 3 题解答

1. 启动"资源管理器"

第 1 步：进入 Windows XP 操作系统后，执行"开始"|"所有程序"|"附件"|"资源管理器"命令，或者在"开始"菜单上右击，在弹出的快捷菜单中选择"资源管理器"命令，打开资源管理器的窗口。

2. 创建文件夹

第 2 步：在资源管理器左边的窗格中任意选中一个磁盘驱动器，在右边窗格中的空白位置右击，在弹出的快捷菜单中执行"新建"|"文件夹"命令。

第 3 步：在右边的窗格中，出现一个新建的文件夹，并且该文件夹名处于编辑状态，输入考生准考证号码后 7 位数字作为文件夹名。

3. 复制文件、改变文件名

第 4 步：在资源管理器左边的文件夹窗格中，选中 C 盘 Win2008GJW 文件夹中的 KSML2 文件夹，根据选题单，在右边的内容窗格中选中相应的文件。

第 5 步：执行"编辑"|"复制"命令，将选中的题目复制到剪贴板中。在资源管理器左边的文件夹窗口中选中新建的文件夹，执行"编辑"|"粘贴"命令，将考题复制到考生文件夹中。

第 6 步：在第 1 单元的考题上右击，在快捷菜单中选择"重命名"命令，在文件名编辑框中输入"A1"，按相同的方法分别将第 2、3、4、5、6、7、8 单元的题目重命名为 A2、A3、A4、A5、A6、A7、A8，重命名时应注意不要改变原考题文件的扩展名。

4. 系统设置与优化

第7步：执行"开始"|"搜索"|命令，打开"搜索结果"窗口，在"搜索助理"区域单击"所有文件和文件夹"，在"全部或部分文件名"文本框中输入".doc"，在"在这里寻找"下拉列表中选择"本地磁盘（C：）"。

第8步：单击"搜索"按钮，系统开始在C盘中搜索符合条件的文件，查找结束后，按键盘上的Print Screen SysRq键对该屏幕进行拷屏，执行"开始"|"所有程序"|"附件"|"画图"命令，打开"画图"程序，执行"编辑"|"粘贴"命令，以拷屏内容新建bmp文件。

第9步：执行"文件"|"保存"命令，打开"保存为"对话框，在"保存在"下拉列表中选择考生文件夹，在"文件名"文本框中输入"A1a"，单击"保存"按钮。

第10步：单击"开始"按钮，执行"所有程序"|"附件"|"系统工具"|"磁盘清理"命令，打开"选择驱动器"对话框。在"驱动器"下拉列表中选择"C："，单击"确定"按钮，系统开始对"C盘"进行扫描计算，然后打开"（C：）的磁盘清理"对话框。

第11步：在"要删除的文件"列表中选中要删除的文件，然后单击"确定"按钮，打开一个确认对话框，单击"是"按钮，系统开始对磁盘进行清理，此时将显示一个进度对话框。

第12步：在清理磁盘的过程中，按键盘上的Print Screen SysRq键对该屏幕进行拷屏，执行"开始"|"所有程序"|"附件"|"画图"命令，打开"画图"程序，执行"编辑"|"粘贴"命令，以拷屏内容新建bmp文件。

第13步：执行"文件"|"保存"命令，打开"保存为"对话框，在"保存在"下拉列表中选择考生文件夹，在"文件名"文本框中输入"A1b"，单击"保存"按钮。

第14步：执行"开始"|"控制面板"命令，打开"控制面板"。在控制面板中单击"声音、语音和音频设备"，然后在打开的窗口中继续单击"声音和音频设备"，打开"声音和音频设备属性"对话框，选择"音量"选项卡，选中"静音"复选框，如图1-13所示。

第15步：按键盘上的Print Screen SysRq键对该屏幕进行拷屏，执行"开始"|"所有程序"|"附件"|"画图"命令，打开"画图"程序，执行"编辑"|"粘贴"命令，以拷屏内

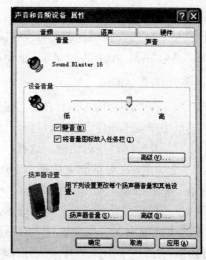

图1-13 "声音和音频设备 属性"对话框

容新建bmp文件。执行"文件"|"保存"命令，打开"保存为"对话框，在"保存在"下拉列表中选择考生文件夹，在"文件名"文本框中输入"A1c"，单击"保存"按钮，并恢复系统原设置。（注：如果在任务栏中有音量图标，用户可以直接单击或双击音量图标进行静音的设置）

1.4   第 4 题解答

1. 启动"资源管理器"

第 1 步：进入 Windows XP 操作系统后，执行"开始"|"所有程序"|"附件"|"资源管理器"命令，或者在"开始"菜单上右击，在弹出的快捷菜单中选择"资源管理器"命令，打开资源管理器的窗口。

2. 创建文件夹

第 2 步：在资源管理器左边的窗格中任意选中一个磁盘驱动器，在右边窗格中的空白位置右击，在弹出的快捷菜单中执行"新建"|"文件夹"命令。

第 3 步：在右边的窗格中出现一个新建的文件夹，并且该文件夹名处于编辑状态，输入考生准考证号码后 7 位数字作为文件夹名。

3. 复制文件、改变文件名

第 4 步：在资源管理器左边的文件夹窗格中，选中 C 盘 Win2008GJW 文件夹中的 KSML2 文件夹，根据选题单，在右边的内容窗格中选中相应的文件。

第 5 步：执行"编辑"|"复制"命令，将选中的题目复制到剪贴板中。在资源管理器左边的文件夹窗口中选中新建的文件夹，执行"编辑"|"粘贴"命令，将考题复制到考生文件夹中。

第 6 步：在第 1 单元的考题上右击，在快捷菜单中选择"重命名"命令，在文件名编辑框中输入"A1"，按相同的方法分别将第 2、3、4、5、6、7、8 单元的题目重命名为 A2、A3、A4、A5、A6、A7、A8，重命名时应注意不要改变原考题文件的扩展名。

4. 系统设置与优化

第 7 步：在"开始"菜单上右击，在弹出的快捷菜单中单击"属性"命令，打开"任务栏和「开始」菜单属性"对话框，选择"「开始」菜单"选项卡，在对话框中选择"经典「开始」菜单"单选按钮，如图 1-14 所示。

第 8 步：按键盘上的 Print Screen SysRq 键对"任务栏和「开始」菜单属性"对话框窗口进行拷屏，打开"画图"程序，执行"编辑"|"粘贴"命令，以拷屏内容新建 bmp 文件。执行"文件"|"保存"命令，打开"保存为"对话框，在"文件名"文本框中输入"A1a"，在"保存在"下拉列表中选择考生文件夹，单击"保存"按钮，并恢复系统原设置。

图 1-14   "任务栏和「开始」菜单属性"对话框

第 9 步：在任务栏的最右端双击时间图标，打开"日期和时间 属性"对话框。在"日期和时间 属性"对话框的日期区域调整系统的日期为 2008 年 10 月 1 日，在时间区域利用微调按钮调整时间为上午 10:00。

第 10 步：按键盘上的 Print Screen SysRq 键，对"日期和时间 属性"对话框窗口进行拷屏，打开"画图"程序，执行"编辑"|"粘贴"命令，以拷屏内容新建 bmp 文件。执行"文件"|"保存"命令，打开"保存为"对话框，在"文件名"文本框中输入"A1b"，在"保存在"下拉列表中选择考生文件夹，单击"保存"按钮，并恢复系统原设置。

第 11 步：在桌面上的空白处右击，在打开的快捷菜单中选择"属性"命令，打开"显示 属性"对话框，选择"设置"选项卡。单击"高级"按钮，打开"即插即用监视器"对话框，选择"监视器"选项卡，在"刷新频率"下拉列表中选择"80 赫兹"。

第 12 步：按键盘上的 Print Screen SysRq 键对该屏幕进行拷屏，执行"开始"|"所有程序"|"附件"|"画图"命令，打开"画图"程序，执行"编辑"|"粘贴"命令，以拷屏内容新建 bmp 文件。执行"文件"|"保存"命令，打开"保存为"对话框，在"保存在"下拉列表中选择考生文件夹，在"文件名"文本框中输入"A1c"，单击"保存"按钮，并恢复系统原设置。

1.5　第 5 题解答

1. 启动"资源管理器"

第 1 步：进入 Windows XP 操作系统后，执行"开始"|"所有程序"|"附件"|"资源管理器"命令，或者在"开始"菜单上右击，在弹出的快捷菜单中选择"资源管理器"命令，打开资源管理器的窗口。

2. 创建文件夹

第 2 步：在资源管理器左边的窗格中任意选中一个磁盘驱动器，在右边窗格中的空白位置右击，在弹出的快捷菜单中执行"新建"|"文件夹"命令。

第 3 步：在右边的窗格中，出现一个新建的文件夹，并且该文件夹名处于编辑状态，输入考生准考证号码后 7 位数字作为文件夹名。

3. 复制文件、改变文件名

第 4 步：在资源管理器左边的文件夹窗格中，选中 C 盘 Win2008GJW 文件夹中的 KSML2 文件夹，根据选题单，在右边的内容窗格中选中相应的文件。

第 5 步：执行"编辑"|"复制"命令，将选中的题目复制到剪贴板中。在资源管理器左边的文件夹窗口中，选中新建的文件夹，执行"编辑"|"粘贴"命令，将考题复制到考生文件夹中。

第 6 步：在第 1 单元的考题上右击，在快捷菜单中选择"重命名"命令，在文件名编辑框中输入"A1"，按相同的方法分别将第 2、3、4、5、6、7、8 单元的题目重命名为 A2、A3、A4、A5、A6、A7、A8，重命名时应注意不要改变原考题文件的扩展名。

4. 系统设置与优化

第 7 步：在桌面上的空白处右击，在打开的快捷菜单中选择"属性"命令，打开"显示属性"对话框，选择"桌面"选项卡。

第 8 步：单击"自定义桌面"按钮，打开"桌面项目"对话框，选择"常规"选项卡。在桌面图标区域选中"网上邻居"和"我的文档"复选框，如图 1-15 所示。

第 9 步：按键盘上的 Print Screen SysRq 键对该对话框进行拷屏，执行"开始"|"程序"|"附件"|"画图"命令，打开"画图"程序，执行"编辑"|"粘贴"命令，以拷屏内容新建 bmp 文件。

第 10 步：执行"文件"|"保存"命令，打开"保存为"对话框，在"保存在"下拉列表中选择考生文件夹，在"文件名"文本框中输入"A1a"，单击"保存"按钮，并恢复系统原设置。

第 11 步：执行"开始"|"搜索"|命令，打开"搜索结果"窗口，在"搜索助理"区域单击"所有文件和文件夹"，在"全部或部分文件名"文本框中输入".exe"，在"在这里寻找"下拉列表中选择"本地磁盘（C：）"。

第 12 步：单击"搜索"按钮，系统开始在 C 盘中搜索符合条件的文件，查找结束后，按键盘上的 Print Screen SysRq 键对该屏幕进行拷屏，执行"开始"|"所有程序"|"附件"|"画图"命令，打开"画图"程序，执行"编辑"|"粘贴"命令，以拷屏内容新建 bmp 文件。

第 13 步：执行"文件"|"保存"命令，打开"保存为"对话框，在"保存在"下拉列表中选择考生文件夹，在"文件名"文本框中输入"A1b"，单击"保存"按钮。

第 14 步：在任务栏的空白处右击，在打开的快捷菜单中取消"工具栏"子菜单中的所有选项，如图 1-16 所示。

第 15 步：在快捷菜单中取消"锁定任务栏"选项，然后利用鼠标拖动任务栏到桌面的右侧。

第 16 步：按键盘上的 Print Screen SysRq 键，对设置后的桌面进行拷屏，执行"开始"|"程序"|"附件"|"画图"命令，打开"画图"程序。执行"编辑"|"粘贴"命令，以拷屏内容新建 bmp 文件。执行"文件"|"保存"命令，打开"保存为"对话框，在"保存在"下拉列表中选择考生文件夹，在"文件名"文本框中输入"A1c"，单击"保存"按钮，并恢复系统原设置。

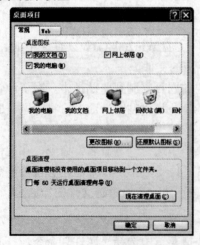

图 1-15　"桌面项目"对话框

图 1-16　设置任务栏

1.6　第6题解答

1. 启动"资源管理器"

第1步：进入 Windows XP 操作系统后，执行"开始"|"所有程序"|"附件"|"资源管理器"命令，或者在"开始"菜单上右击，在弹出的快捷菜单中选择"资源管理器"命令，打开资源管理器的窗口。

2. 创建文件夹

第2步：在资源管理器左边的窗格中任意选中一个磁盘驱动器，在右边窗格中的空白位置右击，在弹出的快捷菜单中执行"新建"|"文件夹"命令。

第3步：在右边的窗格中出现一个新建的文件夹，并且该文件夹名处于编辑状态，输入考生准考证号码后7位数字作为文件夹名。

3. 复制文件、改变文件名

第4步：在资源管理器左边的文件夹窗格中，选中C盘 Win2008GJW 文件夹中的 KSML2 文件夹，根据选题单，在右边的内容窗格中选中相应的文件。

第5步：执行"编辑"|"复制"命令，将选中的题目复制到剪贴板中。在资源管理器左边的文件夹窗口中选中新建的文件夹，执行"编辑"|"粘贴"命令，将考题复制到考生文件夹中。

第6步：在第1单元的考题上右击，在快捷菜单中选择"重命名"命令，在文件名编辑框中输入"A1"，按相同的方法分别将第 2、3、4、5、6、7、8 单元的题目重命名为 A2、A3、A4、A5、A6、A7、A8，重命名时应注意不要改变原考题文件的扩展名。

4. 系统设置与优化

第7步：在桌面上的空白处右击，在打开的快捷菜单中选择"属性"命令，打开"显示属性"对话框，选择"桌面"选项卡。

第8步：单击"自定义桌面"按钮，打开"桌面项目"对话框，选择"常规"选项卡。在桌面图标区域选中"网上邻居"和"我的文档"复选框。

第9步：按键盘上的 Print Screen SysRq 键对该对话框进行拷屏，执行"开始"|"程序"|"附件"|"画图"命令，打开"画图"程序，执行"编辑"|"粘贴"命令，以拷屏内容新建 bmp 文件。

第10步：执行"文件"|"保存"命令，打开"保存为"对话框，在"保存在"下拉列表中选择考生文件夹，在"文件名"文本框中输入"A1a"，单击"保存"按钮，并恢复系统原设置。

第11步：在任务栏的空白处右击，在打开的快捷菜单中选中"工具栏"子菜单中的"链接"选项。

第12步：在快捷菜单中取消"锁定任务栏"选项，然后利用鼠标拖动任务栏到桌面的顶端。

第13步：按键盘上的 Print Screen SysRq 键对设置后的桌面进行拷屏，执行"开始"|"程序"|"附件"|"画图"命令，打开"画图"程序。执行"编辑"|"粘贴"命令，以拷

屏内容新建 bmp 文件。执行"文件"|"保存"命令，打开"保存为"对话框，在"保存在"下拉列表中选择考生文件夹，在"文件名"文本框中输入"A1b"，单击"保存"按钮，并恢复系统原设置。

第 14 步：执行"开始"|"控制面板"命令，打开"控制面板"。在控制面板中单击"声音、语音和音频设备"，然后在打开的窗口中继续单击"声音和音频设备"打开"声音和音频设备属性"对话框，选择"音量"选项卡，选中"静音"复选框。

第 15 步：按键盘上的 Print Screen SysRq 键对该屏幕进行拷屏，执行"开始"|"所有程序"|"附件"|"画图"命令，打开"画图"程序，执行"编辑"|"粘贴"命令，以拷屏内容新建 bmp 文件。

第 16 步：执行"文件"|"保存"命令，打开"保存为"对话框，在"保存在"下拉列表中选择考生文件夹，在"文件名"文本框中输入"A1c"，单击"保存"按钮，并恢复系统原设置。（注：如果在任务栏中有音量图标，用户可以直接单击或双击音量图标进行静音的设置）

1.7　第 7 题解答

1. 启动"资源管理器"

第 1 步：进入 Windows XP 操作系统后，执行"开始"|"所有程序"|"附件"|"资源管理器"命令，或者在"开始"菜单上右击，在弹出的快捷菜单中选择"资源管理器"命令，打开资源管理器的窗口。

2. 创建文件夹

第 2 步：在资源管理器左边的窗格中任意选中一个磁盘驱动器，在右边窗格中的空白位置右击，在弹出的快捷菜单中执行"新建"|"文件夹"命令。

第 3 步：在右边的窗格中出现一个新建的文件夹，并且该文件夹名处于编辑状态，输入考生准考证号码后 7 位数字作为文件夹名。

3. 复制文件、改变文件名

第 4 步：在资源管理器左边的文件夹窗格中，选中 C 盘 Win2008GJW 文件夹中的 KSML2 文件夹，根据选题单，在右边的内容窗格中选中相应的文件。

第 5 步：执行"编辑"|"复制"命令，将选中的题目复制到剪贴板中。在资源管理器左边的文件夹窗口中选中新建的文件夹，执行"编辑"|"粘贴"命令，将考题复制到考生文件夹中。

第 6 步：在第 1 单元的考题上右击，在快捷菜单中选择"重命名"命令，在文件名编辑框中输入"A1"，按相同的方法分别将第 2、3、4、5、6、7、8 单元的题目重命名为 A2、A3、A4、A5、A6、A7、A8，重命名时应注意不要改变原考题文件的扩展名。

4. 系统设置与优化

第 7 步：在桌面上的空白处右击，在打开的快捷菜单中选择"属性"命令，打开"显示 属性"对话框，选择"桌面"选项卡。

第 8 步：在"显示 属性"对话框中单击"浏览"按钮，打开"浏览"对话框。在"查找范围"列表中选择 C:\Win2008GJW\KSML3 文件夹，然后在文件列表中选中 BEIJING1-7.JPG 文件。单击"打开"按钮，返回"显示 属性"对话框，单击"确定"按钮。

第 9 步：按键盘上的 Print Screen SysRq 键对设置后的桌面进行拷屏，打开"画图"程序，执行"编辑"|"粘贴"命令，以拷屏内容新建 bmp 文件。执行"文件"|"保存"命令，打开"保存为"对话框，在"文件名"文本框中输入"A1a"，在"保存在"下拉列表中选择考生文件夹，单击"保存"按钮，并恢复系统原设置。

第 10 步：在桌面上的空白处右击，在打开的快捷菜单中选择"属性"命令，打开"显示 属性"对话框，选择"设置"选项卡。单击"高级"按钮，打开"即插即用监视器"对话框，选择"监视器"选项卡，在"刷新频率"下拉列表中选择"85 赫兹"。

第 11 步：按键盘上的 Print Screen SysRq 键对该屏幕进行拷屏，执行"开始"|"所有程序"|"附件"|"画图"命令，打开"画图"程序，执行"编辑"|"粘贴"命令，以拷屏内容新建 bmp 文件。执行"文件"|"保存"命令，打开"保存为"对话框，在"保存在"下拉列表中选择考生文件夹，在"文件名"文本框中输入"A1b"，单击"保存"按钮，并恢复系统原设置。

第 12 步：单击"开始"按钮，执行"所有程序"|"附件"|"系统工具"|"磁盘清理"命令，打开"选择驱动器"对话框。在"驱动器"下拉列表中选择"C："，单击"确定"按钮，系统开始对"C 盘"进行扫描计算，然后打开"（C：）的磁盘清理"对话框。

第 13 步：在"要删除的文件"列表中选中要删除的文件，然后单击"确定"按钮，打开一个确认对话框，单击"是"按钮，系统开始对磁盘进行清理，此时将显示一个进度对话框。

第 14 步：在清理磁盘的过程中，按键盘上的 Print Screen SysRq 键对该屏幕进行拷屏，执行"开始"|"所有程序"|"附件"|"画图"命令，打开"画图"程序，执行"编辑"|"粘贴"命令，以拷屏内容新建 bmp 文件。

第 15 步：执行"文件"|"保存"命令，打开"保存为"对话框，在"保存在"下拉列表中选择考生文件夹，在"文件名"文本框中输入"A1c"，单击"保存"按钮。

1.8 第 8 题解答

1. 启动"资源管理器"

第 1 步：进入 Windows XP 操作系统后，执行"开始"|"所有程序"|"附件"|"资源管理器"命令，或者在"开始"菜单上右击，在弹出的快捷菜单中选择"资源管理器"命令，打开资源管理器的窗口。

2. 创建文件夹

第 2 步：在资源管理器左边的窗格中任意选中一个磁盘驱动器，在右边窗格中的空白位置右击，在弹出的快捷菜单中执行"新建"|"文件夹"命令。

第 3 步：在右边的窗格中出现一个新建的文件夹，并且该文件夹名处于编辑状态，输入考生准考证号码后 7 位数字作为文件夹名。

3. 复制文件、改变文件名

第4步：在资源管理器左边的文件夹窗格中,选中C盘 Win2008GJW 文件夹中的KSML2 文件夹,根据选题单,在右边的内容窗格中选中相应的文件。

第5步：执行"编辑"|"复制"命令,将选中的题目复制到剪贴板中。在资源管理器左边的文件夹窗口中选中新建的文件夹,执行"编辑"|"粘贴"命令,将考题复制到考生文件夹中。

第6步：在第1单元的考题上右击,在快捷菜单中选择"重命名"命令,在文件名编辑框中输入"A1",按相同的方法分别将第 2、3、4、5、6、7、8 单元的题目重命名为 A2、A3、A4、A5、A6、A7、A8,重命名时应注意不要改变原考题文件的扩展名。

4. 系统设置与优化

第 7 步：在桌面上的空白处右击,在打开的快捷菜单中选择"属性"命令,打开"显示 属性"对话框,选择"桌面"选项卡。

第8步：在"显示 属性"对话框中单击"浏览"按钮,打开"浏览"对话框。在"查找范围"列表中选择 C:\Win2008GJW\KSML3 文件夹,然后在文件列表中选中BEIJING1-8.JPG 文件。单击"打开"按钮,返回"显示 属性"对话框,单击"确定"按钮。

第9步：按键盘上的 Print Screen SysRq 键对设置后的桌面进行拷屏,打开"画图"程序,执行"编辑"|"粘贴"命令,以拷屏内容新建 bmp 文件。执行"文件"|"保存"命令,打开"保存为"对话框,在"文件名"文本框中输入"A1a",在"保存在"下拉列表中选择考生文件夹,单击"保存"按钮,并恢复系统原设置。

第10步：单击"开始"按钮,执行"所有程序"|"附件"|"系统工具"|"磁盘碎片整理"命令,打开"磁盘碎片整理程序"窗口。在"卷"列表中选择"C 盘驱动器",单击"分析"按钮,对"C 盘"进行分析。分析完毕,单击"关闭"按钮,关闭分析提示对话框。

第11步：单击"碎片整理"按钮,开始对 C 盘进行磁盘碎片整理,如图 1-17 所示。

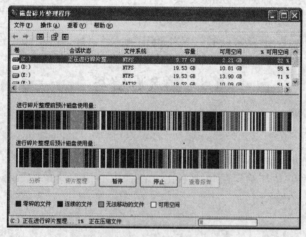

图 1-17　磁盘碎片整理

第 12 步：在磁盘碎片整理的过程中,按键盘上的 Print Screen SysRq 键对该过程的对话框进行拷屏,打开"画图"程序,执行"编辑"|"粘贴"命令,以拷屏内容新建 bmp

文件。执行"文件"|"保存"命令，打开"保存为"对话框，在"文件名"文本框中输入"A1b"，在"保存在"下拉列表中选择考生文件夹，单击"保存"按钮。

第 13 步：在桌面上的空白处右击，在打开的快捷菜单中选择"属性"命令，打开"显示 属性"对话框，选择"设置"选项卡。单击"高级"按钮，打开"即插即用监视器"对话框，选择"监视器"选项卡，在"刷新频率"下拉列表中选择"80 赫兹"。

第 14 步：按键盘上的 Print Screen SysRq 键对该屏幕进行拷屏，执行"开始"|"所有程序"|"附件"|"画图"命令，打开"画图"程序，执行"编辑"|"粘贴"命令，以拷屏内容新建 bmp 文件。执行"文件"|"保存"命令，打开"保存为"对话框，在"保存在"下拉列表中选择考生文件夹，在"文件名"文本框中输入"A1c"，单击"保存"按钮。并恢复系统原设置。

1.9　第 9 题解答

1. 启动"资源管理器"

第 1 步：进入 Windows XP 操作系统后，执行"开始"|"所有程序"|"附件"|"资源管理器"命令，或者在"开始"菜单上右击，在弹出的快捷菜单中选择"资源管理器"命令，打开资源管理器的窗口。

2. 创建文件夹

第 2 步：在资源管理器左边的窗格中任意选中一个磁盘驱动器，在右边窗格中的空白位置右击，在弹出的快捷菜单中执行"新建"|"文件夹"命令。

第 3 步：在右边的窗格中出现一个新建的文件夹，并且该文件夹名处于编辑状态，输入考生准考证号码后 7 位数字作为文件夹名。

3. 复制文件、改变文件名

第 4 步：在资源管理器左边的文件夹窗格中，选中 C 盘 Win2008GJW 文件夹中的 KSML2 文件夹，根据选题单，在右边的内容窗格中选中相应的文件。

第 5 步：执行"编辑"|"复制"命令，将选中的题目复制到剪贴板中。在资源管理器左边的文件夹窗口中选中新建的文件夹，执行"编辑"|"粘贴"命令，将考题复制到考生文件夹中。

第 6 步：在第 1 单元的考题上右击，在快捷菜单中选择"重命名"命令，在文件名编辑框中输入"A1"，按相同的方法分别将第 2、3、4、5、6、7、8 单元的题目重命名为 A2、A3、A4、A5、A6、A7、A8，重命名时应注意不要改变原考题文件的扩展名。

4. 系统设置与优化

第 7 步：单击"开始"按钮，执行"所有程序"|"附件"|"系统工具"|"磁盘碎片整理"命令，打开"磁盘碎片整理程序"窗口。在"卷"列表中选择"C 盘驱动器"，单击"分析"按钮，对"C 盘"进行分析。分析完毕，单击"关闭"按钮，关闭分析提示对话框。

第 8 步：单击"碎片整理"按钮，开始对 C 盘进行磁盘碎片整理。

第 9 步：在磁盘碎片整理的过程中，按键盘上的 Print Screen SysRq 键对该过程的对话

框进行拷屏，打开"画图"程序，执行"编辑"|"粘贴"命令，以拷屏内容新建 bmp 文件。执行"文件"|"保存"命令，打开"保存为"对话框，在"文件名"文本框中输入"A1a"，在"保存在"下拉列表中选择考生文件夹，单击"保存"按钮。

第 10 步：在任务栏的最右端双击时间图标，打开"日期和时间 属性"对话框。在"日期和时间 属性"对话框的日期区域，调整系统的日期为 2008 年 9 月 10 日，在时间区域利用微调按钮调整时间为上午 9:00。

第 11 步：按键盘上的 Print Screen SysRq 键对"日期和时间 属性"对话框窗口进行拷屏，打开"画图"程序，执行"编辑"|"粘贴"命令，以拷屏内容新建 bmp 文件。执行"文件"|"保存"命令，打开"保存为"对话框，在"文件名"文本框中输入"A1b"，在"保存在"下拉列表中选择考生文件夹，单击"保存"按钮，并恢复系统原设置。

第 12 步：执行"开始"|"搜索"|命令，打开"搜索结果"窗口，在"搜索助理"区域单击"所有文件和文件夹"，在"全部或部分文件名"文本框中输入".exe"，在"在这里寻找"下拉列表中选择"本地磁盘（C：）"。

第 13 步：单击"搜索"按钮，系统开始在 C 盘中搜索符合条件的文件，查找结束后，按键盘上的 Print Screen SysRq 键对该屏幕进行拷屏，执行"开始"|"所有程序"|"附件"|"画图"命令，打开"画图"程序，执行"编辑"|"粘贴"命令，以拷屏内容新建 bmp 文件。

第 14 步：执行"文件"|"保存"命令，打开"保存为"对话框，在"保存在"下拉列表中选择考生文件夹，在"文件名"文本框中输入"A1c"，单击"保存"按钮。

1.10 第 10 题解答

1. 启动"资源管理器"

第 1 步：进入 Windows XP 操作系统后，执行"开始"|"所有程序"|"附件"|"资源管理器"命令，或者在"开始"菜单上右击，在弹出的快捷菜单中选择"资源管理器"命令，打开资源管理器的窗口。

2. 创建文件夹

第 2 步：在资源管理器左边的窗格中任意选中一个磁盘驱动器，在右边窗格中的空白位置右击，在弹出的快捷菜单中执行"新建"|"文件夹"命令。

第 3 步：在右边的窗格中出现一个新建的文件夹，并且该文件夹名处于编辑状态，输入考生准考证号码后 7 位数字作为文件夹名。

3. 复制文件、改变文件名

第 4 步：在资源管理器左边的文件夹窗格中，选中 C 盘 Win2008GJW 文件夹中的 KSML2 文件夹，根据选题单，在右边的内容窗格中选中相应的文件。

第 5 步：执行"编辑"|"复制"命令，将选中的题目复制到剪贴板中。在资源管理器左边的文件夹窗口中选中新建的文件夹，执行"编辑"|"粘贴"命令，将考题复制到考生文件夹中。

第 6 步：在第 1 单元的考题上右击，在快捷菜单中选择"重命名"命令，在文件名编辑框中输入"A1"，按相同的方法分别将第 2、3、4、5、6、7、8 单元的题目重命名为 A2、A3、A4、A5、A6、A7、A8，重命名时应注意不要改变原考题文件的扩展名。

4. 系统设置与优化

第 7 步：在任务栏上右击，在快捷菜单中选择"属性"命令，打开"任务栏和「开始」菜单属性"对话框，选择"任务栏"选项卡，在"任务栏外观"区域选择"自动隐藏任务栏"复选框，如图 1-18 所示。

第 8 步：在"任务栏和「开始」菜单属性"对话框中选择"「开始」菜单"选项卡，选择"开始菜单"单选按钮，单击"自定义"按钮，打开"自定义「开始」菜单"对话框。在"为程序选择一个图标大小"区域选择"小图标"单选按钮，如图 1-19 所示。

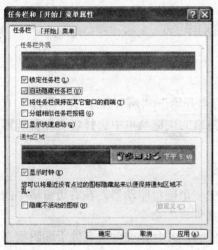 

图 1-18 设置任务栏外观   图 1-19 "自定义「开始」菜单"对话框

第 9 步：按键盘上的 Print Screen SysRq 键对设置后的屏幕进行拷屏，执行"开始"|"所有程序"|"附件"|"画图"命令，打开"画图"程序，执行"编辑"|"粘贴"命令，以拷屏内容新建 bmp 文件。

第 10 步：执行"文件"|"保存"命令，打开"保存为"对话框，在"保存在"下拉列表中选择考生文件夹，在"文件名"文本框中输入"A1a"，单击"保存"按钮，并恢复系统原设置。

第 11 步：执行"开始"|"控制面板"命令，打开"控制面板"。在控制面板中单击"声音、语音和音频设备"，然后在打开的窗口中继续单击"声音和音频设备"，打开"声音和音频设备属性"对话框，选择"音量"选项卡，选中"静音"复选框。

第 12 步：按键盘上的 Print Screen SysRq 键对该屏幕进行拷屏，执行"开始"|"所有程序"|"附件"|"画图"命令，打开"画图"程序，执行"编辑"|"粘贴"命令，以拷屏内容新建 bmp 文件。执行"文件"|"保存"命令，打开"保存为"对话框，在"保存在"下拉列表中选择考生文件夹，在"文件名"文本框中输入"A1b"，单击"保存"按钮。并恢复系统原设置。（注：如果在任务栏中有音量图标，用户可以直接单击或双击音量图标进行静音的设置）

第 13 步：在桌面上的空白处右击，在打开的快捷菜单中选择"属性"命令，打开"显示属性"对话框，选择"桌面"选项卡。单击"自定义桌面"按钮，打开"桌面项目"对话框，选择"常规"选项卡。在桌面图标区域选中（或取消选中）"我的电脑"和"我的文档"复选框。

第 14 步：按键盘上的 Print Screen SysRq 键对该对话框进行拷屏，执行"开始"|"程序"|"附件"|"画图"命令，打开"画图"程序，执行"编辑"|"粘贴"命令，以拷屏内容新建 bmp 文件。

第 15 步：执行"文件"|"保存"命令，打开"保存为"对话框，在"保存在"下拉列表中选择考生文件夹，在"文件名"文本框中输入"A1c"，单击"保存"按钮。恢复系统原设置。

1.11　第 11 题解答

1. 启动"资源管理器"

第 1 步：进入 Windows XP 操作系统后，执行"开始"|"所有程序"|"附件"|"资源管理器"命令，或者在"开始"菜单上右击，在弹出的快捷菜单中选择"资源管理器"命令，打开资源管理器的窗口。

2. 创建文件夹

第 2 步：在资源管理器左边的窗格中任意选中一个磁盘驱动器，在右边窗格中的空白位置右击，在弹出的快捷菜单中执行"新建"|"文件夹"命令。

第 3 步：在右边的窗格中出现一个新建的文件夹，并且该文件夹名处于编辑状态，输入考生准考证号码后 7 位数字作为文件夹名。

3. 复制文件、改变文件名

第 4 步：在资源管理器左边的文件夹窗格中，选中 C 盘 Win2008GJW 文件夹中的 KSML2 文件夹，根据选题单，在右边的内容窗格中选中相应的文件。

第 5 步：执行"编辑"|"复制"命令，将选中的题目复制到剪贴板中。在资源管理器左边的文件夹窗口中选中新建的文件夹，执行"编辑"|"粘贴"命令，将考题复制到考生文件夹中。

第 6 步：在第 1 单元的考题上右击，在快捷菜单中选择"重命名"命令，在文件名编辑框中输入"A1"，按相同的方法分别将第 2、3、4、5、6、7、8 单元的题目重命名为 A2、A3、A4、A5、A6、A7、A8，重命名时应注意不要改变原考题文件的扩展名。

4. 系统设置与优化

第 7 步：单击"开始"按钮，执行"所有程序"|"附件"|"系统工具"|"磁盘碎片整理"命令，打开"磁盘碎片整理程序"窗口。在"卷"列表中选择"C 盘驱动器"，单击"分析"按钮，对"C 盘"进行分析。分析完毕，单击"关闭"按钮，关闭分析提示对话框。

第 8 步：单击"碎片整理"按钮，开始对 C 盘进行磁盘碎片整理。

第 9 步：在磁盘碎片整理的过程中，按键盘上的 Print Screen SysRq 键对该过程的对话

框进行拷屏，打开"画图"程序，执行"编辑"｜"粘贴"命令，以拷屏内容新建 bmp 文件。执行"文件"|"保存"命令，打开"保存为"对话框，在"文件名"文本框中输入"A1a"，在"保存在"列表框中选择考生文件夹，单击"保存"按钮。

第 10 步：在任务栏的最右端双击时间图标，打开"日期和时间 属性"对话框。在"日期和时间 属性"对话框的日期区域，调整系统的日期为 2008 年 12 月 15 日，在时间区域利用微调按钮调整时间为下午 8:00。

第 11 步：按键盘上的 Print Screen SysRq 键对"日期和时间 属性"对话框窗口进行拷屏，打开"画图"程序，执行"编辑"｜"粘贴"命令，以拷屏内容新建 bmp 文件。执行"文件"|"保存"命令，打开"保存为"对话框，在"文件名"文本框中输入"A1b"，在"保存在"下拉列表中选择考生文件夹，单击"保存"按钮，并恢复系统原设置。

第 12 步：在桌面上的空白处右击，在打开的快捷菜单中选择"属性"命令，打开"显示 属性"对话框，选择"设置"选项卡。单击"高级"按钮，打开"即插即用监视器"对话框，选择"监视器"选项卡，在"刷新频率"下拉列表中选择"75 赫兹"。

第 13 步：按键盘上的 Print Screen SysRq 键对该屏幕进行拷屏，执行"开始"|"所有程序"|"附件"|"画图"命令，打开"画图"程序，执行"编辑"|"粘贴"命令，以拷屏内容新建 bmp 文件。执行"文件"|"保存"命令，打开"保存为"对话框，在"保存在"下拉列表中选择考生文件夹，在"文件名"文本框中输入"A1c"，单击"保存"按钮。并恢复系统原设置。

1.12 第 12 题解答

1. 启动"资源管理器"

第 1 步：进入 Windows XP 操作系统后，执行"开始"|"所有程序"|"附件"|"资源管理器"命令，或者在"开始"菜单上右击，在弹出的快捷菜单中选择"资源管理器"命令，打开资源管理器的窗口。

2. 创建文件夹

第 2 步：在资源管理器左边的窗格中任意选中一个磁盘驱动器，在右边窗格中的空白位置右击，在弹出的快捷菜单中执行"新建"|"文件夹"命令。

第 3 步：在右边的窗格中出现一个新建的文件夹，并且该文件夹名处于编辑状态，输入考生准考证号码后 7 位数字作为文件夹名。

3. 复制文件、改变文件名

第 4 步：在资源管理器左边的文件夹窗格中，选中 C 盘 Win2008GJW 文件夹中的 KSML2 文件夹，根据选题单，在右边的内容窗格中选中相应的文件。

第 5 步：执行"编辑"|"复制"命令，将选中的题目复制到剪贴板中。在资源管理器左边的文件夹窗口中选中新建的文件夹，执行"编辑"|"粘贴"命令，将考题复制到考生文件夹中。

第 6 步：在第 1 单元的考题上右击，在快捷菜单中选择"重命名"命令，在文件名编辑框中输入"A1"，按相同的方法分别将第 2、3、4、5、6、7、8 单元的题目重命名为

A2、A3、A4、A5、A6、A7、A8，重命名时应注意不要改变原考题文件的扩展名。

4. 系统设置与优化

第 7 步：执行"开始"|"搜索"|命令，打开"搜索结果"窗口，在"搜索助理"区域单击"所有文件和文件夹"，在"全部或部分文件名"文本框中输入".doc"，在"在这里寻找"下拉列表中选择"本地磁盘（C：）"。

第 8 步：单击"搜索"按钮，系统开始在 C 盘中搜索符合条件的文件，查找结束后，按键盘上的 Print Screen SysRq 键对该屏幕进行拷屏，执行"开始"|"所有程序"|"附件"|"画图"命令，打开"画图"程序，执行"编辑"|"粘贴"命令，以拷屏内容新建 bmp 文件。

第 9 步：执行"文件"|"保存"命令，打开"保存为"对话框，在"保存在"下拉列表中选择考生文件夹，在"文件名"文本框中输入"A1a"，单击"保存"按钮。

第 10 步：在桌面上的空白处右击，在打开的快捷菜单中选择"属性"命令，打开"显示 属性"对话框，选择"桌面"选项卡。

第 11 步：在"显示 属性"对话框中单击"浏览"按钮，打开"浏览"对话框。在"查找范围"列表中选择 C:\Win2008GJW\KSML3 文件夹，然后在文件列表中选中 BEIJING1-12.JPG 文件。单击"打开"按钮，返回"显示 属性"对话框，单击"确定"按钮。

第 12 步：按键盘上的 Print Screen SysRq 键对设置后的桌面进行拷屏，打开"画图"程序，执行"编辑"|"粘贴"命令，以拷屏内容新建 bmp 文件。执行"文件"|"保存"命令，打开"保存为"对话框，在"文件名"文本框中输入"A1b"，在"保存在"下拉列表中选择考生文件夹，单击"保存"按钮，并恢复系统原设置。

第 13 步：在"开始"菜单上右击，在弹出的快捷菜单中单击"属性"命令，打开"任务栏和「开始」菜单属性"对话框，单击"「开始」菜单"选项卡，在对话框中选择"经典「开始」菜单"选项。

第 14 步：按键盘上的 Print Screen SysRq 键，对"任务栏和「开始」菜单属性"对话框窗口进行拷屏，打开"画图"程序，执行"编辑"|"粘贴"命令，以拷屏内容新建 bmp 文件。执行"文件"|"保存"命令，打开"保存为"对话框，在"文件名"文本框中输入"A1c"，在"保存在"下拉列表中选择考生文件夹，单击"保存"按钮，并恢复系统原设置。

1.13   第 13 题解答

1. 启动"资源管理器"

第 1 步：进入 Windows XP 操作系统后，执行"开始"|"所有程序"|"附件"|"资源管理器"命令，或者在"开始"菜单上右击，在弹出的快捷菜单中选择"资源管理器"命令，打开资源管理器的窗口。

2. 创建文件夹

第 2 步：在资源管理器左边的窗格中任意选中一个磁盘驱动器，在右边窗格中的空白位置右击，在弹出的快捷菜单中执行"新建"|"文件夹"命令。

第 3 步：在右边的窗格中出现一个新建的文件夹，并且该文件夹名处于编辑状态，输入考生准考证号码后 7 位数字作为文件夹名。

3. 复制文件、改变文件名

第 4 步：在资源管理器左边的文件夹窗格中，选中 C 盘 Win2008GJW 文件夹中的 KSML2 文件夹，根据选题单，在右边的内容窗格中选中相应的文件。

第 5 步：执行"编辑"|"复制"命令，将选中的题目复制到剪贴板中。在资源管理器左边的文件夹窗口中选中新建的文件夹，执行"编辑"|"粘贴"命令，将考题复制到考生文件夹中。

第 6 步：在第 1 单元的考题上右击，在快捷菜单中选择"重命名"命令，在文件名编辑框中输入"A1"，按相同的方法分别将第 2、3、4、5、6、7、8 单元的题目重命名为 A2、A3、A4、A5、A6、A7、A8，重命名时应注意不要改变原考题文件的扩展名。

4. 系统设置与优化

第 7 步：在桌面上的空白处右击，在打开的快捷菜单中选择"属性"命令，打开"显示 属性"对话框，选择"桌面"选项卡。

第 8 步：在"显示 属性"对话框中单击"浏览"按钮，打开"浏览"对话框。在"查找范围"列表中选择 C:\Win2008GJW\KSML3 文件夹，然后在文件列表中选中 BEIJING1-13.JPG 文件。单击"打开"按钮，返回"显示 属性"对话框，单击"确定"按钮。

第 9 步：按键盘上的 Print Screen SysRq 键对设置后的桌面进行拷屏，打开"画图"程序，执行"编辑"|"粘贴"命令，以拷屏内容新建 bmp 文件。执行"文件"|"保存"命令，打开"保存为"对话框，在"文件名"文本框中输入"A1a"，在"保存在"下拉列表中选择考生文件夹，单击"保存"按钮，并恢复系统原设置。

第 10 步：在任务栏的最右端双击时间图标，打开"日期和时间 属性"对话框。在"日期和时间 属性"对话框的日期区域，调整系统的日期为 2008 年 11 月 11 日，在时间区域利用微调按钮调整时间为上午 11:00。

第 11 步：按键盘上的 Print Screen SysRq 键对"日期和时间 属性"对话框窗口进行拷屏，打开"画图"程序，执行"编辑"|"粘贴"命令，以拷屏内容新建 bmp 文件。执行"文件"|"保存"命令，打开"保存为"对话框，在"文件名"文本框中输入"A1b"，在"保存在"下拉列表中选择考生文件夹，单击"保存"按钮，并恢复系统原设置。

第 12 步：在桌面上的空白处右击，在打开的快捷菜单中选择"属性"命令，打开"显示属性"对话框，选择"桌面"选项卡。单击"自定义桌面"按钮，打开"桌面项目"对话框，选择"常规"选项卡。在桌面图标区域选中（或取消选中）"网上邻居"和"我的文档"复选框。

第 13 步：按键盘上的 Print Screen SysRq 键对该对话框进行拷屏，执行"开始"|"程序"|"附件"|"画图"命令，打开"画图"程序，执行"编辑"|"粘贴"命令，以拷屏内容新建 bmp 文件。

第 14 步：执行"文件"|"保存"命令，打开"保存为"对话框，在"保存在"下拉列表中选择考生文件夹，在"文件名"文本框中输入"A1c"，单击"保存"按钮，并恢复系统原设置。

1.14　第 14 题解答

1. 启动"资源管理器"

第 1 步：进入 Windows XP 操作系统后，执行"开始"|"所有程序"|"附件"|"资源管理器"命令，或者在"开始"菜单上右击，在弹出的快捷菜单中选择"资源管理器"命令，打开资源管理器的窗口。

2. 创建文件夹

第 2 步：在资源管理器左边的窗格中任意选中一个磁盘驱动器，在右边窗格中的空白位置右击，在弹出的快捷菜单中执行"新建"|"文件夹"命令。

第 3 步：在右边的窗格中出现一个新建的文件夹，并且该文件夹名处于编辑状态，输入考生准考证号码后 7 位数字作为文件夹名。

3. 复制文件、改变文件名

第 4 步：在资源管理器左边的文件夹窗格中，选中 C 盘 Win2008GJW 文件夹中的 KSML2 文件夹，根据选题单，在右边的内容窗格中选中相应的文件。

第 5 步：执行"编辑"|"复制"命令，将选中的题目复制到剪贴板中。在资源管理器左边的文件夹窗口中选中新建的文件夹，执行"编辑"|"粘贴"命令，将考题复制到考生文件夹中。

第 6 步：在第 1 单元的考题上右击，在快捷菜单中选择"重命名"命令，在文件名编辑框中输入"A1"，按相同的方法分别将第 2、3、4、5、6、7、8 单元的题目重命名为 A2、A3、A4、A5、A6、A7、A8，重命名时应注意不要改变原考题文件的扩展名。

4. 系统设置与优化

第 7 步：单击"开始"按钮，执行"所有程序"|"附件"|"系统工具"|"磁盘碎片整理"命令，打开"磁盘碎片整理程序"窗口。在"卷"列表中选择"C 盘驱动器"，单击"分析"按钮，对"C 盘"进行分析。分析完毕，单击"关闭"按钮，关闭分析提示对话框。

第 8 步：单击"碎片整理"按钮，开始对 C 盘进行磁盘碎片整理。

第 9 步：在磁盘碎片整理的过程中，按键盘上的 Print Screen SysRq 键对该过程的对话框进行拷屏，打开"画图"程序，执行"编辑"｜"粘贴"命令，以拷屏内容新建 bmp 文件。执行"文件"|"保存"命令，打开"保存为"对话框，在"文件名"文本框中输入"A1a"，在"保存在"下拉列表中选择考生文件夹，单击"保存"按钮。

第 10 步：在任务栏的空白处右击，在打开的快捷菜单中选中"工具栏"子菜单中的"桌面"选项。

第 11 步：在快捷菜单中取消"锁定任务栏"复选框，然后利用鼠标拖动任务栏到桌面的左侧。

第 12 步：按键盘上的 Print Screen SysRq 键对设置后的桌面进行拷屏，执行"开始"|"程序"|"附件"|"画图"命令，打开"画图"程序。执行"编辑"|"粘贴"命令，以拷屏内容新建 bmp 文件。执行"文件"|"保存"命令，打开"保存为"对话框，在"保

存在"下拉列表中选择考生文件夹，在"文件名"文本框中输入"A1b"，单击"保存"按钮，并恢复系统原设置。

第 13 步：执行"开始" | "控制面板"命令，打开"控制面板"。在控制面板中单击"声音、语音和音频设备"，然后在打开的窗口中继续单击"声音和音频设备"，打开"声音和音频设备属性"对话框，选择"音量"选项卡，选中"静音"复选框。

第 14 步：按键盘上的 Print Screen SysRq 键对该屏幕进行拷屏，执行"开始" | "所有程序" | "附件" | "画图"命令，打开"画图"程序，执行"编辑" | "粘贴"命令，以拷屏内容新建 bmp 文件。执行"文件" | "保存"命令，打开"保存为"对话框，在"保存在"下拉列表中选择考生文件夹，在"文件名"文本框中输入"A1c"，单击"保存"按钮，并恢复系统原设置。（注：如果在任务栏中有音量图标，用户可以直接单击或双击音量图标进行静音的设置）

1.15　第 15 题解答

1. 启动"资源管理器"

第 1 步：进入 Windows XP 操作系统后，执行"开始" | "所有程序" | "附件" | "资源管理器"命令，或者在"开始"菜单上右击，在弹出的快捷菜单中选择"资源管理器"命令，打开资源管理器的窗口。

2. 创建文件夹

第 2 步：在资源管理器左边的窗格中任意选中一个磁盘驱动器，在右边窗格中的空白位置右击，在弹出的快捷菜单中执行"新建" | "文件夹"命令。

第 3 步：在右边的窗格中出现一个新建的文件夹，并且该文件夹名处于编辑状态，输入考生准考证号码后 7 位数字作为文件夹名。

3. 复制文件、改变文件名

第 4 步：在资源管理器左边的文件夹窗格中，选中 C 盘 Win2008GJW 文件夹中的 KSML2 文件夹，根据选题单，在右边的内容窗格中选中相应的文件。

第 5 步：执行"编辑" | "复制"命令，将选中的题目复制到剪贴板中。在资源管理器左边的文件夹窗口中选中新建的文件夹，执行"编辑" | "粘贴"命令，将考题复制到考生文件夹中。

第 6 步：在第 1 单元的考题上右击，在快捷菜单中选择"重命名"命令，在文件名编辑框中输入"A1"，按相同的方法分别将第 2、3、4、5、6、7、8 单元的题目重命名为 A2、A3、A4、A5、A6、A7、A8，重命名时应注意不要改变原考题文件的扩展名。

4. 系统设置与优化

第 7 步：单击"开始"按钮，执行"所有程序" | "附件" | "系统工具" | "磁盘碎片整理"命令，打开"磁盘碎片整理程序"窗口。在"卷"列表中选择"C 盘驱动器"，单击"分析"按钮，对"C 盘"进行分析。分析完毕，单击"关闭"按钮，关闭分析提示对话框。

第 8 步：单击"碎片整理"按钮，开始对 C 盘进行磁盘碎片整理。

第 9 步：在磁盘碎片整理的过程中，按键盘上的 Print Screen SysRq 键对该过程的对话框进行拷屏，打开"画图"程序，执行"编辑"｜"粘贴"命令，以拷屏内容新建 bmp 文件。执行"文件"|"保存"命令，打开"保存为"对话框，在"文件名"文本框中输入"A1a"，在"保存在"下拉列表中选择考生文件夹，单击"保存"按钮。

第 10 步：在桌面上的空白处右击，在打开的快捷菜单中选择"属性"命令，打开"显示 属性"对话框，选择"桌面"选项卡。

第 11 步：在"显示 属性"对话框中单击"浏览"按钮，打开"浏览"对话框。在"查找范围"列表中选择 C:\Win2008GJW\KSML3 文件夹，然后在文件列表中选中 BEIJING1-15.JPG 文件。单击"打开"按钮，返回"显示 属性"对话框，单击"确定"按钮。

第 12 步：按键盘上的 Print Screen SysRq 键对设置后的桌面进行拷屏，打开"画图"程序，执行"编辑"｜"粘贴"命令，以拷屏内容新建 bmp 文件。执行"文件"|"保存"命令，打开"保存为"对话框，在"文件名"文本框中输入"A1b"，在"保存在"下拉列表中选择考生文件夹，单击"保存"按钮，并恢复系统原设置。

第 13 步：在桌面上的空白处右击，在打开的快捷菜单中选择"属性"命令，打开"显示 属性"对话框，选择"设置"选项卡。单击"高级"按钮，打开"即插即用监视器"对话框，选择"监视器"选项卡，在"刷新频率"下拉列表中选择"75 赫兹"。

第 14 步：按键盘上的 Print Screen SysRq 键对该屏幕进行拷屏，执行"开始"|"所有程序"|"附件"|"画图"命令，打开"画图"程序，执行"编辑"|"粘贴"命令，以拷屏内容新建 bmp 文件。执行"文件"|"保存"命令，打开"保存为"对话框，在"保存在"下拉列表中选择考生文件夹，在"文件名"文本框中输入"A1c"，单击"保存"按钮，并恢复系统原设置。

1.16　第 16 题解答

1. 启动"资源管理器"

第 1 步：进入 Windows XP 操作系统后，执行"开始"|"所有程序"|"附件"|"资源管理器"命令，或者在"开始"菜单上右击，在弹出的快捷菜单中选择"资源管理器"命令，打开资源管理器的窗口。

2. 创建文件夹

第 2 步：在资源管理器左边的窗格中任意选中一个磁盘驱动器，在右边窗格中的空白位置右击，在弹出的快捷菜单中执行"新建"|"文件夹"命令。

第 3 步：在右边的窗格中出现一个新建的文件夹，并且该文件夹名处于编辑状态，输入考生准考证号码后 7 位数字作为文件夹名。

3. 复制文件、改变文件名

第 4 步：在资源管理器左边的文件夹窗格中，选中 C 盘 Win2008GJW 文件夹中的 KSML2 文件夹，根据选题单，在右边的内容窗格中选中相应的文件。

第 5 步：执行"编辑"|"复制"命令，将选中的题目复制到剪贴板中。在资源管理器左边的文件夹窗口中选中新建的文件夹，执行"编辑"|"粘贴"命令，将考题复制到考生文件夹中。

第 6 步：在第 1 单元的考题上右击，在快捷菜单中选择"重命名"命令，在文件名编辑框中输入"A1"，按相同的方法分别将第 2、3、4、5、6、7、8 单元的题目重命名为 A2、A3、A4、A5、A6、A7、A8，重命名时应注意不要改变原考题文件的扩展名。

4. 系统设置与优化

第 7 步：在任务栏上右击，在快捷菜单中选择"属性"命令，打开"任务栏和「开始」菜单属性"对话框，选择"任务栏"选项卡，在"任务栏外观"区域选择"自动隐藏任务栏"复选框。

第 8 步：在"任务栏和「开始」菜单属性"对话框中选择"「开始」菜单"选项卡，选择"「开始」菜单"单选按钮，单击"自定义"按钮，打开"自定义「开始」菜单"对话框。在"为程序选择一个图标大小"区域选择"小图标"单选按钮。

第 9 步：按键盘上的 Print Screen SysRq 键对设置后的屏幕进行拷屏，执行"开始"|"所有程序"|"附件"|"画图"命令，打开"画图"程序，执行"编辑"|"粘贴"命令，以拷屏内容新建 bmp 文件。

第 10 步：执行"文件"|"保存"命令，打开"保存为"对话框，在"保存在"下拉列表中选择考生文件夹，在"文件名"文本框中输入"A1a"，单击"保存"按钮，并恢复系统原设置。

第 11 步：在任务栏的最右端双击时间图标，打开"日期和时间 属性"对话框。在"日期和时间 属性"对话框的日期区域，调整系统的日期为 2008 年 9 月 9 日，在时间区域利用微调按钮调整时间为下午 6:00。

第 12 步：按键盘上的 Print Screen SysRq 键对"日期和时间 属性"对话框窗口进行拷屏，打开"画图"程序，执行"编辑"|"粘贴"命令，以拷屏内容新建 bmp 文件。执行"文件"|"保存"命令，打开"保存为"对话框，在"文件名"文本框中输入"A1b"，在"保存在"下拉列表中选择考生文件夹，单击"保存"按钮，并恢复系统原设置。

第 13 步：单击"开始"按钮，执行"所有程序"|"附件"|"系统工具"|"磁盘清理"命令，打开"选择驱动器"对话框。在"驱动器"下拉列表中选择"C："，单击"确定"按钮，系统开始对"C 盘"进行扫描计算，然后打开"（C：）的磁盘清理"对话框。

第 14 步：在"要删除的文件"列表中选中要删除的文件，然后单击"确定"按钮，打开一个确认对话框，单击"是"按钮，系统开始对磁盘进行清理，此时将显示一个进度对话框。

第 15 步：在清理磁盘的过程中，按键盘上的 Print Screen SysRq 键对该屏幕进行拷屏，执行"开始"|"所有程序"|"附件"|"画图"命令，打开"画图"程序，执行"编辑"|"粘贴"命令，以拷屏内容新建 bmp 文件。

第 16 步：执行"文件"|"保存"命令，打开"保存为"对话框，在"保存在"下拉列表中选择考生文件夹，在"文件名"文本框中输入"A1c"，单击"保存"按钮。

1.17　第 17 题解答

1. 启动"资源管理器"

第 1 步：进入 Windows XP 操作系统后，执行"开始"|"所有程序"|"附件"|"资源管理器"命令，或者在"开始"菜单上右击，在弹出的快捷菜单中选择"资源管理器"命令，打开资源管理器的窗口。

2. 创建文件夹

第 2 步：在资源管理器左边的窗格中任意选中一个磁盘驱动器，在右边窗格中的空白位置右击，在弹出的快捷菜单中执行"新建"|"文件夹"命令。

第 3 步：在右边的窗格中出现一个新建的文件夹，并且该文件夹名处于编辑状态，输入考生准考证号码后 7 位数字作为文件夹名。

3. 复制文件、改变文件名

第 4 步：在资源管理器左边的文件夹窗格中，选中 C 盘 Win2008GJW 文件夹中的 KSML2 文件夹，根据选题单，在右边的内容窗格中选中相应的文件。

第 5 步：执行"编辑"|"复制"命令，将选中的题目复制到剪贴板中。在资源管理器左边的文件夹窗口中选中新建的文件夹，执行"编辑"|"粘贴"命令，将考题复制到考生文件夹中。

第 6 步：在第 1 单元的考题上右击，在快捷菜单中选择"重命名"命令，在文件名编辑框中输入"A1"，按相同的方法分别将第 2、3、4、5、6、7、8 单元的题目重命名为 A2、A3、A4、A5、A6、A7、A8，重命名时应注意不要改变原考题文件的扩展名。

4. 系统设置与优化

第 7 步：在桌面上的空白处右击，在打开的快捷菜单中选择"属性"命令，打开"显示 属性"对话框，选择"桌面"选项卡。

第 8 步：在"显示 属性"对话框中单击"浏览"按钮，打开"浏览"对话框。在"查找范围"列表中选择 C:\Win2008GJW\KSML3 文件夹，然后在文件列表中选中 BEIJING1-17.JPG 文件。单击"打开"按钮，返回"显示 属性"对话框，单击"确定"按钮。

第 9 步：按键盘上的 Print Screen SysRq 键对设置后的桌面进行拷屏，打开"画图"程序，执行"编辑"|"粘贴"命令，以拷屏内容新建 bmp 文件。执行"文件"|"保存"命令，打开"保存为"对话框，在"文件名"文本框中输入"A1a"，在"保存在"列表框中选择考生文件夹，单击"保存"按钮，并恢复系统原设置。

第 10 步：执行"开始"|"搜索"|命令，打开"搜索结果"窗口，在"搜索助理"区域单击"所有文件和文件夹"，在"全部或部分文件名"文本框中输入".doc"，在"在这里寻找"下拉列表中选择"本地磁盘（C：）"。

第 11 步：单击"搜索"按钮，系统开始在 C 盘中搜索符合条件的文件，查找结束后，按键盘上的 Print Screen SysRq 键对该屏幕进行拷屏，执行"开始"|"所有程序"|"附件"|"画图"命令，打开"画图"程序，执行"编辑"|"粘贴"命令，以拷屏内容新建 bmp

文件。

第 12 步：执行"文件"|"保存"命令，打开"保存为"对话框，在"保存在"下拉列表中选择考生文件夹，在"文件名"文本框中输入"A1b"，单击"保存"按钮。

第 13 步：在桌面上的空白处右击，在打开的快捷菜单中选择"属性"命令，打开"显示属性"对话框，选择"桌面"选项卡。单击"自定义桌面"按钮，打开"桌面项目"对话框，选择"常规"选项卡。在桌面图标区域选中（或取消选中）"网上邻居"和"我的电脑"复选框。

第 14 步：按键盘上的 Print Screen SysRq 键对该对话框进行拷屏，执行"开始"|"程序"|"附件"|"画图"命令，打开"画图"程序，执行"编辑"|"粘贴"命令，以拷屏内容新建 bmp 文件。

第 15 步：执行"文件"|"保存"命令，打开"保存为"对话框，在"保存在"下拉列表中选择考生文件夹，在"文件名"文本框中输入"A1c"，单击"保存"按钮，并恢复系统原设置。

1.18　第 18 题解答

1. 启动"资源管理器"

第 1 步：进入 Windows XP 操作系统后，执行"开始"|"所有程序"|"附件"|"资源管理器"命令，或者在"开始"菜单上右击，在弹出的快捷菜单中选择"资源管理器"命令，打开资源管理器的窗口。

2. 创建文件夹

第 2 步：在资源管理器左边的窗格中任意选中一个磁盘驱动器，在右边窗格中的空白位置右击，在弹出的快捷菜单中执行"新建"|"文件夹"命令。

第 3 步：在右边的窗格中出现一个新建的文件夹，并且该文件夹名处于编辑状态，输入考生准考证号码后 7 位数字作为文件夹名。

3. 复制文件、改变文件名

第 4 步：在资源管理器左边的文件夹窗格中，选中 C 盘 Win2008GJW 文件夹中的 KSML2 文件夹，根据选题单，在右边的内容窗格中选中相应的文件。

第 5 步：执行"编辑"|"复制"命令，将选中的题目复制到剪贴板中。在资源管理器左边的文件夹窗口中选中新建的文件夹，执行"编辑"|"粘贴"命令，将考题复制到考生文件夹中。

第 6 步：在第 1 单元的考题上右击，在快捷菜单中选择"重命名"命令，在文件名编辑框中输入"A1"，按相同的方法分别将第 2、3、4、5、6、7、8 单元的题目重命名为 A2、A3、A4、A5、A6、A7、A8，重命名时应注意不要改变原考题文件的扩展名。

4. 系统设置与优化

第 7 步：在任务栏的空白处右击，在打开的快捷菜单中选中"工具栏"子菜单中的"地址"选项。

第 8 步：在快捷菜单中取消"锁定任务栏"复选框，然后利用鼠标拖动任务栏到桌面的顶端。

第 9 步：按键盘上的 Print Screen SysRq 键，对设置后的桌面进行拷屏，执行"开始"|"程序"|"附件"|"画图"命令，打开"画图"程序。执行"编辑"|"粘贴"命令，以拷屏内容新建 bmp 文件。执行"文件"|"保存"命令，打开"保存为"对话框，在"保存在"下拉列表中选择考生文件夹，在"文件名"文本框中输入"A1a"，单击"保存"按钮，并恢复系统原设置。

第 10 步：单击"开始"按钮，执行"所有程序"|"附件"|"系统工具"|"磁盘碎片整理"命令，打开"磁盘碎片整理程序"窗口。在"卷"列表中选择"C 盘驱动器"，单击"分析"按钮，对"C 盘"进行分析。分析完毕，单击"关闭"按钮，关闭分析提示对话框。

第 11 步：单击"碎片整理"按钮，开始对 C 盘进行磁盘碎片整理。

第 12 步：在磁盘碎片整理的过程中，按键盘上的 Print Screen SysRq 键对该过程的对话框进行拷屏，打开"画图"程序，执行"编辑"|"粘贴"命令，以拷屏内容新建 bmp 文件。执行"文件"|"保存"命令，打开"保存为"对话框，在"文件名"文本框中输入"A1b"，在"保存在"下拉列表中选择考生文件夹，单击"保存"按钮。

第 13 步：在桌面上的空白处右击，在打开的快捷菜单中选择"属性"命令，打开"显示 属性"对话框，选择"设置"选项卡。单击"高级"按钮，打开"即插即用监视器"对话框，选择"监视器"选项卡，在"刷新频率"下拉列表中选择"75 赫兹"。

第 14 步：按键盘上的 Print Screen SysRq 键对该屏幕进行拷屏，执行"开始"|"所有程序"|"附件"|"画图"命令，打开"画图"程序，执行"编辑"|"粘贴"命令，以拷屏内容新建 bmp 文件。执行"文件"|"保存"命令，打开"保存为"对话框，在"保存在"下拉列表中选择考生文件夹，在"文件名"文本框中输入"A1c"，单击"保存"按钮，并恢复系统原设置。

1.19 第 19 题解答

1. 启动"资源管理器"

第 1 步：进入 Windows XP 操作系统后，执行"开始"|"所有程序"|"附件"|"资源管理器"命令，或者在"开始"菜单上右击，在弹出的快捷菜单中选择"资源管理器"命令，打开资源管理器的窗口。

2. 创建文件夹

第 2 步：在资源管理器左边的窗格中任意选中一个磁盘驱动器，在右边窗格中的空白位置右击，在弹出的快捷菜单中执行"新建"|"文件夹"命令。

第 3 步：在右边的窗格中出现一个新建的文件夹，并且该文件夹名处于编辑状态，输入考生准考证号码后 7 位数字作为文件夹名。

3. 复制文件、改变文件名

第4步：在资源管理器左边的文件夹窗格中，选中 C 盘 Win2008GJW 文件夹中的 KSML2 文件夹，根据选题单，在右边的内容窗格中选中相应的文件。

第5步：执行"编辑"|"复制"命令，将选中的题目复制到剪贴板中。在资源管理器左边的文件夹窗口中选中新建的文件夹，执行"编辑"|"粘贴"命令，将考题复制到考生文件夹中。

第6步：在第 1 单元的考题上右击，在快捷菜单中选择"重命名"命令，在文件名编辑框中输入"A1"，按相同的方法分别将第 2、3、4、5、6、7、8 单元的题目重命名为 A2、A3、A4、A5、A6、A7、A8，重命名时应注意不要改变原考题文件的扩展名。

4. 系统设置与优化

第7步：在桌面上的空白处右击，在打开的快捷菜单中选择"属性"命令，打开"显示 属性"对话框，选择"桌面"选项卡。

第8步：在"显示 属性"对话框中单击"浏览"按钮，打开"浏览"对话框。在"查找范围"列表中选择 C:\Win2008GJW\KSML3 文件夹，然后在文件列表中选中 BEIJING1-19.JPG 文件。单击"打开"按钮，返回"显示 属性"对话框，单击"确定"按钮。

第9步：按键盘上的 Print Screen SysRq 键对设置后的桌面进行拷屏，打开"画图"程序，执行"编辑"|"粘贴"命令，以拷屏内容新建 bmp 文件。执行"文件"|"保存"命令，打开"保存为"对话框，在"文件名"文本框中输入"A1a"，在"保存在"下拉列表中选择考生文件夹，单击"保存"按钮，并恢复系统原设置。

第 10 步：执行"开始"|"控制面板"命令，打开"控制面板"。在控制面板中单击"声音、语音和音频设备"，然后在打开的窗口中继续单击"声音和音频设备"，打开"声音和音频设备属性"对话框，选择"音量"选项卡，选中"静音"复选框。

第 11 步：按键盘上的 Print Screen SysRq 键对该屏幕进行拷屏，执行"开始"|"所有程序"|"附件"|"画图"命令，打开"画图"程序，执行"编辑"|"粘贴"命令，以拷屏内容新建 bmp 文件。执行"文件"|"保存"命令，打开"保存为"对话框，在"保存在"下拉列表中选择考生文件夹，在"文件名"文本框中输入"A1b"，单击"保存"按钮，并恢复系统原设置。（注：如果在任务栏中有音量图标，用户可以直接单击或双击音量图标进行静音的设置）

第 12 步：执行"开始"|"搜索"命令，打开"搜索结果"窗口，在"搜索助理"区域单击"所有文件和文件夹"，在"全部或部分文件名"文本框中输入".doc"，在"在这里寻找"下拉列表中选择"本地磁盘（C：）"。

第 13 步：单击"搜索"按钮，系统开始在 C 盘中搜索符合条件的文件，查找结束后，按键盘上的 Print Screen SysRq 键对该屏幕进行拷屏，执行"开始"|"所有程序"|"附件"|"画图"命令，打开"画图"程序，执行"编辑"|"粘贴"命令，以拷屏内容新建 bmp 文件。

第 14 步：执行"文件"|"保存"命令，打开"保存为"对话框，在"保存在"下拉列表中选择考生文件夹，在"文件名"文本框中输入"A1c"，单击"保存"按钮。

1.20 第 20 题解答

1. 启动"资源管理器"

第 1 步：进入 Windows XP 操作系统后，执行"开始"|"所有程序"|"附件"|"资源管理器"命令，或者在"开始"菜单上右击，在弹出的快捷菜单中选择"资源管理器"命令，打开资源管理器的窗口。

2. 创建文件夹

第 2 步：在资源管理器左边的窗格中任意选中一个磁盘驱动器，在右边窗格中的空白位置右击，在弹出的快捷菜单中执行"新建"|"文件夹"命令。

第 3 步：在右边的窗格中出现一个新建的文件夹，并且该文件夹名处于编辑状态，输入考生准考证号码后 7 位数字作为文件夹名。

3. 复制文件、改变文件名

第 4 步：在资源管理器左边的文件夹窗格中，选中 C 盘 Win2008GJW 文件夹中的 KSML2 文件夹，根据选题单，在右边的内容窗格中选中相应的文件。

第 5 步：执行"编辑"|"复制"命令，将选中的题目复制到剪贴板中。在资源管理器左边的文件夹窗口中选中新建的文件夹，执行"编辑"|"粘贴"命令，将考题复制到考生文件夹中。

第 6 步：在第 1 单元的考题上右击，在快捷菜单中选择"重命名"命令，在文件名编辑框中输入"A1"，按相同的方法分别将第 2、3、4、5、6、7、8 单元的题目重命名为 A2、A3、A4、A5、A6、A7、A8，重命名时应注意不要改变原考题文件的扩展名。

4. 系统设置与优化

第 7 步：在任务栏的最右端双击时间图标，打开"日期和时间 属性"对话框。在"日期和时间 属性"对话框的日期区域，调整系统的日期为 2008 年 7 月 1 日，在时间区域利用微调按钮调整时间为上午 8:00。

第 8 步：按键盘上的 Print Screen SysRq 键，对"日期和时间 属性"对话框窗口进行拷屏，打开"画图"程序，执行"编辑"|"粘贴"命令，以拷屏内容新建 bmp 文件。执行"文件"|"保存"命令，打开"保存为"对话框，在"文件名"文本框中输入"A1a"，在"保存在"下拉列表中选择考生文件夹，单击"保存"按钮，并恢复系统原设置。

第 9 步：在任务栏上右击，在快捷菜单中选择"属性"命令，打开"任务栏和「开始」菜单属性"对话框，选择"任务栏"选项卡，在"任务栏外观"区域选择"自动隐藏任务栏"复选框。

第 10 步：在"任务栏和「开始」菜单属性"对话框中选择"「开始」菜单"选项卡，选择"「开始」菜单"单选按钮，单击"自定义"按钮，打开"自定义「开始」菜单"对话框。在"为程序选择一个图标大小"区域选择"小图标"单选按钮。

第 11 步：按键盘上的 Print Screen SysRq 键对设置后的屏幕进行拷屏，执行"开始"|"所有程序"|"附件"|"画图"命令，打开"画图"程序，执行"编辑"|"粘贴"命令，

以拷屏内容新建 bmp 文件。

第 12 步：执行"文件"|"保存"命令，打开"保存为"对话框，在"保存在"下拉列表中选择考生文件夹，在"文件名"文本框中输入"A1b"，单击"保存"按钮，并恢复系统原设置。

第 13 步：执行"开始"|"搜索"|命令，打开"搜索结果"窗口，在"搜索助理"区域单击"所有文件和文件夹"，在"全部或部分文件名"文本框中输入".exe"，在"在这里寻找"下拉列表中选择"本地磁盘（C：）"。

第 14 步：单击"搜索"按钮，系统开始在 C 盘中搜索符合条件的文件，查找结束后，按键盘上的 Print Screen SysRq 键对该屏幕进行拷屏，执行"开始"|"所有程序"|"附件"|"画图"命令，打开"画图"程序，执行"编辑"|"粘贴"命令，以拷屏内容新建 bmp 文件。

第 15 步：执行"文件"|"保存"命令，打开"保存为"对话框，在"保存在"下拉列表中选择考生文件夹，在"文件名"文本框中输入"A1c"，单击"保存"按钮。

第二单元　文档处理的基本操作

2.1　第1题解答

1. 设置文档页面格式

第 1 步：将光标定位在文档中的任意位置，执行"文件"|"页面设置"命令，打开"页面设置"对话框，单击"页边距"选项卡。在"上、下"文本框中选择或输入"4.1 厘米"，在"左、右"文本框中选择或输入"3.25 厘米"，如图 2-01 所示。

第 2 步：单击"版式"选项卡，如图 2-02 所示。在距边界的"页眉"文本框中选择或输入"3.2 厘米"，在"页脚"文本框中选择或输入"3.2 厘米"，单击"确定"按钮。

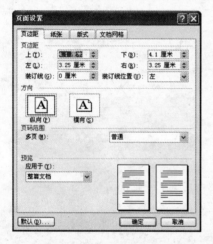

图 2-01　设置页面边距

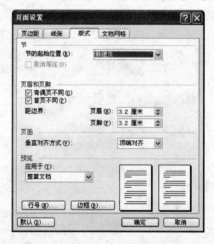

图 2-02　设置页眉页脚边距

第 3 步：选中文档正文第 1 段，执行"格式"|"分栏"命令，打开"分栏"对话框，如图 2-03 所示。

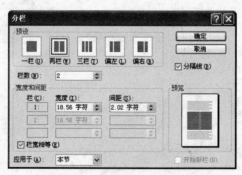

图 2-03　"分栏"对话框

第 4 步：在"预设"区域选中"两栏"样式，选中"分隔线"和"栏宽相等"复选框，单击"确定"按钮。

2. 设置文档编排格式

第 5 步：选中文档的标题"习惯与自然"，按下 Delete 键将其删除，执行"插入"|"图片"|"艺术字"命令，打开"艺术字库"对话框，如图 2-04 所示。

第 6 步：在"艺术字库"列表中选择第 3 行第 4 列的艺术字样式，单击"确定"按钮，打开"编辑'艺术字'文字"对话框，如图 2-05 所示。

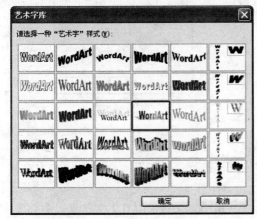

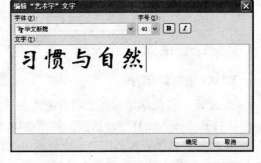

图 2-04　选择艺术字样式　　　　　图 2-05　"编辑'艺术字'文字"对话框

第 7 步：在"字体"下拉列表中选择"华文新魏"字体，在"字号"下拉列表中选择"40"，在"文字"文本框中输入"习惯与自然"，单击"确定"按钮，将艺术字插入到文档中。

第 8 步：选中全部文档，执行"格式"|"段落"命令，打开"段落"对话框。单击"缩进和间距"选项卡，如图 2-06 所示。在"缩进"区域的"特殊格式"下拉列表中选择"首行缩进"，在其后的"度量值"文本框中选择或者输入"2 字符"，单击"确定"按钮。

第 9 步：选中文档的第 2、第 3、第 4、第 5 段，执行"格式"|"段落"命令，打开"段落"对话框。单击"缩进和间距"选项卡。在"间距"区域的"段前"文本框中选择或者输入"0.5 行"，在"段后"文本框中选择或者输入"0.5 行"；在"行距"下拉列表中选择"固定值"，在其后的"设置值"文本框中选择或者输入"18 磅"，单击"确定"按钮。

第 10 步：选中文档第 1 段，在"格式"工具栏中的"字体"下拉列表中选择"楷休"，在"字号"下拉列表中选择"小四"，在"字体颜色"下拉列表中选择"蓝色"，单击"加粗"按钮。

第 11 步：将光标定位在文档第 1 段中的任意位置，执行"格式"|"首字下沉"命令，打开"首字下沉"对话框，如图 2-07 所示。在"位置"区域选中"下沉"样式，在"选项"区域的"字体"下拉列表中选择"华文行楷"，在"下沉行数"文本框中选择或输入"2"，单击"确定"按钮。

图 2-06　"段落"对话框

图 2-07　"首字下沉"对话框

3. 文档的插入设置

第 12 步：将光标定位在文档要插入图片的位置，执行"插入"|"图片"|"来自文件"命令，打开"插入图片"对话框，如图 2-08 所示。

第 13 步：在"查找范围"下拉列表中选择 C:\Win2008GJW\KSML3 文件夹，在列表中选择 TU2-1.bmp，单击"插入"按钮。

第 14 步：单击选中插入的图片，执行"格式"|"图片"命令，打开"设置图片格式"对话框，单击"版式"选项卡，在"环绕方式"区域选择"紧密型"，如图 2-09 所示。

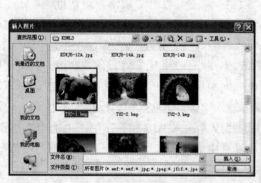

图 2-08　选择要插入的图片

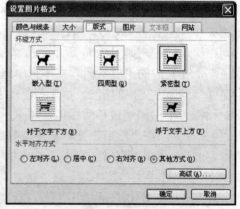

图 2-09　设置图片版式

第 15 步：在"设置图片格式"对话框中单击"大小"选项卡，如图 2-10 所示。选中"锁定纵横比"复选框，在"缩放"区域的"高度"文本框中选择或输入"60%"，单击"确定"按钮。用鼠标将图片拖到样文所示的位置。

第 16 步：选中文档第 5 段中的"习惯"文本，执行"插入"|"脚注和尾注"命令，打开"脚注和尾注"对话框，如图 2-11 所示。

图 2-10 设置图片大小

图 2-11 "脚注和尾注"对话框

第 17 步：在"位置"区域选中"尾注"单选按钮，在"格式"区域的"编号格式"下拉列表中选择"1，2，3…"，单击"插入"按钮返回到文档中，在光标所在位置输入内容"习惯就是即使趋于平淡，也不愿去品尝新的事物。"。

4. 插入、绘制文档表格

第 18 步：将光标定位在文档尾部，执行"表格"|"插入"|"表格"命令，打开"插入表格"对话框，如图 2-12 所示。

第 19 步：在"表格尺寸"区域的"列数"文本框中选择或输入"4"，在"行数"文本框中选择或输入"3"。

第 20 步：单击"自动套用格式"按钮，打开"表格自动套用格式"对话框，如图 2-13 所示。在"表格样式"列表中选择"精巧型 1"，依次单击"确定"按钮。

图 2-12 "插入表格"对话框

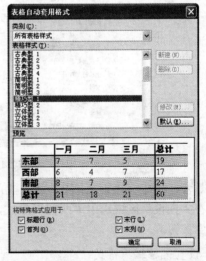

图 2-13 "表格自动套用格式"对话框

5. 文档的整理、修改和保护

第 21 步：将光标定位在文档中的任意位置，执行"工具"|"保护文档"命令，打开"保护文档"任务窗格。在"编辑限制"区域选中"仅允许在文档中进行此类编辑"复选

框，然后在下拉列表中选择"填写窗体"。

第 22 步：单击"是启动强制保护"按钮，打开"启动强制保护"对话框，如图 2-14 所示。输入密码"KSRT"，单击"确定"按钮。

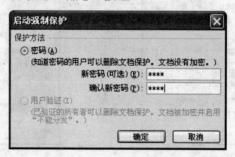

图 2-14   "启动强制保护"对话框

2.2   第 2 题解答

1. 设置文档页面格式

第 1 步：将插入点定位在文档中的任意位置，执行"视图"|"页眉和页脚"命令，进入"页眉和页脚"编辑模式，打开"页眉和页脚"工具栏。

第 2 步：将光标定位在页眉的左侧，输入文字"信任的力量"。将光标定位在页眉的右侧，单击"页眉和页脚"工具栏上的"插入'自动图文集'"，在下拉列表中选择"第 X 页 共 Y 页"，如图 2-15 所示。

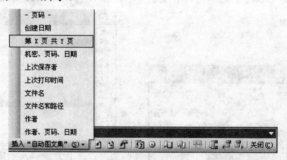

图 2-15   设置页眉

第 3 步：选中文档正文第 2、第 3 段，执行"格式"|"分栏"命令，打开"分栏"对话框。在"预设"区域选中"两栏"样式，选中"分隔线"和"栏宽相等"复选框，单击"确定"按钮。

2. 设置文档编排格式

第 4 步：选中文档的标题"信任的力量"按下 Delete 键将其删除，执行"插入"|"图片"|"艺术字"命令，打开"艺术字库"对话框。

第 5 步：在"艺术字库"列表中选择第 4 行第 4 列的艺术字样式，单击"确定"按钮，打开"编辑'艺术字'文字"对话框。

第 6 步：在"字体"下拉列表中选择"华文行楷"字体，在"字号"下拉列表中选择"40"，在"文字"文本框中输入"信任的力量"，单击"确定"按钮，即可将艺术字插入到文档中。

第 7 步：选中插入的艺术字，执行"格式"|"艺术字"命令，打开"设置艺术字格式"对话框，单击"版式"选项卡，如图 2-16 所示。在"环绕方式"区域选择"紧密型"，单击"确定"按钮，用鼠标将艺术字拖到样文所示的位置。

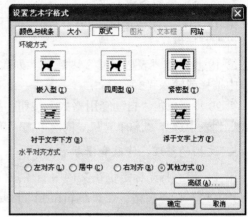

第 8 步：选中文档的第 2、第 3 段，执行"格式"|"段落"命令，打开"段落"对话框，单击"缩进和间距"选项卡。在"缩进"区域的"特殊格式"下拉列表中选择"首行缩进"，在其后的"度量值"文本框中选择或者输入"2 字符"，单击"确定"按钮。

图 2-16　"设置艺术字格式"对话框

第 9 步：选中文档第 1 段，执行"格式"|"段落"命令，打开"段落"对话框，单击"缩进和间距"选项卡。在"间距"区域的"段前"文本框中选择或者输入"0.5 行"，在"段后"文本框中选择或者输入"0.5 行"；在"行距"下拉列表中选择"固定值"，在其后的"设置值"文本框中选择或者输入"16 磅"，单击"确定"按钮。

第 10 步：选中文档第 2、第 3 段，在"格式"工具栏中的"字体"下拉列表中选择"楷体"，在"字号"下拉列表中选择"小四"，在"字体颜色"下拉列表中选择"红色"。

第 11 步：将光标定位在文档第 1 段中的任意位置，执行"格式"|"首字下沉"命令，打开"首字下沉"对话框。在"位置"区域选中"下沉"样式，在"选项"区域的"字体"下拉列表中选择"隶书"，在"下沉行数"文本框中选择或输入"2"，单击"确定"按钮。

3．文档的插入设置

第 12 步：将光标定位在文档要插入图片的位置，执行"插入"|"图片"|"来自文件"命令，打开"插入图片"对话框。

第 13 步：在"查找范围"下拉列表中选择 C:\Win2008GJW\KSML3 文件夹，在列表中选择 TU2-2.bmp，单击"插入"按钮。

第 14 步：单击选中插入的图片，执行"格式"|"图片"命令，打开"设置图片格式"对话框，单击"版式"选项卡，在"环绕方式"区域选择"四周型"。

第 15 步：在"设置图片格式"对话框中单击"大小"选项卡。选中"锁定纵横比"复选框，在"缩放"区域的"高度"文本框中选择或输入"25%"，单击"确定"按钮。用鼠标将图片拖到样文所示的位置。

第 16 步：选中文档第 2 段中的"骨干"文本，执行"插入"|"脚注和尾注"命令，打开"脚注和尾注"对话框。

第 17 步：在"位置"区域选中"尾注"单选按钮，在"格式"区域的"编号格式"下拉列表中选择"1，2，3…"，单击"插入"按钮返回到文档中，在光标所在位置输入内容"核心、中心、精髓部分。"。

4. 插入、绘制文档表格

第 18 步：将光标定位在文档尾部，执行"表格"|"插入"|"表格"命令，打开"插入表格"对话框。

第 19 步：在"表格尺寸"区域的"列数"文本框中选择或输入"5"，在"行数"文本框中选择或输入"3"。

第 20 步：单击"自动套用格式"按钮，打开"表格自动套用格式"对话框。在"表格样式"列表中选择"流行型"，依次单击"确定"按钮。

5. 文档的整理、修改和保护

第 21 步：将光标定位在文档中的任意位置，执行"工具"|"保护文档"命令，打开"保护文档"任务窗格。在"编辑限制"区域选中"仅允许在文档中进行此类编辑"复选框，然后在下拉列表中选择"填写窗体"。

第 22 步：单击"是启动强制保护"按钮，打开"启动强制保护"对话框。输入密码"KSRT"，单击"确定"按钮。

2.3　第 3 题解答

1. 设置文档页面格式

第 1 步：将光标定位在文档中的任意位置，执行"文件"|"页面设置"命令，打开"页面设置"对话框，单击"页边距"选项卡。在"上、下"文本框中选择或输入"4.1 厘米"，在"左、右"文本框中选择或输入"3.5 厘米"，如图 2-17 所示。

第 2 步：单击"版式"选项卡，如图 2-18 所示。在距边界的"页眉"文本框中选择或输入"3.2 厘米"，在"页脚"文本框中选择或输入"3.2 厘米"，单击"确定"按钮。

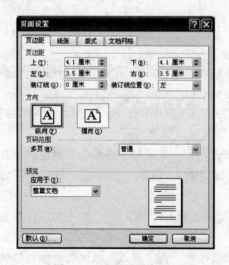 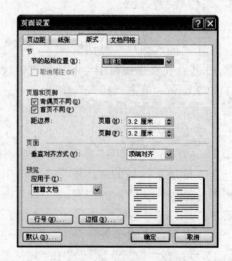

图 2-17　设置页面边距　　　　　　　　图 2-18　设置页眉页脚边距

第 3 步：选中文档正文前三段，执行"格式"|"分栏"命令，打开"分栏"对话框。在"预设"区域选中"两栏"样式，选中"分隔线"和"栏宽相等"复选框，单击"确定"按钮。

2．设置文档编排格式

第 4 步：选中文档的标题"人生的圆圈"，按下 Delete 键将其删除，执行"插入"|"图片"|"艺术字"命令，打开"艺术字库"对话框。在"'艺术字'库"列表中选择第 1 行第 4 列的艺术字样式，单击"确定"按钮，打开"编辑'艺术字'文字"对话框。

第 5 步：在"字体"下拉列表中选择"隶书"字体，在"字号"下拉列表中选择"40"，在"文字"文本框中输入"人生的圆圈"，单击"确定"按钮，将艺术字插入到文档中。

第 6 步：选中插入的艺术字，执行"格式"|"艺术字"命令，打开"设置艺术字格式"对话框，单击"版式"选项卡，在"环绕方式"区域选中"四周型"。

第 7 步：单击"颜色与线条"选项卡，如图 2-19 所示。在"填充"区域的"颜色"下拉列表中选择"红色"，在"线条"区域的"颜色"下拉列表中选择"蓝色"。单击"确定"按钮，用鼠标将艺术字拖到样文所示的位置。

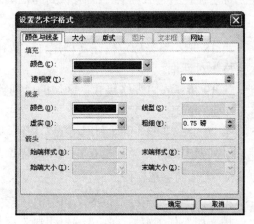

图 2-19　"设置艺术字格式"对话框

第 8 步：选中文档的第 4、第 5 段，执行"格式"|"段落"命令，打开"段落"对话框。单击"缩进和间距"选项卡。在"缩进"区域的"特殊格式"下拉列表中选择"首行缩进"，在其后的"度量值"文本框中选择或者输入"2 字符"。

第 9 步：在"间距"区域的"段前"文本框中选择或者输入"0.5 行"，在"段后"文本框中选择或者输入"0.5 行"；在"行距"下拉列表中选择"固定值"，在其后的"设置值"文本框中选择或者输入"17 磅"，单击"确定"按钮。

第 10 步：选中文档第 5 段，在"格式"工具栏中的"字体"下拉列表中选择"黑体"，在"字体颜色"下拉列表中选择"梅红色"。

第 11 步：将光标定位在文档第 1 段中的任意位置，执行"格式"|"首字下沉"命令，打开"首字下沉"对话框。在"位置"区域选中"下沉"样式，在"选项"区域的"字体"下拉列表中选择"华文新魏"，在"下沉行数"文本框中选择或输入"2"，单击"确定"按钮。

3．文档的插入设置

第 12 步：将光标定位在文档要插入图片的位置，执行"插入"|"图片"|"来自文件"命令，打开"插入图片"对话框。

第 13 步：在"查找范围"下拉列表中选择 C:\Win2008GJW\KSML3 文件夹，在列表中选择 TU2-3.bmp，单击"插入"按钮。

第 14 步：单击选中插入的图片，执行"格式"|"图片"命令，打开"设置图片格式"对话框，单击"版式"选项卡，在"环绕方式"区域选择"紧密型"。

第 15 步：在"设置图片格式"对话框中单击"大小"选项卡。选中"锁定纵横比"复选框，在"缩放"区域的"高度"文本框中选择或输入"30%"，单击"确定"按钮。用鼠标将图片拖到样文所示的位置。

第 16 步：选中文档第 5 段中的"视野"文本，执行"插入"|"脚注和尾注"命令，打开"脚注和尾注"对话框。

第 17 步：在"位置"区域选中"脚注"单选按钮，单击"插入"按钮返回到文档中，在光标所在位置输入内容"眼睛看到的范围。"。

4．插入、绘制文档表格

第 18 步：将光标定位在文档尾部，执行"表格"|"插入"|"表格"命令，打开"插入表格"对话框。

第 19 步：在"表格尺寸"区域的"列数"文本框中选择或输入"5"，在"行数"文本框中选择或输入"3"。

第 20 步：单击"自动套用格式"按钮，打开"表格自动套用格式"对话框。在"表格样式"列表中选择"竖列型 1"，依次单击"确定"按钮。

5．文档的整理、修改和保护

第 21 步：将光标定位在文档中的任意位置，执行"工具"|"保护文档"命令，打开"保护文档"任务窗格。在"编辑限制"区域选中"仅允许在文档中进行此类编辑"复选框，然后在下拉列表中选择"填写窗体"。

第 22 步：单击"是启动强制保护"按钮，打开"启动强制保护"对话框。输入密码"KSRT"，单击"确定"按钮。

2.4　第 4 题解答

1．设置文档页面格式

第 1 步：将光标定位在文档中的任意位置，执行"文件"|"页面设置"命令，打开"页面设置"对话框，单击"页边距"选项卡。在"上、下"文本框中选择或输入"4.5 厘米"，在"左、右"文本框中选择或输入"2.8 厘米"。

第 2 步：单击"版式"选项卡，在距边界的"页眉"文本框中选择或输入"3.6 厘米"，在"页脚"文本框中选择或输入"3.6 厘米"，单击"确定"按钮。

第 3 步：将插入点定位在文档中的任意位置，执行"视图"|"页眉和页脚"命令，进入"页眉和页脚"编辑模式，将光标定位在页眉的左侧，输入文字"智慧是第一生命"。将鼠标定位在页眉的右侧，单击"页眉和页脚"工具栏上的"插入'自动图文集'"，在下拉列表中选择"-页码-"。

2．设置文档编排格式

第 4 步：选中文档的标题"智慧是第一生命"按下 Delete 键将其删除，执行"插入"|"图片"|"艺术字"命令，打开"'艺术字'库"对话框。

第 5 步：在"'艺术字'库"列表中选择第 4 行第 2 列的艺术字样式，单击"确定"按钮，打开"编辑'艺术字'文字"对话框。

第 6 步：在"字体"下拉列表中选择"方正姚体"字体，在"字号"下拉列表中选择"40"，在"文字"文本框中输入"智慧是第一生命"，单击"确定"按钮，将艺术字插入到文档中。

第 7 步：选中插入的艺术字，执行"格式"|"艺术字"命令，打开"设置艺术字格式"对话框，单击"版式"选项卡。在"环绕方式"区域选中"紧密型"，单击"确定"按钮，用鼠标将艺术字拖到样文所示的位置。

第 8 步：选中文档的第 1 段，执行"格式"|"段落"命令，打开"段落"对话框，单击"缩进和间距"选项卡。在"间距"区域的"段前"文本框中选择或者输入"0.5 行"，在"段后"文本框中选择或者输入"0.5 行"；在"行距"下拉列表中选择"1.5 倍行距"，单击"确定"按钮。

第 9 步：选中文档第 2、第 3、第 4、第 5 段，执行"格式"|"段落"命令，打开"段落"对话框，单击"缩进和间距"选项卡。在"间距"区域的"段前"文本框中选择或者输入"0.5 行"，在"段后"文本框中选择或者输入"0.5 行"；在"行距"下拉列表中选择"固定值"，在其后的"设置值"文本框中选择或者输入"16 磅"，单击"确定"按钮。

第 10 步：选中文档第 1 段，在"格式"工具栏中的"字体"下拉列表中选择"华文细黑"，在"字号"下拉列表中选择"小四"，在"字体颜色"下拉列表中选择"青色"，单击"加粗"按钮。

第 11 步：将光标定位在文档第 1 段中的任意位置，执行"格式"|"首字下沉"命令，打开"首字下沉"对话框。在"位置"区域选中"下沉"样式，在"选项"区域的"字体"下拉列表中选择"黑体"，在"下沉行数"文本框中选择或输入"2"，单击"确定"按钮。

3．文档的插入设置

第 12 步：将光标定位在文档要插入图片的位置，执行"插入"|"图片"|"来自文件"命令，打开"插入图片"对话框。在"查找范围"下拉列表中选择 C:\Win2008GJW\KSML3 文件夹，在列表中选择 TU2-4.bmp，单击"插入"按钮。

第 13 步：单击选中插入的图片，执行"格式"|"图片"命令，打开"设置图片格式"对话框，单击"版式"选项卡，在"环绕方式"区域选择"紧密型"。

第 14 步：在"设置图片格式"对话框中单击"大小"选项卡。选中"锁定纵横比"复选框，在"缩放"区域的"高度"文本框中选择或输入"30%"，单击"确定"按钮。用鼠标将图片拖到样文所示的位置。

第 15 步：选中文档第 3 段中的"不见"文本，执行"插入"|"批注"命令，在光标处输入"此处用词不当"。

4．插入、绘制文档表格

第 16 步：将光标定位在文档尾部，执行"表格"|"插入"|"表格"命令，打开"插

入表格"对话框。

第 17 步：在"表格尺寸"区域的"列数"文本框中选择或输入"5"，在"行数"文本框中选择或输入"3"。

第 18 步：单击"自动套用格式"按钮，打开"表格自动套用格式"对话框。在"表格样式"列表中选择"网页型 1"，依次单击"确定"按钮。

5. 文档的整理、修改和保护

第 19 步：将光标定位在文档中的任意位置，执行"工具"|"保护文档"命令，打开"保护文档"任务窗格。在"编辑限制"区域选中"仅允许在文档中进行此类编辑"复选框，然后在下拉列表中选择"填写窗体"。

第 20 步：单击"是启动强制保护"按钮，打开"启动强制保护"对话框。输入密码"KSRT"，单击"确定"按钮。

2.5　第 5 题解答

1. 设置文档页面格式

第 1 步：将光标定位在文档中的任意位置，执行"文件"|"页面设置"命令，打开"页面设置"对话框，单击"页边距"选项卡。在"上、下"文本框中选择或输入"4.5 厘米"，在"左、右"文本框中选择或输入"3.2 厘米"。

第 2 步：单击"版式"选项卡，在距边界的"页眉"文本框中选择或输入"3.2 厘米"，在"页脚"文本框中选择或输入"3.2 厘米"，单击"确定"按钮。

第 3 步：将插入点定位在文档中的任意位置，执行"视图"|"页眉和页脚"命令，进入"页眉和页脚"编辑模式，打开"页眉和页脚"工具栏。

第 4 步：将光标定位在页眉的左侧，输入文字"人生要学会遗忘"。将光标定位在页眉的右侧，单击"页眉和页脚"工具栏上的"插入'自动图文集'"，在下拉列表中选择"第 X 页 共 Y 页"。

2. 设置文档编排格式

第 5 步：选中文档的标题"人生要学会遗忘"，按下 Delete 键将其删除，执行"插入"|"图片"|"艺术字"命令打开"艺术字库"对话框。

第 6 步：在"艺术字库"列表中选择第 2 行第 5 列的艺术字样式，单击"确定"按钮，打开"编辑'艺术字'文字"对话框。

第 7 步：在"字体"下拉列表中选择"华文行楷"字体，在"字号"下拉列表中选择"40"，在"文字"文本框中输入"人生要学会遗忘"，单击"确定"按钮。

第 8 步：选中文档的第 2、第 3 段，执行"格式"|"段落"命令，打开"段落"对话框，单击"缩进和间距"选项卡。在"缩进"区域的"特殊格式"下拉列表中选择"首行缩进"，在其后的"度量值"文本框中选择或者输入"2 字符"，单击"确定"按钮。

第 9 步：选中文档全部段落，执行"格式"|"段落"命令，打开"段落"对话框，单

击"缩进和间距"选项卡。在"间距"区域的"段前"文本框中选择或者输入"0.5 行"，在"段后"文本框中选择或者输入"0.5 行"；在"行距"下拉列表中选择"固定值"，在其后的"设置值"文本框中选择或者输入"16 磅"，单击"确定"按钮。

第 10 步：选中文档第 3 段，在"格式"工具栏中的"字体"下拉列表中选择"隶书"，在"字号"下拉列表中选择"小四"，在"字体颜色"下拉列表中选择"深蓝色"。

第 11 步：将光标定位在文档第 1 段中的任意位置，执行"格式"|"首字下沉"命令，打开"首字下沉"对话框。在"位置"区域选中"下沉"样式，在"选项"区域的"字体"下拉列表中选择"华文行楷"，在"下沉行数"文本框中选择或输入"2"，单击"确定"按钮。

3. 文档的插入设置

第 12 步：将光标定位在文档要插入图片的位置，执行"插入"|"图片"|"来自文件"命令，打开"插入图片"对话框。

第 13 步：在"查找范围"下拉列表中选择 C:\Win2008GJW\KSML3 文件夹，在列表中选择 TU2-5.bmp，单击"插入"按钮。

第 14 步：单击选中插入的图片，执行"格式"|"图片"命令，打开"设置图片格式"对话框，单击"版式"选项卡，在"环绕方式"区域选择"紧密型"。

第 15 步：在"设置图片格式"对话框中单击"大小"选项卡。选中"锁定纵横比"复选框，在"缩放"区域的"高度"文本框中选择或输入"20%"，单击"确定"按钮。用鼠标将图片拖到样文所示的位置。

第 16 步：选中文档第 2 段中的"境界"文本，执行"插入"|"脚注和尾注"命令，打开"脚注和尾注"对话框。

第 17 步：在"位置"区域选中"脚注"单选按钮，单击"插入"按钮返回到文档中，在光标所在位置输入内容"事物所达到的程度或呈现出的情况。"。

4. 插入、绘制文档表格

第 18 步：将光标定位在文档尾部，执行"表格"|"插入"|"表格"命令，打开"插入表格"对话框。

第 19 步：在"表格尺寸"区域的"列数"文本框中选择或输入"4"，在"行数"文本框中选择或输入"3"。

第 20 步：单击"自动套用格式"按钮，打开"表格自动套用格式"对话框。在"表格样式"列表中选择"网格型 3"，依次单击"确定"按钮。

5. 文档的整理、修改和保护

第 21 步：将光标定位在文档中的任意位置，执行"工具"|"保护文档"命令，打开"保护文档"任务窗格。在"编辑限制"区域选中"仅允许在文档中进行此类编辑"复选框，然后在下拉列表中选择"填写窗体"。

第 22 步：单击"是启动强制保护"按钮，打开"启动强制保护"对话框。输入密码"KSRT"，单击"确定"按钮。

2.6　第 6 题解答

1.　设置文档页面格式

第 1 步：将光标定位在文档中的任意位置，执行"文件"|"页面设置"命令，打开"页面设置"对话框，单击"页边距"选项卡。在"上、下"文本框中选择或输入"4.3 厘米"，在"左、右"文本框中选择或输入"3.5 厘米"。

第 2 步：单击"版式"选项卡，在距边界的"页眉"文本框中选择或输入"3.2 厘米"，在"页脚"文本框中选择或输入"3.2 厘米"，单击"确定"按钮。

第 3 步：选中文档正文第 1、第 2 段，执行"格式"|"分栏"命令，打开"分栏"对话框，在"预设"区域选中"两栏"样式，选中"分隔线"和"栏宽相等"复选框，单击"确定"按钮。

2.　设置文档编排格式

第 4 步：选中文档的标题"鱼竿和鱼"，按下 Delete 键将其删除，执行"插入"|"图片"|"艺术字"命令，打开"艺术字库"对话框。

第 5 步：在"艺术字库"列表中选择第 4 行第 5 列的艺术字样式，单击"确定"按钮，打开"编辑'艺术字'文字"对话框。

第 6 步：在"字体"下拉列表中选择"华文行楷"字体，在"字号"下拉列表中选择"40"，在"文字"文本框中输入"鱼竿和鱼"，单击"确定"按钮。

第 7 步：选中文档的第 3 段，执行"格式"|"段落"命令，打开"段落"对话框，单击"缩进和间距"选项卡。在"间距"区域的"段前"文本框中选择或者输入"0.5 行"，在"段后"文本框中选择或者输入"0.5 行"；在"行距"下拉列表中选择"固定值"，在其后的"设置值"文本框中选择或者输入"14 磅"，单击"确定"按钮。

第 8 步：选中文档第 3 段，在"格式"工具栏中的"字体"下拉列表中选择"楷体"，在"字号"下拉列表中选择"小四"，在"字体颜色"下拉列表中选择"红色"。

第 9 步：将光标定位在文档第 1 段中的任意位置，执行"格式"|"首字下沉"命令，打开"首字下沉"对话框。在"位置"区域选中"下沉"样式，在"选项"区域的"字体"下拉列表中选择"隶书"，在"下沉行数"文本框中选择或输入"2"，单击"确定"按钮。

3.　文档的插入设置

第 10 步：将光标定位在文档要插入图片的位置，执行"插入"|"图片"|"来自文件"命令，打开"插入图片"对话框。

第 11 步：在"查找范围"下拉列表中选择 C:\Win2008GJW\KSML3 文件夹，在列表中选择 TU2-6.bmp，单击"插入"按钮。

第 12 步：单击选中插入的图片，执行"格式"|"图片"命令，打开"设置图片格式"对话框，单击"版式"选项卡，在"环绕方式"区域选择"紧密型"。

第 13 步：在"设置图片格式"对话框中单击"大小"选项卡。选中"锁定纵横比"复选框，在"缩放"区域的"高度"文本框中选择或输入"30%"，单击"确定"按钮。用鼠标将图片拖到样文所示的位置。

第 14 步：选中文档第 1 段中的"分道扬镳"文本，执行"插入"|"脚注和尾注"命令，打开"脚注和尾注"对话框。

第 15 步：在"位置"区域选中"尾注"单选按钮，在"格式"区域的"编号格式"下拉列表中选择"1，2，3…"，单击"插入"按钮返回到文档中，在光标所在位置输入内容"指分路而行。"。

4．插入、绘制文档表格

第 16 步：将光标定位在文档尾部，执行"表格"|"插入"|"表格"命令，打开"插入表格"对话框。

第 17 步：在"表格尺寸"区域的"列数"文本框中选择或输入"8"，在"行数"文本框中选择或输入"5"。

第 18 步：单击"自动套用格式"按钮，打开"表格自动套用格式"对话框。在"表格样式"列表中选择"竖列型 4"，依次单击"确定"按钮。

5．文档的整理、修改和保护

第 19 步：将光标定位在文档中的任意位置，执行"工具"|"保护文档"命令，打开"保护文档"任务窗格。在"编辑限制"区域选中"仅允许在文档中进行此类编辑"复选框，然后在下拉列表中选择"填写窗体"。

第 20 步：单击"是启动强制保护"按钮，打开"启动强制保护"对话框。输入密码"KSRT"，单击"确定"按钮。

2.7　第 7 题解答

1．设置文档页面格式

第 1 步：将光标定位在文档中的任意位置，执行"文件"|"页面设置"命令，打开"页面设置"对话框，单击"页边距"选项卡。在"上、下"文本框中选择或输入"4.5 厘米"，在"左、右"文本框中选择或输入"2.8 厘米"。

第 2 步：单击"版式"选项卡，在距边界的"页眉"文本框中选择或输入"3.6 厘米"，在"页脚"文本框中选择或输入"3.6 厘米"，单击"确定"按钮。

第 3 步：将插入点定位在文档中的任意位置，执行"视图"|"页眉和页脚"命令，进入"页眉和页脚"编辑模式，打开"页眉和页脚"工具栏。将光标定位在页眉的左侧，输入文字"环境科学"。将鼠标定位在页眉的右侧，单击"页眉和页脚"工具栏上的"插入'自动图文集'"，在下拉列表中选择"-页码-"。

2．设置文档编排格式

第 4 步：选中文档的标题"空气是怎么被污染的"，按下 Delete 键将其删除，执行"插入"|"图片"|"艺术字"命令，打开"艺术字库"对话框。

第 5 步：在"艺术字库"列表中选择第 5 行第 1 列的艺术字样式，单击"确定"按钮，打开"编辑'艺术字'文字"对话框。

第 6 步：在"字体"下拉列表中选择"隶书"字体，在"字号"下拉列表中选择"32"，在"文字"文本框中输入"空气是怎么被污染的"，单击"确定"按钮。

第 7 步：选中文档的第 1 段，执行"格式"|"段落"命令，打开"段落"对话框，单击"缩进和间距"选项卡。在"间距"区域的"段前"文本框中选择或者输入"1.0 行"，在"段后"文本框中选择或者输入"0.5 行"；在"行距"下拉列表中选择"固定值"，在其后的"设置值"文本框中选择或者输入"15 磅"，单击"确定"按钮。

第 8 步：选中文档第 2、第 3 段，在"格式"工具栏中的"字体"下拉列表中选择"楷体"，在"字号"下拉列表中选择"小四"，在"字体颜色"下拉列表中选择"海绿色"。

第 9 步：将光标定位在文档第 1 段中的任意位置，执行"格式"|"首字下沉"命令，打开"首字下沉"对话框。在"位置"区域选中"下沉"样式，在"选项"区域的"字体"下拉列表中选择"华文行楷"，在"下沉行数"文本框中选择或输入"2"，单击"确定"按钮。

3. 文档的插入设置

第 10 步：将光标定位在文档要插入图片的位置，执行"插入"|"图片"|"来自文件"命令，打开"插入图片"对话框。

第 11 步：在"查找范围"下拉列表中选择 C:\Win2008GJW\KSML3 文件夹，在列表中选择 TU2-7.bmp，单击"插入"按钮。

第 12 步：单击选中插入的图片，执行"格式"|"图片"命令，打开"设置图片格式"对话框，单击"版式"选项卡，在"环绕方式"区域选择"紧密型"。

第 13 步：在"设置图片格式"对话框中单击"大小"选项卡。选中"锁定纵横比"复选框，在"缩放"区域的"高度"文本框中选择或输入"40%"，单击"确定"按钮。用鼠标将图片拖到样文所示的位置。

第 14 步：选中文档第 2 段中的"不然"文本，执行"插入"|"批注"命令，在光标处输入"此处用词不当"。

4. 插入、绘制文档表格

第 15 步：将光标定位在文档尾部，执行"表格"|"插入"|"表格"命令，打开"插入表格"对话框。

第 16 步：在"表格尺寸"区域的"列数"文本框中选择或输入"5"，在"行数"文本框中选择或输入"6"。

第 17 步：单击"自动套用格式"按钮，打开"表格自动套用格式"对话框。在"表格样式"列表中选择"列表型 6"，依次单击"确定"按钮。

5. 文档的整理、修改和保护

第 18 步：将光标定位在文档中的任意位置，执行"工具"|"保护文档"命令，打开"保护文档"任务窗格。在"编辑限制"区域选中"仅允许在文档中进行此类编辑"复选框，然后在下拉列表中选择"填写窗体"。

第 19 步：单击"是启动强制保护"按钮，打开"启动强制保护"对话框。输入密码"KSRT"，单击"确定"按钮。

2.8 第 8 题解答

1. 设置文档页面格式

第 1 步：将插入点定位在文档中的任意位置，执行"视图"|"页眉和页脚"命令，进入"页眉和页脚"编辑模式，打开"页眉和页脚"工具栏。

第 2 步：将光标定位在页眉的左侧，输入文字"鲨鱼的弱点"。将光标定位在页眉的右侧，单击"页眉和页脚"工具栏上的"插入'自动图文集'"，在下拉列表中选择"第 X 页 共 Y 页"。

第 3 步：选中文档正文第 2 段，执行"格式"|"分栏"命令，打开"分栏"对话框.

第 4 步：在"预设"区域选中"两栏"样式，选中"分隔线"和"栏宽相等"复选框，单击"确定"按钮。

2. 设置文档编排格式

第 5 步：选中文档的标题"鲨鱼的弱点"，按下 Delete 键将其删除，执行"插入"|"图片"|"艺术字"命令，打开"艺术字库"对话框。

第 6 步：在"艺术字库"列表中选择第 3 行第 5 列的艺术字样式，单击"确定"按钮，打开"编辑'艺术字'文字"对话框。

第 7 步：在"字体"下拉列表中选择"华文细黑"字体，在"字号"下拉列表中选择"40"，在"文字"文本框中输入"鲨鱼的弱点"，单击"确定"按钮。

第 8 步：选中文档的所有段落，执行"格式"|"段落"命令，打开"段落"对话框。单击"缩进和间距"选项卡。在"缩进"区域的"特殊格式"下拉列表中选择"首行缩进"，在其后的"度量值"文本框中选择或者输入"2 字符"，单击"确定"按钮。

第 9 步：选中文档第 1 段，执行"格式"|"段落"命令，打开"段落"对话框。单击"缩进和间距"选项卡。在"间距"区域的"段前"文本框中选择或者输入"1.5 行"，在"段后"文本框中选择或者输入"0.5 行"；在"行距"下拉列表中选择"固定值"，在其后的"设置值"文本框中选择或者输入"16 磅"，单击"确定"按钮。

第 10 步：选中文档第 3 段，执行"格式"|"段落"命令，打开"段落"对话框。单击"缩进和间距"选项卡。在"间距"区域的"段前"文本框中选择或者输入"0.5 行"，在"段后"文本框中选择或者输入"0.5 行"；在"行距"下拉列表中选择"固定值"，在其后的"设置值"文本框中选择或者输入"14 磅"，单击"确定"按钮。

第 11 步：选中文档第 1 段，在"格式"工具栏中的"字体"下拉列表中选择"华文行楷"，在"字号"下拉列表中选择"小四"，在"字体颜色"下拉列表中选择"粉红色"。

第 12 步：将光标定位在文档第 1 段中的任意位置，执行"格式"|"首字下沉"命令，打开"首字下沉"对话框。在"位置"区域选中"下沉"样式，在"选项"区域的"字体"下拉列表中选择"华文彩云"，在"下沉行数"文本框中选择或输入"2"，单击"确定"按钮。

3. 文档的插入设置

第 13 步：将光标定位在文档要插入图片的位置，执行"插入"|"图片"|"来自文件"

命令，打开"插入图片"对话框。在"查找范围"下拉列表中选择 C:\Win2008GJW\KSML3 文件夹，在列表中选择 TU2-8.bmp，单击"插入"按钮。

第 14 步：单击选中插入的图片，执行"格式"|"图片"命令，打开"设置图片格式"对话框，单击"版式"选项卡，在"环绕方式"区域选择"紧密型"。

第 15 步：在"设置图片格式"对话框中单击"大小"选项卡。选中"锁定纵横比"复选框，在"缩放"区域的"高度"文本框中选择或输入"70%"，单击"确定"按钮。用鼠标将图片拖到样文所示的位置。

第 16 步：选中文档第 2 段中的"感应"文本，执行"插入"|"脚注和尾注"命令，打开"脚注和尾注"对话框。

第 17 步：在"位置"区域选中"尾注"单选按钮，在"格式"区域的"编号格式"下拉列表中选择"1，2，3…"，单击"插入"按钮返回到文档中，在光标所在位置输入内容"因受外界影响而引起相应的反应。"。

4. 插入、绘制文档表格

第 18 步：将光标定位在文档尾部，执行"表格"|"插入"|"表格"命令，打开"插入表格"对话框。

第 19 步：在"表格尺寸"区域的"列数"文本框中选择或输入"6"，在"行数"文本框中选择或输入"4"。

第 20 步：单击"自动套用格式"按钮，打开"表格自动套用格式"对话框。在"表格样式"列表中选择"列表型 7"，依次单击"确定"按钮。

5. 文档的整理、修改和保护

第 21 步：将光标定位在文档中的任意位置，执行"工具"|"保护文档"命令，打开"保护文档"任务窗格。在"编辑限制"区域选中"仅允许在文档中进行此类编辑"复选框，然后在下拉列表中选择"填写窗体"。

第 22 步：单击"是启动强制保护"按钮，打开"启动强制保护"对话框。输入密码"KSRT"，单击"确定"按钮。

2.9　第 9 题解答

1. 设置文档页面格式

第 1 步：将光标定位在文档中的任意位置，执行"文件"|"页面设置"命令，打开"页面设置"对话框，单击"页边距"选项卡。在"上、下"文本框中选择或输入"5.1 厘米"，在"左、右"文本框中选择或输入"3.5 厘米"。

第 2 步：单击"版式"选项卡，在距边界的"页眉"文本框中选择或输入"4.2 厘米"，在"页脚"文本框中选择或输入"4.2 厘米"，单击"确定"按钮。

第 3 步：将插入点定位在文档中的任意位置，执行"视图"|"页眉和页脚"命令，进入"页眉和页脚"编辑模式，打开"页眉和页脚"工具栏。将光标定位在页眉的左侧，输入文字"开发量子芯片"。将鼠标定位在页眉的右侧，单击"页眉和页脚"工具栏上的"插

入'自动图文集'",在下拉列表中选择"-页码-"。

2. 设置文档编排格式

第 4 步：选中文档的标题"开发量子芯片"，按下 Delete 键将其删除，执行"插入"|"图片"|"艺术字"命令，打开"艺术字库"对话框。

第 5 步：在"艺术字库"列表中选择第 4 行第 3 列的艺术字样式，单击"确定"按钮，打开"编辑'艺术字'文字"对话框。

第 6 步：在"字体"下拉列表中选择"楷体"字体，在"字号"下拉列表中选择"40"，在"文字"文本框中输入"开发量子芯片"，单击"确定"按钮。

第 7 步：选中插入的艺术字，执行"格式"|"艺术字"命令，打开"设置艺术字格式"对话框，单击"版式"选项卡。在"环绕方式"区域选中"浮于文字上方"，单击"确定"按钮，用鼠标将艺术字拖到样文所示的位置。

第 8 步：选中文档的第 1 段，执行"格式"|"段落"命令，打开"段落"对话框，单击"缩进和间距"选项卡。在"间距"区域的"段前"文本框中选择或者输入"2.0 行"，在"段后"文本框中选择或者输入"0.5 行"；在"行距"下拉列表中选择"固定值"，在其后的"设置值"文本框中选择或者输入"15 磅"，单击"确定"按钮。

第 9 步：选中文档的第 2、第 3 段，执行"格式"|"段落"命令，打开"段落"对话框，单击"缩进和间距"选项卡。在"间距"区域的"段前"文本框中选择或者输入"0.5 行"，在"段后"文本框中选择或者输入"0.5 行"；在"行距"下拉列表中选择"固定值"，在其后的"设置值"文本框中选择或者输入"15 磅"，单击"确定"按钮。

第 10 步：选中第 3 段的文本"220℃"，执行"格式"|"字体"命令，打开"字体"对话框，如图 2-20 所示。在"中文字体"下拉列表中选择"黑体"，在"字形"列表中选择"加粗"，在"字号"列表中选择"小四"，在"下划线线型"下拉列表中选择"双线"，在"下划线颜色"下拉列表中选择"红色"，单击"确定"按钮。

第 11 步：将光标定位在文档第 1 段中的任意位置，执行"格式"|"首字下沉"命令，打开"首字下沉"对话框。在"位置"区域选中"下沉"样式，在"选项"区域的"字体"下拉列表中选择"黑体"，在"下沉行数"文本框中选择或输入"2"，单击"确定"按钮。

图 2-20 "字体"对话框

3. 文档的插入设置

第 12 步：将光标定位在文档要插入图片的位置，执行"插入"|"图片"|"来自文件"命令，打开"插入图片"对话框。

第 13 步：在"查找范围"下拉列表中选择 C:\Win2008GJW\KSML3 文件夹，在列表中选择 TU2-9.bmp，单击"插入"按钮。

第 14 步：单击选中插入的图片，执行"格式"|"图片"命令，打开"设置图片格式"对话框，单击"版式"选项卡，在"环绕方式"区域选择"紧密型"。

第 15 步：在"设置图片格式"对话框中单击"大小"选项卡。选中"锁定纵横比"复选框，在"缩放"区域的"高度"文本框中选择或输入"50%"，单击"确定"按钮。用鼠标将图片拖到样文所示的位置。

第 16 步：选中文档第 3 段中的"消耗"文本，执行"插入"|"批注"命令，在光标处输入"此处用词不当"。

4. 插入、绘制文档表格

第 17 步：将光标定位在文档尾部，执行"表格"|"插入"|"表格"命令，打开"插入表格"对话框。

第 18 步：在"表格尺寸"区域的"列数"文本框中选择或输入"8"，在"行数"文本框中选择或输入"6"。

第 19 步：单击"自动套用格式"按钮，打开"表格自动套用格式"对话框。在"表格样式"列表中选择"立体型 2"，依次单击"确定"按钮。

5. 文档的整理、修改和保护

第 20 步：将光标定位在文档中的任意位置，执行"工具"|"保护文档"命令，打开"保护文档"任务窗格。在"编辑限制"区域选中"仅允许在文档中进行此类编辑"复选框，然后在下拉列表中选择"填写窗体"。

第 21 步：单击"是启动强制保护"按钮，打开"启动强制保护"对话框。输入密码"KSRT"，单击"确定"按钮。

2.10　第 10 题解答

1. 设置文档页面格式

第 1 步：将光标定位在文档中的任意位置，执行"文件"|"页面设置"命令，打开"页面设置"对话框，单击"页边距"选项卡。在"上、下"文本框中选择或输入"4.3 厘米"，在"左、右"文本框中选择或输入"3.5 厘米"。

第 2 步：单击"版式"选项卡，在距边界的"页眉"文本框中选择或输入"3.2 厘米"，在"页脚"文本框中选择或输入"3.2 厘米"，单击"确定"按钮。

第 3 步：选中文档正文第 4、第 5 段，执行"格式"|"分栏"命令，打开"分栏"对话框，在"预设"区域选中"两栏"样式，选中"分隔线"和"栏宽相等"复选框，单击"确定"按钮。

2. 设置文档编排格式

第 4 步：选中文档的标题"富翁与穷汉"，按下 Delete 键将其删除，执行"插入"|"图片"|"艺术字"命令，打开"艺术字库"对话框。

第 5 步：在"艺术字库"列表中选择第 2 行第 3 列的艺术字样式，单击"确定"按钮，打开"编辑'艺术字'文字"对话框。

第6步：在"字体"下拉列表中选择"楷体"字体，在"字号"下拉列表中选择"44"，在"文字"文本框中输入"富翁与穷汉"，单击"确定"按钮。

第7步：选中插入的艺术字，执行"格式"|"艺术字"命令，打开"设置艺术字格式"对话框，单击"版式"选项卡。在"环绕方式"区域选中"紧密型"，单击"确定"按钮，用鼠标将艺术字拖到样文所示的位置。

第8步：选中文档的第1段，执行"格式"|"段落"命令，打开"段落"对话框，单击"缩进和间距"选项卡。在"间距"区域的"段前"文本框中选择或者输入"1.0行"，在"段后"文本框中选择或者输入"0.5行"；在"行距"下拉列表中选择"固定值"，在其后的"设置值"文本框中选择或者输入"17磅"，单击"确定"按钮。

第9步：选中文档的第2、第3段，执行"格式"|"段落"命令，打开"段落"对话框。单击"缩进和间距"选项卡。在"间距"区域的"段前"文本框中选择或者输入"0.5行"，在"段后"文本框中选择或者输入"0.5行"；在"行距"下拉列表中选择"固定值"，在其后的"设置值"文本框中选择或者输入"15磅"，单击"确定"按钮。

第10步：选中第1段文本，在"格式"工具栏中的"字体"下拉列表中选择"黑体"，在"字体颜色"下拉列表中选择"红色"。

第11步：将光标定位在文档第1段中的任意位置，执行"格式"|"首字下沉"命令，打开"首字下沉"对话框。在"位置"区域选中"下沉"样式，在"选项"区域的"字体"下拉列表中选择"楷体"，在"下沉行数"文本框中选择或输入"2"，单击"确定"按钮。

3．文档的插入设置

第12步：将光标定位在文档要插入图片的位置，执行"插入"|"图片"|"来自文件"命令，打开"插入图片"对话框。

第13步：在"查找范围"下拉列表中选择 C:\Win2008GJW\KSML3 文件夹，在列表中选择 TU2-10.bmp，单击"插入"按钮。

第14步：单击选中插入的图片，执行"格式"|"图片"命令，打开"设置图片格式"对话框，单击"版式"选项卡，在"环绕方式"区域选择"紧密型"。

第15步：在"设置图片格式"对话框中单击"大小"选项卡。选中"锁定纵横比"复选框，在"缩放"区域的"高度"文本框中选择或输入"30%"，单击"确定"按钮。用鼠标将图片拖到样文所示的位置。

第16步：选中文档第4段中的"些微"文本，执行"插入"|"批注"命令，在光标处输入"将此词替换为稍微"。

4．插入、绘制文档表格

第17步：将光标定位在文档尾部，执行"表格"|"插入"|"表格"命令，打开"插入表格"对话框。

第18步：在"表格尺寸"区域的"列数"文本框中选择或输入"7"，在"行数"文本框中选择或输入"5"。

第19步：单击"自动套用格式"按钮，打开"表格自动套用格式"对话框。在"表格样式"列表中选择"列表型6"，依次单击"确定"按钮。

5. 文档的整理、修改和保护

第 20 步：将光标定位在文档中的任意位置，执行"工具"|"保护文档"命令打开"保护文档"任务窗格。在"编辑限制"区域选中"仅允许在文档中进行此类编辑"复选框，然后在下拉列表中选择"填写窗体"。

第 21 步：单击"是启动强制保护"按钮，打开"启动强制保护"对话框。输入密码"KSRT"，单击"确定"按钮。

2.11　第 11 题解答

1. 设置文档页面格式

第 1 步：将插入点定位在文档中的任意位置，执行"视图"|"页眉和页脚"命令，进入"页眉和页脚"编辑模式，打开"页眉和页脚"工具栏。将光标定位在页眉的左侧，输入文字"可燃冰"，将光标定位在页眉的右侧，输入文字"走近科学"。

第 2 步：选中文档正文第 2 段，执行"格式"|"分栏"命令，打开"分栏"对话框。

第 3 步：在"预设"区域选中"两栏"样式，选中"分隔线"和"栏宽相等"复选框，单击"确定"按钮。

2. 设置文档编排格式

第 4 步：选中文档的标题"可燃冰"，按下 Delete 键将其删除，执行"插入"|"图片"|"艺术字"命令，打开"艺术字库"对话框。

第 5 步：在"艺术字库"列表中选择第 4 行第 4 列的艺术字样式，单击"确定"按钮，打开"编辑'艺术字'文字"对话框。

第 6 步：在"字体"下拉列表中选择"黑体"字体，在"字号"下拉列表中选择"40"，在"文字"文本框中输入"可燃冰"，单击"确定"按钮。

第 7 步：选中插入的艺术字，执行"格式"|"艺术字"命令，打开"设置艺术字格式"对话框，单击"版式"选项卡。在"环绕方式"区域选中"浮于文字上方"，单击"确定"按钮，用鼠标将艺术字拖到样文所示的位置。

第 8 步：选中文档的第 3 段，执行"格式"|"段落"命令，打开"段落"对话框。单击"缩进和间距"选项卡。在"缩进"区域的"特殊格式"下拉列表中选择"首行缩进"，在其后的"度量值"文本框中选择或者输入"2 字符"，单击"确定"按钮。

第 9 步：选中文档的第 1 段，执行"格式"|"段落"命令，打开"段落"对话框。单击"缩进和间距"选项卡。在"间距"区域的"段前"文本框中选择或者输入"2.5 行"，在"段后"文本框中选择或者输入"0.5 行"；在"行距"下拉列表中选择"固定值"，在其后的"设置值"文本框中选择或者输入"16 磅"，单击"确定"按钮。

第 10 步：选中文档的第 3 段，执行"格式"|"段落"命令，打开"段落"对话框。单击"缩进和间距"选项卡。在"间距"区域的"段前"文本框中选择或者输入"0.5 行"，在"段后"文本框中选择或者输入"0.5 行"；在"行距"下拉列表中选择"固定值"，在其后的"设置值"文本框中选择或者输入"16 磅"，单击"确定"按钮。

第 11 步：选中文档的第 2 段，在"格式"工具栏中的"字体"下拉列表中选择"黑体"，在"字号"下拉列表中选择"小四"。

第 12 步：将光标定位在文档第 1 段中的任意位置，执行"格式"|"首字下沉"命令，打开"首字下沉"对话框。在"位置"区域选中"下沉"样式，在"选项"区域的"字体"下拉列表中选择"楷体"，在"下沉行数"文本框中选择或输入"2"，单击"确定"按钮。

3. 文档的插入设置

第 13 步：将光标定位在文档要插入图片的位置，执行"插入"|"图片"|"来自文件"命令，打开"插入图片"对话框。在"查找范围"下拉列表中选择 C:\Win2008GJW\KSML3 文件夹，在列表中选择 TU2-11.bmp，单击"插入"按钮。

第 14 步：单击选中插入的图片，执行"格式"|"图片"命令，打开"设置图片格式"对话框，单击"版式"选项卡，在"环绕方式"区域选择"紧密型"。

第 15 步：在"设置图片格式"对话框中单击"大小"选项卡。选中"锁定纵横比"复选框，在"缩放"区域的"高度"文本框中选择或输入"40%"，单击"确定"按钮。用鼠标将图片拖到样文所示的位置。

第 16 步：选中文档第 3 段中的"储量"文本，执行"插入"|"脚注和尾注"命令，打开"脚注和尾注"对话框。

第 17 步：在"位置"区域选中"尾注"单选按钮，在"格式"区域的"编号格式"下拉列表中选择"1，2，3…"，单击"插入"按钮返回到文档中，在光标所在位置输入内容"储备的、储藏的数量。"。

4. 插入、绘制文档表格

第 18 步：将光标定位在文档尾部，执行"表格"|"插入"|"表格"命令，打开"插入表格"对话框。

第 19 步：在"表格尺寸"区域的"列数"文本框中选择或输入"5"，在"行数"文本框中选择或输入"7"。

第 20 步：单击"自动套用格式"按钮，打开"表格自动套用格式"对话框。在"表格样式"列表中选择"古典型 3"，依次单击"确定"按钮。

5. 文档的整理、修改和保护

第 21 步：将光标定位在文档中的任意位置，执行"工具"|"保护文档"命令，打开"保护文档"任务窗格。在"编辑限制"区域选中"仅允许在文档中进行此类编辑"复选框，然后在下拉列表中选择"填写窗体"。

第 22 步：单击"是启动强制保护"按钮，打开"启动强制保护"对话框。输入密码"KSRT"，单击"确定"按钮。

2.12 第 12 题解答

1. 设置文档页面格式

第 1 步：将插入点定位在文档中的任意位置，执行"视图"|"页眉和页脚"命令，进入"页眉和页脚"编辑模式，打开"页眉和页脚"工具栏。将光标定位在页眉的左侧，输

入文字"岩浆发电"。将鼠标定位在页眉的右侧，单击"页眉和页脚"工具栏上的"插入自动图文集"，在下拉列表中选择"-页码-"。

第 2 步：选中文档正文第 1 段，执行"格式"|"分栏"命令，打开"分栏"对话框。

第 3 步：在"预设"区域选中"三栏"样式，选中"分隔线"和"栏宽相等"复选框，单击"确定"按钮。

2. 设置文档编排格式

第 4 步：选中文档的标题"岩浆发电"，按下 Delete 键将其删除，执行"插入"|"图片"|"艺术字"命令打开"艺术字库"对话框。

第 5 步：在"艺术字库"列表中选择第 3 行第 1 列的艺术字样式，单击"确定"按钮，打开"编辑'艺术字'文字"对话框。

第 6 步：在"字体"下拉列表中选择"黑体"字体，在"字号"下拉列表中选择"40"，在"文字"文本框中输入"岩浆发电"，单击"确定"按钮。

第 7 步：选中文档的第 2、第 3 段，执行"格式"|"段落"命令，打开"段落"对话框，单击"缩进和间距"选项卡。在"间距"区域的"段前"文本框中选择或者输入"1.0 行"，在"段后"文本框中选择或者输入"0.5 行"；在"行距"下拉列表中选择"固定值"，在其后的"设置值"文本框中选择或者输入"16 磅"，单击"确定"按钮。

第 8 步：选中文档的第 2、第 3 段，在"格式"工具栏中的"字体"下拉列表中选择"楷体"，在"字号"下拉列表中选择"小四"，在"字体颜色"下拉列表中选择"褐色"。

第 9 步：将光标定位在文档第 1 段中的任意位置，执行"格式"|"首字下沉"命令，打开"首字下沉"对话框。在"位置"区域选中"下沉"样式，在"选项"区域的"字体"下拉列表中选择"黑体"，在"下沉行数"文本框中选择或输入"2"，单击"确定"按钮。

3. 文档的插入设置

第 10 步：将光标定位在文档要插入图片的位置，执行"插入"|"图片"|"来自文件"命令，打开"插入图片"对话框。

第 11 步：在"查找范围"下拉列表中选择 C:\Win2008GJW\KSML3 文件夹，在列表中选择 TU2-12.bmp，单击"插入"按钮。

第 12 步：单击选中插入的图片，执行"格式"|"图片"命令，打开"设置图片格式"对话框，单击"版式"选项卡，在"环绕方式"区域选择"紧密型"。

第 13 步：在"设置图片格式"对话框中单击"大小"选项卡。选中"锁定纵横比"复选框，在"缩放"区域的"高度"文本框中选择或输入"80%"，单击"确定"按钮。用鼠标将图片拖到样文所示的位置。

第 14 步：选中文档第 1 段中的"模拟"文本，执行"插入"|"脚注和尾注"命令打开"脚注和尾注"对话框。

第 15 步：在"位置"区域选中"尾注"单选按钮，在"格式"区域的"编号格式"下拉列表中选择"1，2，3…"，单击"插入"按钮返回到文档中，在光标所在位置输入内容"模仿、仿效。"。

4. 插入、绘制文档表格

第 16 步：将光标定位在文档尾部，执行"表格"|"插入"|"表格"命令，打开"插

入表格"对话框。

第 17 步：在"表格尺寸"区域的"列数"文本框中选择或输入"9"，在"行数"文本框中选择或输入"5"。

第 18 步：单击"自动套用格式"按钮，打开"表格自动套用格式"对话框。在"表格样式"列表中选择"简明型 3"，依次单击"确定"按钮。

5. 文档的整理、修改和保护

第 19 步：将光标定位在文档中的任意位置，执行"工具"|"保护文档"命令，打开"保护文档"任务窗格。在"编辑限制"区域选中"仅允许在文档中进行此类编辑"复选框，然后在下拉列表中选择"填写窗体"。

第 20 步：单击"是启动强制保护"按钮，打开"启动强制保护"对话框。输入密码"KSRT"，单击"确定"按钮。

2.13　第 13 题解答

1. 设置文档页面格式

第 1 步：将插入点定位在文档中的任意位置，执行"视图"|"页眉和页脚"命令，进入"页眉和页脚"编辑模式，打开"页眉和页脚"工具栏。

第 2 步：将光标定位在页眉的左侧，输入文字"第一座核电站"。将光标定位在页眉的右侧，单击"页眉和页脚"工具栏上的"插入'自动图文集'"，在下拉列表中选择"第 X 页　共 Y 页"。

第 3 步：选中文档正文第 1、第 2、第 3、第 4 段，执行"格式"|"分栏"命令，打开"分栏"对话框。在"预设"区域选中"三栏"样式，选中"分隔线"和"栏宽相等"复选框，单击"确定"按钮。

2. 设置文档编排格式

第 4 步：选中文档的标题"第一座核电站"，按下 Delete 键将其删除，执行"插入"|"图片"|"艺术字"命令，打开"艺术字库"对话框。

第 5 步：在"艺术字库"列表中选择第 2 行第 1 列的艺术字样式，单击"确定"按钮，打开"编辑'艺术字'文字"对话框。

第 6 步：在"字体"下拉列表中选择"黑体"字体，在"字号"下拉列表中选择"44"，在"文字"文本框中输入"第一座核电站"，单击"确定"按钮。

第 7 步：选中文档的第 5 段，执行"格式"|"段落"命令，打开"段落"对话框，单击"缩进和间距"选项卡。在"间距"区域的"段前"文本框中选择或者输入"1.0 行"，在"段后"文本框中选择或者输入"0.5 行"；在"行距"下拉列表中选择"1.5 倍行距"，单击"确定"按钮。

第 8 步：选中文档的第 1、第 2、第 3、第 4 段，在"格式"工具栏中的"字体"下拉列表中选择"楷体"，在"字号"下拉列表中选择"小四"，在"字体颜色"下拉列表中选择"蓝色"。

第 9 步：将光标定位在文档第 1 段中的任意位置，执行"格式"|"首字下沉"命令，打开"首字下沉"对话框。在"位置"区域选中"下沉"样式，在"选项"区域的"字体"下拉列表中选择"黑体"，在"下沉行数"文本框中选择或输入"2"，单击"确定"按钮。

3．文档的插入设置

第 10 步：将光标定位在文档要插入图片的位置，执行"插入"|"图片"|"来自文件"命令，打开"插入图片"对话框。

第 11 步：在"查找范围"下拉列表中选择 C:\Win2008GJW\KSML3 文件夹，在列表中选择 TU2-13.bmp，单击"插入"按钮。

第 12 步：选中文档第 2 段中的"核能"文本，执行"插入"|"脚注和尾注"命令，打开"脚注和尾注"对话框。

第 13 步：在"位置"区域选中"尾注"单选按钮，在"格式"区域的"编号格式"下拉列表中选择"1，2，3…"，单击"插入"按钮返回到文档中，在光标所在位置输入内容"由原子核的变化释放出来的能量。"。

4．插入、绘制文档表格

第 14 步：将光标定位在文档尾部，执行"表格"|"插入"|"表格"命令，打开"插入表格"对话框。在"表格尺寸"区域的"列数"文本框中选择或输入"5"，在"行数"文本框中选择或输入"5"。

第 15 步：单击"自动套用格式"按钮，打开"表格自动套用格式"对话框。在"表格样式"列表中选择"精巧型 2"，依次单击"确定"按钮。

5．文档的整理、修改和保护

第 16 步：将光标定位在文档中的任意位置，执行"工具"|"保护文档"命令，打开"保护文档"任务窗格。在"编辑限制"区域选中"仅允许在文档中进行此类编辑"复选框，然后在下拉列表中选择"填写窗体"。

第 17 步：单击"是启动强制保护"按钮，打开"启动强制保护"对话框。输入密码"KSRT"，单击"确定"按钮。

2.14　第 14 题解答

1．设置文档页面格式

第 1 步：将光标定位在文档中的任意位置，执行"文件"|"页面设置"命令，打开"页面设置"对话框，单击"页边距"选项卡。在"上、下"文本框中选择或输入"5.5 厘米"，在"左、右"文本框中选择或输入"3.6 厘米"。

第 2 步：单击"版式"选项卡，在距边界的"页眉"文本框中选择或输入"4.2 厘米"，在"页脚"文本框中选择或输入"4.2 厘米"，单击"确定"按钮。

第 3 步：将插入点定位在文档中的任意位置，执行"视图"|"页眉和页脚"命令，进入"页眉和页脚"编辑模式，打开"页眉和页脚"工具栏。将光标定位在页眉的左侧，输入文字"风景名胜"。将鼠标定位在页眉的右侧，单击"页眉和页脚"工具栏上的"插入

'自动图文集'",在下拉列表中选择"-页码-"。

2. 设置文档编排格式

第 4 步：选中文档的标题"最大的现代化桥梁"，按下 Delete 键将其删除，执行"插入"|"图片"|"艺术字"命令，打开"艺术字库"对话框。在"艺术字库"列表中选择第 2 行第 5 列艺术字样式，单击"确定"按钮，打开"编辑'艺术字'文字"对话框。

第 5 步：在"字体"下拉列表中选择"黑体"字体，在"字号"下拉列表中选择"32"，在"文字"文本框中输入"最大的现代化桥梁"，单击"确定"按钮。

第 6 步：选中文档的全文，执行"格式"|"段落"命令，打开"段落"对话框，单击"缩进和间距"选项卡。在"间距"区域的"段前"文本框中选择或者输入"0.5 行"，在"段后"文本框中选择或者输入"0.5 行"；在"行距"下拉列表中选择"固定值"，在其后的"设置值"文本框中选择或输入"14 磅"，单击"确定"按钮。

第 7 步：选中文档的第 1 段，在"格式"工具栏中的"字体"下拉列表中选择"楷体"，在"字号"下拉列表中选择"小四"，在"字体颜色"下拉列表中选择"红色"。

第 8 步：将光标定位在文档第 1 段中的任意位置，执行"格式"|"首字下沉"命令，打开"首字下沉"对话框。在"位置"区域选中"下沉"样式，在"选项"区域的"字体"下拉列表中选择"黑体"，在"下沉行数"文本框中选择或输入"2"，单击"确定"按钮。

3. 文档的插入设置

第 9 步：将光标定位在文档要插入图片的位置，执行"插入"|"图片"|"来自文件"命令，打开"插入图片"对话框。

第 10 步：在"查找范围"下拉列表中选择 C:\Win2008GJW\KSML3 文件夹，在列表中选择 TU2-14.bmp，单击"插入"按钮。

第 11 步：单击选中插入的图片，执行"格式"|"图片"命令，打开"设置图片格式"对话框，单击"版式"选项卡，在"环绕方式"区域选择"紧密型"。单击"确定"按钮，用鼠标将图片拖到样文所示的位置。

第 12 步：选中文档第 3 段中的"激流"文本，执行"插入"|"批注"命令，在光标的位置处输入"此处用词不当"。

4. 插入、绘制文档表格

第 13 步：将光标定位在文档尾部，执行"表格"|"插入"|"表格"命令，打开"插入表格"对话框。在"表格尺寸"区域的"列数"文本框中选择或输入"5"，在"行数"文本框中选择或输入"4"。

第 14 步：单击"自动套用格式"按钮，打开"表格自动套用格式"对话框。在"表格样式"列表中选择"彩色型 1"，依次单击"确定"按钮。

5. 文档的整理、修改和保护

第 15 步：将光标定位在文档中的任意位置，执行"工具"|"保护文档"命令，打开"保护文档"任务窗格。在"编辑限制"区域选中"仅允许在文档中进行此类编辑"复选框，然后在下拉列表中选择"填写窗体"。

第 16 步：单击"是启动强制保护"按钮，打开"启动强制保护"对话框。输入密码"KSRT"，单击"确定"按钮。

2.15　第 15 题解答

1. 设置文档页面格式

第 1 步：将插入点定位在文档中的任意位置，执行"视图"|"页眉和页脚"命令，进入"页眉和页脚"编辑模式，将光标定位在页眉的左侧，输入文字"古代建筑"。将鼠标定位在页眉的右侧，单击"页眉和页脚"工具栏上的"插入'自动图文集'"，在下拉列表中选择"-页码-"。

第 2 步：选中文档正文第 3 段，执行"格式"|"分栏"命令，打开"分栏"对话框。在"预设"区域选中"三栏"样式，选中"分隔线"和"栏宽相等"复选框，单击"确定"按钮。

2. 设置文档编排格式

第 3 步：选中文档的标题"最早的筑城技术"，按下 Delete 键将其删除，执行"插入"|"图片"|"艺术字"命令，打开"艺术字库"对话框。

第 4 步：在"艺术字库"列表中选择第 2 行第 3 列的艺术字样式，单击"确定"按钮，打开"编辑'艺术字'文字"对话框。

第 5 步：在"字体"下拉列表中选择"楷体"字体，在"字号"下拉列表中选择"32"，在"文字"文本框中输入"最早的筑城技术"，单击"确定"按钮。

第 6 步：选中文档的第 1、第 2、第 4 段，执行"格式"|"段落"命令，打开"段落"对话框，单击"缩进和间距"选项卡。在"间距"区域的"段前"文本框中选择或者输入"0.5 行"，在"段后"文本框中选择或者输入"0.5 行"；在"行距"下拉列表中选择"固定值"，在其后的"设置值"文本框中选择或输入"14 磅"，单击"确定"按钮。

第 7 步：选中文档的第 2 段，在"格式"工具栏中的"字体"下拉列表中选择"黑体"，在"字号"下拉列表中选择"小四"，在"字体颜色"下拉列表中选择"红色"。

第 8 步：将光标定位在文档第 1 段中的任意位置，执行"格式"|"首字下沉"命令，打开"首字下沉"对话框。在"位置"区域选中"下沉"样式，在"选项"区域的"字体"下拉列表中选择"仿宋"，在"下沉行数"文本框中选择或输入"2"，单击"确定"按钮。

3. 文档的插入设置

第 9 步：将光标定位在文档要插入图片的位置，执行"插入"|"图片"|"来自文件"命令，打开"插入图片"对话框。

第 10 步：在"查找范围"下拉列表中选择 C:\Win2008GJW\KSML3 文件夹，在列表中选择 TU2-15.bmp，单击"插入"按钮。

第 11 步：单击选中插入的图片，执行"格式"|"图片"命令，打开"设置图片格式"对话框，单击"版式"选项卡，在"环绕方式"区域选择"紧密型"。单击"确定"按钮，用鼠标将图片拖到样文所示的位置。

第 12 步：选中文档第 3 段中的"版筑"文本，执行"插入"|"批注"命令，在光标的位置处输入"此处用词不当"。

4. 插入、绘制文档表格

第 13 步：将光标定位在文档尾部，执行"表格"|"插入"|"表格"命令，打开"插入表格"对话框。在"表格尺寸"区域的"列数"文本框中选择或输入"8"，在"行数"文本框中选择或输入"5"。

第 14 步：单击"自动套用格式"按钮，打开"表格自动套用格式"对话框。在"表格样式"列表中选择"彩色型 2"，依次单击"确定"按钮。

5. 文档的整理、修改和保护

第 15 步：将光标定位在文档中的任意位置，执行"工具"|"保护文档"命令，打开"保护文档"任务窗格。在"编辑限制"区域选中"仅允许在文档中进行此类编辑"复选框，然后在下拉列表中选择"填写窗体"。

第 16 步：单击"是启动强制保护"按钮，打开"启动强制保护"对话框。输入密码"KSRT"，单击"确定"按钮。

2.16 第 16 题解答

1. 设置文档页面格式

第 1 步：将插入点定位在文档中的任意位置，执行"视图"|"页眉和页脚"命令，进入"页眉和页脚"编辑模式，打开"页眉和页脚"工具栏。

第 2 步：将光标定位在页眉的左侧，输入文字"人与地球"。将光标定位在页眉的右侧，单击"页眉和页脚"工具栏上的"插入'自动图文集'"，在下拉列表中选择"第 X 页 共 Y 页"。

第 3 步：选中文档正文第 4 段，执行"格式"|"分栏"命令，打开"分栏"对话框.

第 4 步：在"预设"区域选中"两栏"样式，选中"分隔线"和"栏宽相等"复选框，单击"确定"按钮。

2. 设置文档编排格式

第 5 步：选中文档的标题"地球到底能养活多少人"，按下 Delete 键将其删除，执行"插入"|"图片"|"艺术字"命令，打开"艺术字库"对话框。

第 6 步：在"艺术字库"列表中选择第 3 行第 3 列的艺术字样式，单击"确定"按钮，打开"编辑'艺术字'文字"对话框。

第 7 步：在"字体"下拉列表中选择"楷体"字体，在"字号"下拉列表中选择"28"，在"文字"文本框中输入"地球到底能养活多少人"，单击"确定"按钮。

第 8 步：选中文档的全文，执行"格式"|"段落"命令，打开"段落"对话框。单击"缩进和间距"选项卡。在"缩进"区域的"特殊格式"下拉列表中选择"首行缩进"，在其后的"度量值"文本框中选择或者输入"2 字符"，单击"确定"按钮。

第 9 步：选中文档的第 1、第 2、第 3 段，执行"格式"|"段落"命令，打开"段落"对话框。单击"缩进和间距"选项卡。在"间距"区域的"段前"文本框中选择或者输入"0.5 行"，在"段后"文本框中选择或者输入"0.5 行"；在"行距"下拉列表中选择"固

定值"，在其后的"设置值"文本框中选择或者输入"16 磅"，单击"确定"按钮。

第 10 步：选中文档的第 4 段，在"格式"工具栏中的"字体"下拉列表中选择"楷体"，在"字号"下拉列表中选择"小四"，在"颜色"下拉列表中选择"红色"。

第 11 步：将光标定位在文档第 1 段中的任意位置，执行"格式"|"首字下沉"命令，打开"首字下沉"对话框。在"位置"区域选中"下沉"样式，在"选项"区域的"字体"下拉列表中选择"楷体"，在"下沉行数"文本框中选择或输入"2"，单击"确定"按钮。

3. 文档的插入设置

第 13 步：将光标定位在文档要插入图片的位置，执行"插入"|"图片"|"来自文件"命令，打开"插入图片"对话框。在"查找范围"下拉列表中选择 C:\Win2008GJW\KSML3 文件夹，在列表中选择 TU2-16.bmp，单击"插入"按钮。

第 14 步：单击选中插入的图片，执行"格式"|"图片"命令，打开"设置图片格式"对话框，单击"版式"选项卡，在"环绕方式"区域选择"紧密型"。单击"确定"按钮，用鼠标将图片拖到样文所示的位置。

第 15 步：选中文档第 2 段中的"忧心忡忡"文本，执行"插入"|"批注"命令，在光标的位置处输入"此处用词不当"。

4. 插入、绘制文档表格

第 16 步：将光标定位在文档尾部，执行"表格"|"插入"|"表格"命令，打开"插入表格"对话框。

第 17 步：在"表格尺寸"区域的"列数"文本框中选择或输入"9"，在"行数"文本框中选择或输入"6"。

第 18 步：单击"自动套用格式"按钮，打开"表格自动套用格式"对话框。在"表格样式"列表中选择"彩色型 3"，依次单击"确定"按钮。

5. 文档的整理、修改和保护

第 19 步：将光标定位在文档中的任意位置，执行"工具"|"保护文档"命令，打开"保护文档"任务窗格。在"编辑限制"区域选中"仅允许在文档中进行此类编辑"复选框，然后在下拉列表中选择"填写窗体"。

第 20 步：单击"是启动强制保护"按钮，打开"启动强制保护"对话框。输入密码"KSRT"，单击"确定"按钮。

2.17　第 17 题解答

1. 设置文档页面格式

第 1 步：将光标定位在文档中的任意位置，执行"文件"|"页面设置"命令，打开"页面设置"对话框，单击"页边距"选项卡。在"上、下"文本框中选择或输入"4.3 厘米"，在"左、右"文本框中选择或输入"2.8 厘米"。

第 2 步：单击"版式"选项卡，在距边界的"页眉"文本框中选择或输入"3.2 厘米"，在"页脚"文本框中选择或输入"3.2 厘米"，单击"确定"按钮。

第 3 步：选中文档正文的第 2、第 3 段，执行"格式"|"分栏"命令，打开"分栏"对话框。在"预设"区域选中"三栏"样式，选中"分隔线"和"栏宽相等"复选框，单击"确定"按钮。

2. 设置文档编排格式

第 4 步：选中文档的标题"苍翠抱拥的龙凤桥"，按下 Delete 键将其删除，执行"插入"|"图片"|"艺术字"命令，打开"艺术字库"对话框。

第 5 步：在"艺术字库"列表中选择第 3 行第 4 列的艺术字样式，单击"确定"按钮，打开"编辑'艺术字'文字"对话框。在"字体"下拉列表中选择"楷体"字体，在"字号"下拉列表中选择"32"，在"文字"文本框中输入"苍翠抱拥的龙凤桥"，单击"确定"按钮。

第 6 步：选中文档全文，执行"格式"|"段落"命令，打开"段落"对话框，单击"缩进和间距"选项卡。在"间距"区域的"段前"文本框中选择或者输入"0.5 行"，在"段后"文本框中选择或者输入"0.5 行"；在"行距"下拉列表中选择"固定值"，在其后的"设置值"文本框中选择或输入"16 磅"，单击"确定"按钮。

第 7 步：选中文档的第 1 段，在"格式"工具栏中的"字体"下拉列表中选择"黑体"，在"字号"下拉列表中选择"小四"，在"字体颜色"下拉列表中选择"蓝色"。

第 8 步：将光标定位在文档第 1 段中的任意位置，执行"格式"|"首字下沉"命令，打开"首字下沉"对话框。在"位置"区域选中"下沉"样式，在"选项"区域的"字体"下拉列表中选择"仿宋"，在"下沉行数"文本框中选择或输入"2"，单击"确定"按钮。

3. 文档的插入设置

第 9 步：将光标定位在文档要插入图片的位置，执行"插入"|"图片"|"来自文件"命令，打开"插入图片"对话框。在"查找范围"下拉列表中选择 C:\Win2008GJW\KSML3 文件夹，在列表中选择 TU2-17.bmp，单击"插入"按钮。

第 10 步：单击选中插入的图片，执行"格式"|"图片"命令，打开"设置图片格式"对话框，单击"版式"选项卡，在"环绕方式"区域选择"紧密型"。单击"确定"按钮，用鼠标将图片拖到样文所示的位置。

第 11 步：选中文档第 3 段中的"目不暇接"文本，执行"插入"|"脚注和尾注"命令，打开"脚注和尾注"对话框。

第 12 步：在"位置"区域选中"尾注"单选按钮，在"格式"区域的"编号格式"下拉列表中选择"1，2，3…"，单击"插入"按钮返回到文档中，在光标所在位置输入内容"景色既美又多，令人眼睛顾不及全看。"。

4. 插入、绘制文档表格

第 13 步：将光标定位在文档尾部，执行"表格"|"插入"|"表格"命令，打开"插入表格"对话框。在"表格尺寸"区域的"列数"文本框中选择或输入"6"，在"行数"文本框中选择或输入"4"。

第 14 步：单击"自动套用格式"按钮，打开"表格自动套用格式"对话框。在"表格样式"列表中选择"古典型 3"，依次单击"确定"按钮。

5. 文档的整理、修改和保护

第 15 步：将光标定位在文档中的任意位置，执行"工具"|"保护文档"命令，打开"保护文档"任务窗格。在"编辑限制"区域选中"仅允许在文档中进行此类编辑"复选框，然后在下拉列表中选择"填写窗体"。

第 16 步：单击"是启动强制保护"按钮，打开"启动强制保护"对话框。输入密码"KSRT"，单击"确定"按钮。

2.18　 第 18 题解答

1. 设置文档页面格式

第 1 步：将光标定位在文档中的任意位置，执行"文件"|"页面设置"命令，打开"页面设置"对话框，单击"页边距"选项卡。在"上、下"文本框中选择或输入"4.1 厘米"，在"左、右"文本框中选择或输入"3.25 厘米"。

第 2 步：单击"版式"选项卡，在距边界的"页眉"文本框中选择或输入"3.5 厘米"，在"页脚"文本框中选择或输入"3.5 厘米"，单击"确定"按钮。

第 3 步：将插入点定位在文档中的任意位置，执行"视图"|"页眉和页脚"命令，进入"页眉和页脚"编辑模式，打开"页眉和页脚"工具栏。将光标定位在页眉的左侧，输入文字"时光可以倒流吗"。将鼠标定位在页眉的右侧，单击"页眉和页脚"工具栏上的"插入'自动图文集'"，在下拉列表中选择"-页码-"。

2. 设置文档编排格式

第 4 步：选中文档的标题"时光可以倒流吗"，按下 Delete 键将其删除，执行"插入"|"图片"|"艺术字"命令，打开"艺术字库"对话框。在"艺术字库"列表中选择第 3 行第 1 列艺术字样式，单击"确定"按钮，打开"编辑'艺术字'文字"对话框。

第 5 步：在"字体"下拉列表中选择"新宋体"字体，在"字号"下拉列表中选择"32"，在"文字"文本框中输入"时光可以倒流吗"，单击"确定"按钮。

第 6 步：选中文档的全文，执行"格式"|"段落"命令，打开"段落"对话框，单击"缩进和间距"选项卡。在"间距"区域的"段前"文本框中选择或者输入"0.5 行"，在"段后"文本框中选择或者输入"0.5 行"；在"行距"下拉列表中选择"固定值"，在其后的"设置值"文本框中选择或输入"14 磅"，单击"确定"按钮。

第 7 步：选中文档的第 5 段，在"格式"工具栏中的"字体"下拉列表中选择"楷体"，在"字号"下拉列表中选择"小四"，在"字体颜色"下拉列表中选择"绿色"。

第 8 步：将光标定位在文档第 1 段中的任意位置，执行"格式"|"首字下沉"命令，打开"首字下沉"对话框。在"位置"区域选中"下沉"样式，在"选项"区域的"字体"下拉列表中选择"黑体"，在"下沉行数"文本框中选择或输入"2"，单击"确定"按钮。

3. 文档的插入设置

第 9 步：将光标定位在文档要插入图片的位置，执行"插入"|"图片"|"来自文件"命令，打开"插入图片"对话框。

第 10 步：在"查找范围"下拉列表中选择 C:\Win2008GJW\KSML3 文件夹，在列表中选择 TU2-18.bmp，单击"插入"按钮。

第 11 步：单击选中插入的图片，执行"格式"|"图片"命令，打开"设置图片格式"对话框，单击"版式"选项卡，在"环绕方式"区域选择"紧密型"。单击"确定"按钮，用鼠标将图片拖到样文所示的位置。

第 12 步：选中文档第 1 段中的"飞进"文本，执行"插入"|"批注"命令，在光标的位置处输入"此处用词不当"。

4. 插入、绘制文档表格

第 13 步：将光标定位在文档尾部，执行"表格"|"插入"|"表格"命令，打开"插入表格"对话框。在"表格尺寸"区域的"列数"文本框中选择或输入"6"，在"行数"文本框中选择或输入"8"。

第 14 步：单击"自动套用格式"按钮，打开"表格自动套用格式"对话框。在"表格样式"列表中选择"古典型 4"，依次单击"确定"按钮。

5. 文档的整理、修改和保护

第 15 步：将光标定位在文档中的任意位置，执行"工具"|"保护文档"命令，打开"保护文档"任务窗格。在"编辑限制"区域选中"仅允许在文档中进行此类编辑"复选框，然后在下拉列表中选择"填写窗体"。

第 16 步：单击"是启动强制保护"按钮，打开"启动强制保护"对话框。输入密码"KSRT"，单击"确定"按钮。

2.19 第 19 题解答

1. 设置文档页面格式

第 1 步：将光标定位在文档中的任意位置，执行"文件"|"页面设置"命令，打开"页面设置"对话框，单击"页边距"选项卡。在"上、下"文本框中选择或输入"3.5 厘米"，在"左、右"文本框中选择或输入"2.8 厘米"。

第 2 步：单击"版式"选项卡，在距边界的"页眉"文本框中选择或输入"2.5 厘米"，在"页脚"文本框中选择或输入"2.5 厘米"，单击"确定"按钮。

第 3 步：将插入点定位在文档中的任意位置，执行"视图"|"页眉和页脚"命令，进入"页眉和页脚"编辑模式，打开"页眉和页脚"工具栏。将光标定位在页眉的左侧，输入文字"建筑材料"。将鼠标定位在页眉的右侧，单击"页眉和页脚"工具栏上的"插入'自动图文集'"，在下拉列表中选择"-页码-"。

2. 设置文档编排格式

第 4 步：选中文档的标题中的"天生丽质的建材"，执行"插入"|"图片"|"艺术字"命令，打开"艺术字库"对话框。

第 5 步：在"艺术字库"列表中选择第 2 行第 2 列的艺术字样式，单击"确定"按钮，打开"编辑'艺术字'文字"对话框。

第 6 步：在"字体"下拉列表中选择"楷体"字体，在"字号"下拉列表中选择"28"，单击"确定"按钮。

第 7 步：选中插入的艺术字，执行"格式"|"艺术字"命令，打开"设置艺术字格式"对话框，单击"版式"选项卡。在"环绕方式"区域选中"紧密型"，单击"确定"按钮，用鼠标将艺术字拖到样文所示的位置。

第 8 步：选中文档标题中的"大理岩"，按第 4~7 步进行操作，按样文调整位置。

第 9 步：选中文档的第 1 段，执行"格式"|"段落"命令，打开"段落"对话框，单击"缩进和间距"选项卡。在"间距"区域的"段前"文本框中选择或者输入"2.0 行"，在"段后"文本框中选择或者输入"0.5 行"，单击"确定"按钮。

第 10 步：选中文档的第 2、第 3、第 4、第 5 段，执行"格式"|"段落"命令，打开"段落"对话框。单击"缩进和间距"选项卡。在"间距"区域的"段前"文本框中选择或者输入"0.5 行"，在"段后"文本框中选择或者输入"0.5 行"；在"行距"下拉列表中选择"固定值"，在其后的"设置值"文本框中选择或者输入"16 磅"，单击"确定"按钮。

第 11 步：选中第 1 段文本，在"格式"工具栏中的"字体"下拉列表中选择"黑体"，在"字号"下拉列表中选择"小四"，在"字体颜色"下拉列表中选择"红色"。

第 12 步：将光标定位在文档第 1 段中的任意位置，执行"格式"|"首字下沉"命令，打开"首字下沉"对话框。在"位置"区域选中"下沉"样式，在"选项"区域的"字体"下拉列表中选择"黑体"，在"下沉行数"文本框中选择或输入"2"，单击"确定"按钮。

3. 文档的插入设置

第 13 步：将光标定位在文档要插入图片的位置，执行"插入"|"图片"|"来自文件"命令，打开"插入图片"对话框。

第 14 步：在"查找范围"下拉列表中选择 C:\Win2008GJW\KSML3 文件夹，在列表中选择 TU2-19.bmp，单击"插入"按钮。

第 15 步：单击选中插入的图片，执行"格式"|"图片"命令，打开"设置图片格式"对话框，单击"版式"选项卡，在"环绕方式"区域选择"紧密型"。单击"确定"按钮，用鼠标将图片拖到样文所示的位置。

第 16 步：选中文档第 3 段中的"坚韧"文本，执行"插入"|"脚注和尾注"命令，打开"脚注和尾注"对话框。

第 17 步：在"位置"区域选中"尾注"单选按钮，在"格式"区域的"编号格式"下拉列表中选择"1，2，3…"，单击"插入"按钮返回到文档中，在光标所在位置输入内容"坚固而柔韧，不易折断。"。

4. 插入、绘制文档表格

第 18 步：将光标定位在文档尾部，执行"表格"|"插入"|"表格"命令，打开"插入表格"对话框。

第 19 步：在"表格尺寸"区域的"列数"文本框中选择或输入"5"，在"行数"文本框中选择或输入"4"。

第20步：单击"自动套用格式"按钮，打开"表格自动套用格式"对话框。在"表格样式"列表中选择"列表型8"，依次单击"确定"按钮。

5. 文档的整理、修改和保护

第21步： 将光标定位在文档中的任意位置，执行"工具"|"保护文档"命令，打开"保护文档"任务窗格。在"编辑限制"区域选中"仅允许在文档中进行此类编辑"复选框，然后在下拉列表中选择"填写窗体"。

第22步：单击"是启动强制保护"按钮，打开"启动强制保护"对话框。输入密码"KSRT"，单击"确定"按钮。

2.20　第20题解答

1. 设置文档页面格式

第1步：将光标定位在文档中的任意位置，执行"文件"|"页面设置"命令，打开"页面设置"对话框，单击"页边距"选项卡。在"上、下"文本框中选择或输入"4.1厘米"，在"左、右"文本框中选择或输入"3.25厘米"。

第2步：单击"版式"选项卡，在距边界的"页眉"文本框中选择或输入"3.2厘米"，在"页脚"文本框中选择或输入"3.2厘米"，单击"确定"按钮。

第3步：选中文档正文第1段，执行"格式"|"分栏"命令，打开"分栏"对话框。在"预设"区域选中"两栏"样式，选中"分隔线"和"栏宽相等"复选框，单击"确定"按钮。

2. 设置文档编排格式

第4步：选中文档的标题"空气杀手"，按下Delete键将其删除，执行"插入"|"图片"|"艺术字"命令，打开"艺术字库"对话框。在"艺术字库"列表中选择第4行第3列艺术字样式，单击"确定"按钮，打开"编辑'艺术字'文字"对话框。

第5步：在"字体"下拉列表中选择"新宋体"字体，在"字号"下拉列表中选择"40"，在"文字"文本框中输入"空气杀手"，单击"确定"按钮。

第6步：选中文档的第2、第3、第4段，执行"格式"|"段落"命令，打开"段落"对话框，单击"缩进和间距"选项卡。在"间距"区域的"段前"文本框中选择或者输入"0.5行"，在"段后"文本框中选择或者输入"0.5行"；在"行距"下拉列表中选择"固定值"，在其后的"设置值"文本框中选择或输入"15磅"，单击"确定"按钮。

第7步：选中文档的第1段，在"格式"工具栏中的"字体"下拉列表中选择"黑体"，在"字号"下拉列表中选择"小四"，在"字体颜色"下拉列表中选择"深绿色"。

第8步：将光标定位在文档第1段中的任意位置，执行"格式"|"首字下沉"命令，打开"首字下沉"对话框。在"位置"区域选中"下沉"样式，在"选项"区域的"字体"下拉列表中选择"仿宋"，在"下沉行数"文本框中选择或输入"2"，单击"确定"按钮。

3. 文档的插入设置

第 9 步：将光标定位在文档要插入图片的位置，执行"插入"|"图片"|"来自文件"命令，打开"插入图片"对话框。

第 10 步：在"查找范围"下拉列表中选择 C:\Win2008GJW\KSML3 文件夹，在列表中选择 TU2-20.bmp，单击"插入"按钮。

第 11 步：单击选中插入的图片，执行"格式"|"图片"命令，打开"设置图片格式"对话框，单击"版式"选项卡，在"环绕方式"区域选择"紧密型"。单击"确定"按钮，用鼠标将图片拖到样文所示的位置。

第 12 步：选中文档第 1 段中的"滞留"文本，执行"插入"|"脚注和尾注"命令，打开"脚注和尾注"对话框。在"位置"区域选中"尾注"单选按钮，在"格式"区域的"编号格式"下拉列表中选择"1，2，3…"，单击"插入"按钮返回到文档中，在光标所在位置输入内容"停留不动。"。

4. 插入、绘制文档表格

第 13 步：将光标定位在文档尾部，执行"表格"|"插入"|"表格"命令，打开"插入表格"对话框。在"表格尺寸"区域的"列数"文本框中选择或输入"8"，在"行数"文本框中选择或输入"6"。

第 14 步：单击"自动套用格式"按钮，打开"表格自动套用格式"对话框。在"表格样式"列表中选择"竖列型 4"，依次单击"确定"按钮。

5. 文档的整理、修改和保护

第 15 步：将光标定位在文档中的任意位置，执行"工具"|"保护文档"命令，打开"保护文档"任务窗格。在"编辑限制"区域选中"仅允许在文档中进行此类编辑"复选框，然后在下拉列表中选择"填写窗体"。

第 16 步：单击"是启动强制保护"按钮，打开"启动强制保护"对话框。输入密码"KSRT"，单击"确定"按钮。

第三单元 文档处理的综合操作

3.1 第1题解答

1. 样式应用

第1步：选中文档第1行，单击"格式"工具栏中的"样式"后的下三角箭头，打开一下拉列表，如图3-01所示。在"样式"下拉列表中选择"标题1"样式。

第2步：选中文档第2行，在"样式"下拉列表中选择"注释标题"样式。

第3步：执行"工具"|"模板和加载项"命令，打开"模板和加载项"对话框，如图3-02所示。

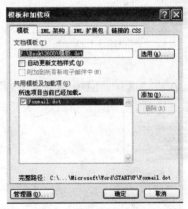

图3-01 "样式"下拉列表   图3-02 "模板和加载项"对话框

第4步：在对话框中单击"管理器"按钮，打开"管理器"对话框，如图3-03所示。单击右侧"在Normal.dot中"列表框下方的"关闭文件"按钮，该按钮变成"打开文件"按钮，如图3-04所示。

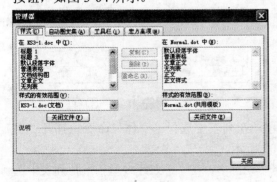

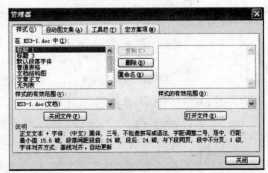

图3-03 "管理器"对话框   图3-04 关闭模板文件

第 5 步：单击"打开文件"按钮，打开"打开"对话框，在"查找范围"下拉列表中选择"KSML1"文件夹下的"KSDOT3"文件，如图 3-05 所示。

第 6 步：单击"打开"按钮返回到"管理器"对话框，如图 3-06 所示。在右侧列表中选择"正文段落"项，单击"复制"按钮即可将模板中的样式复制到左侧的列表框中。

第 7 步：单击"关闭"按钮返回到当前文档。选中文档正文第 1 段，在"格式"工具栏中的"样式"下拉列表中单击"正文段落"项，即可将该样式应用在当前文档中。

图 3-05 打开模板文件　　图 3-06 复制样式

2. 样式修改

第 8 步：执行"格式"|"样式和格式"命令，打开"样式格式"任务窗格，如图 3-07 所示。

第 9 步：在"请选择要应用的格式"列表中找到"文章正文"，然后单击其右侧的下三角箭头，在下拉列表中单击"修改"命令，打开"修改样式"对话框，如图 3-08 所示。

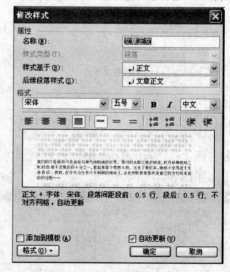

图 3-07 "样式和格式"任务窗格　　图 3-08 "修改样式"对话框

第 10 步：单击"格式"按钮，弹出一菜单，在列表中选择"字体"命令，打开"字体"对话框，单击"字体"选项卡，如图 3-09 所示。

第 11 步：在"中文字体"下拉列表中选择"幼圆"，在"下划线线型"下拉列表中选择单下划线，单击"确定"按钮，返回到"修改样式"对话框。

第12步：在"格式"下拉列表中选择"段落"命令，打开"段落"对话框，单击"缩进和间距"选项卡，如图3-10所示。在"间距"区域的"段前"和"段后"文本框中选择或者输入"0.5 行"，在"行距"下拉列表中选择"1.5 倍"行距。

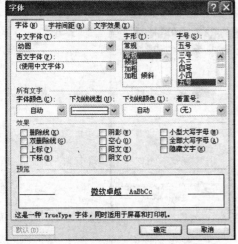

图3-09 "字体"对话框

图3-10 "段落"对话框

第13步：单击"确定"按钮，返回到"修改样式"对话框。选中"自动更新"复选框，单击"确定"按钮返回到当前文档。选中文档的第2、3段，在"格式"工具栏中的"样式"下拉列表中单击"文章正文"样式。

3. 新建样式

第14步：执行"格式"|"样式和格式"命令，打开"样式"任务窗格，单击"新样式"按钮，打开"新建样式"对话框，如图3-11所示。

第15步：在"名称"文本框中输入"段落1"，在"样式基于"下拉列表中选择"正文"，单击"格式"按钮，在列表中选择"字体"命令，打开"字体"对话框，单击"字体"选项卡。

第16步：在"中文字体"下拉列表中选择"仿宋"，在"字形"列表中选择"加粗"，在"着重号"下拉列表中选择"着重号"，单击"确定"按钮返回到"新建样式"对话框。

图3-11 "新建样式"对话框

第17步：在对话框中的"格式"列表中选择"段落"命令，打开"段落"对话框，单击"缩进和间距"选项卡。在"间距"区域的"段前、段后"文本框中，分别选择或输入"0.5 行"，单击"确定"按钮，返回到"新建样式"对话框。

第18步：单击"确定"按钮返回到当前文档中。选中文档正文第4、5段，在"格式"工具栏中的"样式"下拉列表中单击"段落1"即可。

4. 创建模板

第 19 步：执行"文件"|"保存"命令，打开"另存为"对话框，如图 3-12 所示。

第 20 步：在"保存位置"下拉列表中选择考生文件夹，在"文件名"文本框中输入"A3A"，在"保存类型"下拉列表中选择"文档模板"，单击"保存"按钮。

图 3-12   "另存为"对话框

3.2   第 2 题解答

1. 样式应用

第 1 步：选中文档第 1 行，在"样式"下拉列表中选择"标题 2"样式。

第 2 步：选中文档第 2 行，在"样式"下拉列表中选择"注释标题"样式。

第 3 步：执行"工具"|"模板和加载项"命令，打开"模板和加载项"对话框，在对话框中单击"管理器"按钮，打开"管理器"对话框。

第 4 步：单击右侧"在 Normal.dot 中"列表框下方的"关闭文件"按钮，该按钮变成"打开文件"按钮。单击"打开文件"按钮，打开"打开"对话框，在"查找范围"下拉列表中选择"KSML1"文件夹下的"KSDOT3"文件。

第 5 步：单击"打开"按钮返回到"管理器"对话框。在右侧列表中选择"正文段落1"项，单击"复制"按钮，即可将模板中的样式复制到左侧的列表框中。

第 6 步：单击"关闭"按钮返回到当前文档。选中文档正文第 1 段，在"格式"工具栏中的"样式"下拉列表中单击"正文段落 1"项，即可将该样式应用在当前文档中。

2. 样式修改

第 7 步：执行"格式"|"样式和格式"命令，打开"样式和格式"任务窗格。

第 8 步：在"请选择要应用的格式"列表中找到"文章正文"，然后单击其右侧的下三角箭头，在下拉列表中单击"修改"命令，打开"修改样式"对话框。

第 9 步：单击"格式"按钮，弹出一菜单，在列表中选择"字体"命令，打开"字体"对话框，单击"字体"选项卡。在"中文字体"下拉列表中选择"仿宋"，在"下划线线型"下拉列表中选择双下划线，单击"确定"按钮，返回到"修改样式"对话框。

第 10 步：在"格式"下拉列表中选择"段落"命令，打开"段落"对话框，单击"缩进和间距"选项卡。在"间距"区域的"段前"和"段后"文本框中选择或者输入"0.5 行"，在"行距"下拉列表中选择"固定值"，在其后的"设置值"文本框中选择或者输入"18 磅"。单击"确定"按钮，返回到"修改样式"对话框。

第 11 步：选中"自动更新"复选框，单击"确定"按钮返回到当前文档。选中文档的第 2、3 段，在"格式"工具栏中的"样式"下拉列表中单击"文章正文"样式。

3. 新建样式

第 12 步：执行"格式"|"样式和格式"命令，打开"样式和格式"任务窗格，单击"新样式"按钮，打开"新建样式"对话框。

第 13 步：在"名称"文本框中输入"段落 2"，在"样式基于"下拉列表中选择"正文"，单击"格式"按钮，在列表中选择"字体"命令，打开"字体"对话框，单击"字体"选项卡。

第 14 步：在"中文字体"下拉列表中选择"楷体"，在"字形"列表中选择"加粗"和"倾斜"，在"着重号"下拉列表中选择"着重号"，单击"确定"按钮，返回到"新建样式"对话框。

第 15 步：在对话框中的"格式"列表中选择"段落"命令，打开"段落"对话框，单击"缩进和间距"选项卡。在"间距"区域的"段前、段后"文本框中分别选择或输入"0.5 行"，单击"确定"按钮，返回到"新建样式"对话框。

第 16 步：单击"确定"按钮返回到当前文档中。选中文档正文第 4、5 段，在"格式"工具栏中的"样式"下拉列表中单击"段落 2"即可。

4. 创建模板

第 17 步：执行"文件"|"保存"命令，打开"另存为"对话框。

第 18 步：在"保存位置"下拉列表中选择考生文件夹，在"文件名"文本框中输入"A3A"，在"保存类型"下拉列表中选择"文档模板"，单击"保存"按钮。

3.3　第 3 题解答

1. 样式应用

第 1 步：选中文档第 1 行，在"样式"下拉列表中选择"标题 3"样式。

第 2 步：选中文档第 2 行，在"样式"下拉列表中选择"注释标题"样式。

第 3 步：执行"工具"|"模板和加载项"命令，打开"模板和加载项"对话框，在对话框中单击"管理器"按钮，打开"管理器"对话框。

第 4 步：单击右侧"在 Normal.dot 中"列表框下方的"关闭文件"按钮，该按钮变成"打开文件"按钮。单击"打开文件"按钮，打开"打开"对话框，在"查找范围"下拉列表中选择"KSML1"文件夹下的"KSDOT3"文件。

第 5 步：单击"打开"按钮返回到"管理器"对话框。在右侧列表中选择"正文段落5"项，单击"复制"按钮，即可将模板中的样式复制到左侧的列表框中。

第 6 步：单击"关闭"按钮返回到当前文档。选中文档正文第 1 段，在"格式"工具栏中的"样式"下拉列表中单击"正文段落 5"项，即可将该样式应用在当前文档中。

2. 样式修改

第 7 步：执行"格式"|"样式和格式"命令，打开"样式和格式"任务窗格。

第 8 步：在"请选择要应用的格式"列表中找到"文章正文"，然后单击其右侧的下三角箭头，在下拉列表中单击"修改"命令，打开"修改样式"对话框。

第 9 步：在"格式"区域的"字体"下拉列表中选择"华文新魏"，在"字号"下拉列表中选择"小四"，单击"倾斜"按钮。

第 10 步：单击"格式"按钮，在"格式"下拉列表中选择"段落"命令，打开"段落"对话框，单击"缩进和间距"选项卡。在"间距"区域的"段前"和"段后"文本框中选择或者输入"1.0 行"，在"行距"下拉列表中选择"固定值"，在其后的"设置值"文本框中选择或者输入"20 磅"。单击"确定"按钮，返回到"修改样式"对话框。

第 11 步：选中"自动更新"复选框，单击"确定"按钮返回到当前文档。选中文档的第 2、3 段，在"格式"工具栏中的"样式"下拉列表中单击"文章正文"样式。

3. 新建样式

第 12 步：执行"格式"|"样式和格式"命令，打开"样式"任务窗格，单击"新样式"按钮，打开"新建样式"对话框。

第 13 步：在"名称"文本框中输入"段落 3"，在"样式基于"下拉列表中选择"正文"，单击"格式"按钮，在列表中选择"字体"命令，打开"字体"对话框，单击"字体"选项卡。

第 14 步：在"中文字体"下拉列表中选择"华文行楷"，在"字形"列表中选择"加粗"，在"下划线线型"下拉列表中选择单下划线，单击"确定"按钮，返回到"新建样式"对话框。

第 15 步：在"格式"列表中选择"段落"命令，打开"段落"对话框，单击"缩进和间距"选项卡。在"间距"区域的"段前、段后"文本框中分别选择或输入"0.5 行"，在"行距"下拉列表中选择"固定值"，在其后的"设置值"文本框中选择或者输入"22 磅"。单击"确定"按钮，返回到"新建样式"对话框。

第 16 步：单击"确定"按钮返回到当前文档中。选中文档正文第 4 段，在"格式"工具栏中的"样式"下拉列表中单击"段落 3"即可。

4. 创建模板

第 17 步：执行"文件"|"保存"命令，打开"另存为"对话框。

第 18 步：在"保存位置"下拉列表中选择考生文件夹，在"文件名"文本框中输入"A3A"，在"保存类型"下拉列表中选择"文档模板"，单击"保存"按钮。

3.4 第 4 题解答

1. 样式应用

第 1 步：选中文档第 1 行，在"样式"下拉列表中选择"标题 1"样式。

第 2 步：选中文档第 2 行，在"样式"下拉列表中选择"注释标题"样式。

第 3 步：执行"工具"|"模板和加载项"命令，打开"模板和加载项"对话框，在对话框中单击"管理器"按钮，打开"管理器"对话框。

第 4 步：单击右侧"在 Normal.dot 中"列表框下方的"关闭文件"按钮，该按钮变成"打开文件"按钮。单击"打开文件"按钮，打开"打开"对话框，在"查找范围"下拉列表中选择"KSML1"文件夹下的"KSDOT3"文件。

第 5 步：单击"打开"按钮，返回到"管理器"对话框。在右侧列表中选择"正文段落 4"项，单击"复制"按钮，即可将模板中的样式复制到左侧的列表框中。

第 6 步：单击"关闭"按钮返回到当前文档。选中文档正文第 1、2 段，在"格式"工具栏中的"样式"下拉列表中单击"正文段落 4"项，即可将该样式应用在当前文档中。

2. 样式修改

第 7 步：执行"格式"|"样式和格式"命令，打开"样式和格式"任务窗格。

第 8 步：在"请选择要应用的格式"列表中找到"文章正文"，然后单击其右侧的下三角箭头，在下拉列表中单击"修改"命令，打开"修改样式"对话框。

第 9 步：单击"格式"按钮，弹出一菜单，在列表中选择"字体"命令，打开"字体"对话框，单击"字体"选项卡。在"中文字体"下拉列表中选择"黑体"，在"下划线线型"下拉列表中选择点划线，在"字体颜色"列表中选择"粉红色"，单击"确定"按钮返回到"修改样式"对话框。

第 10 步：在"格式"下拉列表中选择"段落"命令，打开"段落"对话框，单击"缩进和间距"选项卡。在"间距"区域的"段前"和"段后"文本框中选择或者输入"0.5行"，在"行距"下拉列表中选择"2 倍行距"。单击"确定"按钮，返回到"修改样式"对话框。

第 11 步：选中"自动更新"复选框，单击"确定"按钮返回到当前文档。选中文档的第 3、4 段，在"格式"工具栏中的"样式"下拉列表中单击"文章正文"样式。

3. 新建样式

第 12 步：执行"格式"|"样式和格式"命令，打开"样式"任务窗格，单击"新样式"按钮，打开"新建样式"对话框。

第 13 步：在"名称"文本框中输入"段落 4"，在"样式基于"下拉列表中选择"正文"，单击"格式"按钮，在列表中选择"字体"命令，打开"字体"对话框，单击"字体"选项卡。

第 14 步：在"中文字体"下拉列表中选择"仿宋"，在"字形"列表中选择"加粗"，在"下划线线型"下拉列表中选择波浪线，单击"确定"按钮，返回到"新建样式"对话框。

第 15 步：在对话框中的"格式"列表中选择"段落"命令，打开"段落"对话框，单击"缩进和间距"选项卡。在"间距"区域的"段前、段后"文本框中分别选择或输入"0.5行"，在"行距"下拉列表中选择"固定值"，在其后的"设置值"文本框中选择或者输入"20 磅"。单击"确定"按钮，返回到"新建样式"对话框。

第 16 步：单击"确定"按钮返回到当前文档中。选中文档正文第 5、第 6、第 7 段，在"格式"工具栏中的"样式"下拉列表中单击"段落 4"即可。

4. 创建模板

第 17 步：执行"文件"|"保存"命令，打开"另存为"对话框。

第 18 步：在"保存位置"下拉列表中选择考生文件夹，在"文件名"文本框中输入"A3A"，在"保存类型"下拉列表中选择"文档模板"，单击"保存"按钮。

3.5   第 5 题解答

1. 样式应用

第 1 步：选中文档第 1 行，在"样式"下拉列表中选择"标题 2"样式。

第 2 步：选中文档第 2 行，在"样式"下拉列表中选择"注释标题"样式。

第 3 步：执行"工具"|"模板和加载项"命令，打开"模板和加载项"对话框，在对话框中单击"管理器"按钮，打开"管理器"对话框。

第 4 步：单击右侧"在 Normal.dot 中"列表框下方的"关闭文件"按钮，该按钮变成"打开文件"按钮。单击"打开文件"按钮，打开"打开"对话框，在"查找范围"下拉列表中选择"KSML1"文件夹下的"KSDOT3"文件。

第 5 步：单击"打开"按钮，返回到"管理器"对话框。在右侧列表中选择"正文段落 6"项，单击"复制"按钮，即可将模板中的样式复制到左侧的列表框中。

第 6 步：单击"关闭"按钮返回到当前文档。选中文档正文第 1 段，在"格式"工具栏中的"样式"下拉列表中单击"正文段落 6"项，即可将该样式应用在当前文档中。

2. 样式修改

第 7 步：执行"格式"|"样式和格式"命令，打开"样式和格式"任务窗格。

第 8 步：在"请选择要应用的格式"列表中找到"文章正文"，然后单击其右侧的下三角箭头，在下拉列表中单击"修改"命令，打开"修改样式"对话框。

第 9 步：单击"格式"按钮，弹出一菜单，在列表中选择"字体"命令，打开"字体"对话框，单击"字体"选项卡。在"中文字体"下拉列表中选择"楷体"，在"下划线线型"下拉列表中选择点划线，在"字体颜色"下拉列表中选择"粉红色"，单击"确定"按钮，返回到"修改样式"对话框。

第 10 步：在"格式"下拉列表中选择"段落"命令，打开"段落"对话框，单击"缩进和间距"选项卡。在"间距"区域的"段前"和"段后"文本框中，选择或者输入"12磅"，在"行距"下拉列表中选择"1.5 倍行距"，单击"确定"按钮，返回到"修改样式"对话框。

第11步：选中"自动更新"复选框，单击"确定"按钮返回到当前文档。选中文档的第2、3段，在"格式"工具栏中的"样式"下拉列表中单击"文章正文"样式。

3. 新建样式

第12步：执行"格式"|"样式和格式"命令，打开"样式和格式"任务窗格，单击"新样式"按钮，打开"新建样式"对话框。

第13步：在"名称"文本框中输入"段落5"，在"样式基于"下拉列表中选择"正文"，单击"格式"按钮，在列表中选择"字体"命令，打开"字体"对话框，单击"字体"选项卡。

第14步：在"中文字体"下拉列表中选择"新宋体"，在"字体颜色"下拉列表中选择"蓝色"，在"下划线线型"下拉列表中选择单下划线，单击"确定"按钮，返回到"新建样式"对话框。

第15步：在对话框中的"格式"列表中选择"段落"命令，打开"段落"对话框，单击"缩进和间距"选项卡。在"间距"区域的"段前、段后"文本框中分别选择或输入"10磅"，在"行距"下拉列表中选择"固定值"，在其后的"设置值"文本框中选择或者输入"18磅"。单击"确定"按钮，返回到"新建样式"对话框。

第16步：单击"确定"按钮返回到当前文档中。选中文档正文第4、第5段，在"格式"工具栏中的"样式"下拉列表中单击"段落5"即可。

4. 创建模板

第17步：执行"文件"|"保存"命令，打开"另存为"对话框。

第18步：在"保存位置"下拉列表中选择考生文件夹，在"文件名"文本框中输入"A3A"，在"保存类型"下拉列表中选择"文档模板"，单击"保存"按钮。

3.6　第6题解答

1. 样式的新建和修改

第1步：执行"格式"|"样式和格式"命令，打开"样式"任务窗格，如图3-13所示。单击"新样式"按钮，打开"新建样式"对话框，如图3-14所示。

第2步：在"名称"文本框中输入"要点段落01"，在"样式基于"下拉列表中选择"正文"。

第3步：单击"格式"按钮，在列表中选择"字体"命令，打开"字体"对话框，单击"字体"选项卡，如图3-15所示。

第4步：在"中文字体"下拉列表中选择"仿宋"，在"字号"下拉列表中选择"小四"，在"字体颜色"列表中选择"梅红"，在"下划线线型"下拉列表中选择单下划线，单击"确定"按钮，返回到"新建样式"对话框。

第5步：在对话框中的"格式"列表中选择"段落"命令，打开"段落"对话框，单击"缩进和间距"选项卡，如图3-16所示。

第6步：在"间距"区域的"段前、段后"文本框中分别选择或输入"0.5行"，在"行距"下拉列表中选择"1.5 倍行距"，单击"确定"按钮，返回到"新建样式"对话框。

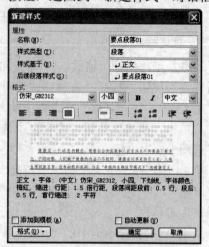

图 3-13　"样式和格式"任务窗格　　　　　　图 3-14　"新建样式"对话框

图 3-15　"字体"对话框　　　　　　　　　图 3-16　"段落"对话框

　　第 7 步：单击"确定"按钮返回到当前文档中。选中文档正文第 1 段，在"格式"工具栏中的"样式"下拉列表中单击"要点段落 01"即可。

　　第 8 步：执行"格式"|"样式和格式"命令，打开"样式和格式"任务窗格。

　　第 9 步：在"请选择要应用的格式"列表中找到"正文 01"，然后单击其右侧的下三角箭头，在下拉列表中单击"修改"命令，打开"修改样式"对话框，如图 3-17 所示。

　　第 10 步：单击"格式"按钮，弹出一菜单，在列表中选择"字体"命令，打开"字体"对话框，单击"字体"选项卡。

　　第 11 步：在"中文字体"下拉列表中选择"黑体"，在"字号"下拉列表中选择"小四"，在"字形"列表中选择"倾斜"，在"字体颜色"下拉列表中选择"粉红"，在"效果"区域选中"阳文"复选框，单击"确定"按钮，返回到"修改样式"对话框。

　　第 12 步：在"格式"下拉列表中选择"段落"命令，打开"段落"对话框，单击"缩进和间距"选项卡。在"行距"下拉列表中选择"固定值",在其后的"设置值"文本框中选择或者输入"18磅"。

第13步:单击"确定"按钮,返回到"修改样式"对话框。选中"自动更新"复选框,单击"确定"按钮返回到当前文档。选中文档的第2段,在"格式"工具栏中的"样式"下拉列表中单击"正文01"样式。

2. 创建题注

第14步:打开 Win2008GJW\KSML1 文件夹中的 KS3-6A.DOC 文档,执行"文件"|"另存为"命令,打开"另存为"对话框,如图3-18所示。

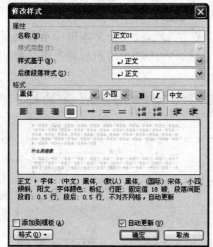

图 3-17　"修改样式"对话框　　　　　　图 3-18　"另存为"对话框

第15步:在"保存位置"下拉列表中选择考生文件夹,在"文件名"文本框中输入"A3-A",单击"保存"按钮。

第16步:将光标定位在文档中第一个插图下方的图题位置,执行"插入"|"引用"|"题注"命令,打开"题注"对话框,如图3-19所示。

第17步:单击"新建标签"按钮,打开"新建标签"对话框,如图3-20所示。

图 3-19　"题注"对话框　　　　　　图 3-20　"新建标签"对话框

第18步:在"标签"文本框中输入"图",依次单击"确定"按钮,即可在第一个图题位置插入题注"图1"。

第19步:将光标定位在文档中第二个插图下方的图题位置,执行"插入"|"引用"|

"题注"命令，打开"题注"对话框，在"题注"文本框中显示出"图 2"，单击"确定"按钮。按照相同的方法为第三个插图插入相应的题注。

3. 创建书签

第 20 步：将光标定位在"1.1　Windows XP 的桌面"前面，执行"插入"|"书签"命令，打开"书签"对话框，如图 3-21 所示。

第 21 步：在"书签名"文本框中输入"第一节标题"，单击"添加"按钮。

4. 创建目录

第 22 步：将光标定位在文档首部，执行"插入"|"引用"|"索引和目录"命令，打开"索引和目录"对话框，单击"目录"选项卡，如图 3-22 所示。

第 23 步：在"格式"下拉列表中选择"正式"，在"显示级别"文本框中选择或输入"3"，选中"显示页码"和"页码右对齐"两个复选框，在"制表符前导符"下拉列表中选择"……"，单击"确定"按钮。

图 3-21　"书签"对话框　　　　　　图 3-22　"索引和目录"对话框

3.7　第 7 题解答

1. 样式的新建和修改

第 1 步：执行"格式"|"样式和格式"命令，打开"样式"任务窗格。单击"新样式"按钮，打开"新建样式"对话框。

第 2 步：在"名称"文本框中输入"KSYS01"，在"样式基于"下拉列表中选择"正文"。单击"格式"按钮，在列表中选择"字体"命令，打开"字体"对话框，单击"字体"选项卡。

第 3 步：在"中文字体"下拉列表中选择"方正姚体"，在"字号"下拉列表中选择"小四"，在"字形"下拉列表中选择"加粗"，在"字体颜色"列表中选择"深蓝"，在"效果"区域选中"阴影"复选框，单击"确定"按钮，返回到"新建样式"对话框。

第 4 步：在对话框中的"格式"列表中选择"段落"命令，打开"段落"对话框，单击"缩进和间距"选项卡。

第 5 步：在"行距"下拉列表中选择"固定值"，在其后的"设置值"文本框中选择或输入"18 磅"，单击"确定"按钮，返回到"新建样式"对话框。

第 6 步：单击"确定"按钮返回到当前文档中。选中文档正文第 1、第 2、第 3 段，在"格式"工具栏中的"样式"下拉列表中单击"KSYS01"即可。

第 7 步：执行"格式"|"样式和格式"命令，打开"样式和格式"任务窗格。

第 8 步：在"请选择要应用的格式"列表中找到"要点段落"，然后单击其右侧的下三角箭头，在下拉列表中单击"修改"命令，打开"修改样式"对话框。

第 9 步：单击"格式"按钮，弹出一菜单，在列表中选择"字体"命令，打开"字体"对话框，单击"字体"选项卡。在"中文字体"下拉列表中选择"华文行楷"，在"字号"下拉列表中选择"小四"，在"字形"列表中选择"加粗"，在"字体颜色"下拉列表中选择"浅橙色"，单击"确定"按钮，返回到"修改样式"对话框。

第 10 步：在"格式"下拉列表中选择"段落"命令，打开"段落"对话框，单击"缩进和间距"选项卡。在"间距"区域的"段前"和"段后"文本框中选择或者输入"0.5 行"，在"行距"下拉列表中选择"固定值"，在其后的"设置值"文本框中选择或者输入"18 磅"。

第 11 步：单击"确定"按钮，返回到"修改样式"对话框。选中"自动更新"复选框，单击"确定"按钮返回到当前文档。选中文档的第 4、第 5 段，在"格式"工具栏中的"样式"下拉列表中单击"要点段落"样式。

2. 创建题注

第 12 步：打开 Win2008GJW\KSML1 文件夹中的 KS3-7A.DOC 文档，执行"文件"|"另存为"命令，打开"另存为"对话框。

第 13 步：在"保存位置"下拉列表中选择考生文件夹，在"文件名"文本框中输入"A3-A"，单击"保存"按钮。

第 14 步：将光标定位在文档中第一个插图下方的图题位置，执行"插入"|"引用"|"题注"命令，打开"题注"对话框。单击"新建标签"按钮，打开"新建标签"对话框。

第 15 步：在"标签"文本框中输入"图"，依次单击"确定"按钮，即可在第一个图题位置插入题注"图 1"。

第 16 步：将光标定位在文档中第二个插图下方的图题位置，执行"插入"|"题注"命令，打开"题注"对话框，在"题注"文本框中显示出"图 2"，单击"确定"按钮。按照相同的方法为第三个插图插入相应的题注。

3. 创建书签

第 17 步：将光标定位在"2.2　设置鼠标"前面，执行"插入"|"书签"命令，打开"书签"对话框。

第 18 步：在"书签名"文本框中输入"第二节标题"，单击"添加"按钮。

4. 创建目录

第 19 步：将光标定位在文档首部，执行"插入"|"引用"|"索引和目录"命令，打开"索引和目录"对话框，单击"目录"选项卡。

第 20 步：在"格式"下拉列表中选择"古典"，在"显示级别"文本框中选择或输入"3"，选中"显示页码"和"页码右对齐"两个复选框，在"制表符前导符"下拉列表中选择"＿＿＿＿＿"，单击"确定"按钮。

3.8　第 8 题解答

1. 样式的新建和修改

第 1 步：执行"格式"|"样式和格式"命令，打开"样式"任务窗格。单击"新样式"按钮，打开"新建样式"对话框。

第 2 步：在"名称"文本框中输入"KSYS02"，在"样式基于"下拉列表中选择"正文"。单击"格式"按钮，在列表中选择"字体"命令，打开"字体"对话框，单击"字体"选项卡。

第 3 步：在"中文字体"下拉列表中选择"隶书"，在"字号"下拉列表中选择"小四"，在"字形"下拉列表中选择"倾斜"，在"字体颜色"列表中选择"蓝色"，单击"确定"按钮，返回到"新建样式"对话框。

第 4 步：在对话框中的"格式"列表中选择"段落"命令，打开"段落"对话框，单击"缩进和间距"选项卡。

第 5 步：在"间距"区域的"段前"和"段后"文本框中选择或者输入"0.5 行"，在"行距"下拉列表中选择"固定值"，在其后的"设置值"文本框中选择或输入"18 磅"，单击"确定"按钮，返回到"新建样式"对话框。

第 6 步：在对话框中的"格式"列表中选择"边框"命令，打开"边框和底纹"对话框，单击"边框"选项卡，如图 3-23 所示。

第 7 步：在"设置"区域选择"方框"，在"线型"列表中选择"双线"，在"颜色"列表中选择"玫瑰红"，单击"确定"按钮，返回到"新建样式"对话框。

第 8 步：单击"确定"按钮返回到当前文档中。选中文档正文第 2 段，在"格式"工具栏中的"样式"下拉列表中单击"KSYS02"即可。

第 9 步：执行"格式"|"样式和格式"命令，打开"样式和格式"任务窗格。

第 10 步：在"请选择要应用的格式"列表中找到"要点段落"，然后单击其右侧的下三角箭头，在下拉列表中单击"修改"命令，打开"修改样式"对话框。

第 11 步：单击"格式"按钮，弹出一菜单，在列表中选择"字体"命令，打开"字体"对话框，单击"字体"选项卡。在"中文字体"下拉列表中选择"幼圆"，在"字号"下拉列表中选择"小四"，在"字形"列表中选择"加粗"，在"字体颜色"下拉列表中选择"蓝-灰"，在"着重号"下拉列表中选择"着重号"，单击"确定"按钮，返回到"修改样式"对话框。

第 12 步：在"格式"下拉列表中选择"边框"命令，打开"边框和底纹"对话框，单击"底纹"选项卡，如图 3-24 所示。在"填充"区域的颜色列表中选择"淡紫"。

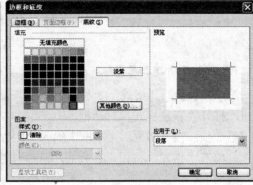

图 3-23　设置边框　　　　　　　　　　　图 3-24　设置底纹

第 13 步：单击"确定"按钮，返回到"修改样式"对话框。选中"自动更新"复选框，单击"确定"按钮返回到当前文档。选中文档的第 3、第 4 段，在"格式"工具栏中的"样式"下拉列表中单击"要点段落"样式。

2．创建题注

第 14 步：打开 Win2008GJW\KSML1 文件夹中的 KS3-8A.DOC 文档，执行"文件"|"另存为"命令，打开"另存为"对话框。

第 15 步：在"保存位置"下拉列表中选择考生文件夹，在"文件名"文本框中输入"A3-A"，单击"保存"按钮。

第 16 步：将光标定位在文档中第一个插图下方的图题位置，执行"插入"|"引用"|"题注"命令，打开"题注"对话框。单击"新建标签"按钮，打开"新建标签"对话框。

第 17 步：在"标签"文本框中输入"图"，依次单击"确定"按钮，即可在第一个图题位置插入题注"图 1"。

第 18 步：将光标定位在文档中第二个插图下方的图题位置，执行"插入"|"题注"命令，打开"题注"对话框，在"题注"文本框中显示出"图 2"，单击"确定"按钮。按照相同的方法为第三个插图插入相应的题注。

3．创建书签

第 19 步：将光标定位在"3.3　打开文档"前面，执行"插入"|"书签"命令，打开"书签"对话框。

第 20 步：在"书签名"文本框中输入"第三节标题"，单击"添加"按钮。

4．创建目录

第 21 步：将光标定位在文档首部，执行"插入"|"引用"|"索引和目录"命令，打开"索引和目录"对话框，单击"目录"选项卡。

第 22 步：在"格式"下拉列表中选择"优雅"，在"显示级别"文本框中选择或输入"4"，选中"显示页码"和"页码右对齐"两个复选框，在"制表符前导符"下拉列表中选择"------------"，单击"确定"按钮。

3.9　第 9 题解答

1. 样式的新建和修改

第 1 步：执行"格式" | "样式和格式"命令，打开"样式"任务窗格。单击"新样式"按钮，打开"新建样式"对话框。

第 2 步：在"名称"文本框中输入"KSYS03"，在"样式基于"下拉列表中选择"正文"。单击"格式"按钮，在列表中选择"字体"命令，打开"字体"对话框，单击"字体"选项卡。

第 3 步：在"中文字体"下拉列表中选择"华文新魏"，在"字号"下拉列表中选择"四号"，在"字形"下拉列表中选择"加粗"和"倾斜"，在"字体颜色"列表中选择"橙色"，在"下划线线型"下拉列表中选择单下划线，单击"确定"按钮，返回到"新建样式"对话框。

第 4 步：在对话框中的"格式"列表中选择"段落"命令，打开"段落"对话框，单击"缩进和间距"选项卡。

第 5 步：在"间距"区域的"段前"和"段后"文本框中选择或者输入"0.5 行"，在"行距"下拉列表中选择"固定值"，在其后的"设置值"文本框中选择或输入"16 磅"，单击"确定"按钮，返回到"新建样式"对话框。

第 6 步：单击"确定"按钮返回到当前文档中。选中文档正文第 1、第 2 段，在"格式"工具栏中的"样式"下拉列表中单击"KSYS03"即可。

第 7 步：执行"格式" | "样式和格式"命令，打开"样式和格式"任务窗格。

第 8 步：在"请选择要应用的格式"列表中找到"重要段落"，然后单击其右侧的下三角箭头，在下拉列表中单击"修改"命令，打开"修改样式"对话框。

第 9 步：单击"格式"按钮，弹出一菜单，在列表中选择"字体"命令，打开"字体"对话框，单击"字体"选项卡。在"中文字体"下拉列表中选择"楷体"，在"字号"下拉列表中选择"小四"，在"字体颜色"下拉列表中选择"红色"，在"下划线线型"下拉列表中选择双下划线，单击"确定"按钮，返回到"修改样式"对话框。

第 10 步：在"格式"下拉列表中选择"段落"命令，打开"段落"对话框，单击"缩进和间距"选项卡。在"间距"区域的"段前"和"段后"文本框中选择或者输入"0.5 行"，在"行距"下拉列表中选择"固定值"，在其后的"设置值"文本框中选择或者输入"16磅"。

第 11 步：单击"确定"按钮，返回到"修改样式"对话框。选中"自动更新"复选框，单击"确定"按钮返回到当前文档。选中文档的第 3、第 4 段，在"格式"工具栏中的"样式"下拉列表中单击"重要段落"样式。

2. 创建题注

第 12 步：打开 Win2008GJW\KSML1 文件夹中的 KS3-9A.DOC 文档，执行"文件" | "另存为"命令，打开"另存为"对话框。

第 13 步：在"保存位置"下拉列表中选择考生文件夹，在"文件名"文本框中输入

"A3-A"，单击"保存"按钮。

第 14 步：将光标定位在文档中第一个插图下方的图题位置，执行"插入"|"引用"|"题注"命令，打开"题注"对话框。单击"新建标签"按钮，打开"新建标签"对话框。

第 15 步：在"标签"文本框中输入"图"，依次单击"确定"按钮，即可在第一个图题位置插入题注"图 1"。

第 16 步：将光标定位在文档中第二个插图下方的图题位置，执行"插入"|"题注"命令，打开"题注"对话框，在"题注"文本框中显示出"图 2"，单击"确定"按钮。按照相同的方法为第三个插图插入相应的题注。

3. 创建书签

第 17 步：将光标定位在"4.2 选定文本"前面，执行"插入"|"书签"命令，打开"书签"对话框。在"书签名"文本框中输入"第二节标题"，单击"添加"按钮。

4. 创建目录

第 18 步：将光标定位在文档首部，执行"插入"|"引用"|"索引和目录"命令，打开"索引和目录"对话框，单击"目录"选项卡。

第 19 步：在"格式"下拉列表中选择"流行"，在"显示级别"文本框中选择或输入"3"，选中"显示页码"和"页码右对齐"两个复选框，在"制表符前导符"下拉列表中选择"…………"，单击"确定"按钮。

3.10 第 10 题解答

1. 样式的新建和修改

第 1 步：执行"格式"|"样式和格式"命令，打开"样式"任务窗格。单击"新样式"按钮，打开"新建样式"对话框。

第 2 步：在"名称"文本框中输入"KSYS04"，在"样式基于"下拉列表中选择"正文"。在"格式"区域的"字体"下拉列表中选择"仿宋"，在"字号"下拉列表中选择"四号"，在"字形"下拉列表中选择"常规"，单击"确定"按钮。

第 3 步：单击"格式"按钮，在弹出菜单中选择"边框"命令，打开"边框和底纹"对话框，单击"边框"选项卡。

第 4 步：在"设置"区域选择"方框"，在"线型"列表中选择实线，在"颜色"列表中选择"深蓝"色，在"宽度"下拉列表中选择"3 磅"，单击"确定"按钮，返回到"新建样式"对话框。

第 5 步：在"格式"下拉列表中选择"边框"命令，打开"边框和底纹"对话框，单击"底纹"选项卡。在"填充"区域的颜色列表中选择"浅绿"色，单击"确定"按钮，返回到"新建样式"对话框。

第 6 步：单击"确定"按钮返回到当前文档中。选中文档正文第 1、第 2 段，在"格式"工具栏中的"样式"下拉列表中单击"KSYS04"即可。

第 7 步：执行 "格式" | "样式和格式" 命令，打开 "样式和格式" 任务窗格。

第 8 步：在 "请选择要应用的格式" 列表中找到 "要点段落"，然后单击其右侧的下三角箭头，在下拉列表中单击 "修改" 命令，打开 "修改样式" 对话框。

第 9 步：单击 "格式" 按钮，弹出一菜单，在列表中选择 "字体" 命令，打开 "字体" 对话框，单击 "字体" 选项卡。在 "中文字体" 下拉列表中选择 "楷体"，在 "字号" 下拉列表中选择 "小四"，在 "字体颜色" 下拉列表中选择 "深红色"，在 "下划线线型" 列表中选择单下划线，在 "效果" 区域选中 "阳文" 复选框，单击 "确定" 按钮，返回到 "修改样式" 对话框。

第 10 步：在 "格式" 下拉列表中选择 "段落" 命令，打开 "段落" 对话框，单击 "缩进和间距" 选项卡。在 "间距" 区域的 "段前" 和 "段后" 文本框中选择或者输入 "0.5 行"，在 "行距" 下拉列表中选择 "固定值"，在其后的 "设置值" 文本框中选择或者输入 "16 磅"。

第 11 步：单击 "确定" 按钮，返回到 "修改样式" 对话框。选中 "自动更新" 复选框，单击 "确定" 按钮返回到当前文档。选中文档的第 3、第 4 段，在 "格式" 工具栏中的 "样式" 下拉列表中单击 "要点段落" 样式。

2. 创建题注

第 12 步：打开 Win2008GJW \KSML1 文件夹中的 KS3-10A.DOC 文档，执行 "文件" | "另存为" 命令，打开 "另存为" 对话框。

第 13 步：在 "保存位置" 下拉列表中选择考生文件夹，在 "文件名" 文本框中输入 "A3-A"，单击 "保存" 按钮。

第 14 步：将光标定位在文档中第一个插图下方的图题位置，执行 "插入" | "引用" | "题注" 命令，打开 "题注" 对话框。单击 "新建标签" 按钮，打开 "新建标签" 对话框。

第 15 步：在 "标签" 文本框中输入 "图"，依次单击 "确定" 按钮，即可在第一个图题位置插入题注 "图 1"。

第 16 步：将光标定位在文档中第二个插图下方的图题位置，执行 "插入" | "题注" 命令，打开 "题注" 对话框，在 "题注" 文本框中显示出 "图 2"，单击 "确定" 按钮。按照相同的方法为第三个插图插入相应的题注。

3. 创建书签

第 17 步：将光标定位在 "5.1　设置字符格式" 前面，执行 "插入" | "书签" 命令，打开 "书签" 对话框。

第 18 步：在 "书签名" 文本框中输入 "第一节标题"，单击 "添加" 按钮。

4. 创建目录

第 19 步：将光标定位在文档首部，执行 "插入" | "引用" | "索引和目录" 命令，打开 "索引和目录" 对话框，单击 "目录" 选项卡。

第 20 步：在 "格式" 下拉列表中选择 "古典"，在 "显示级别" 文本框中选择或输入 "3"，选中 "显示页码" 和 "页码右对齐" 两个复选框，在 "制表符前导符" 下拉列表中选择 "……………"，单击 "确定" 按钮。

3.11 第 11 题解答

1. 创建主控文档、子文档

第 1 步：打开文档 A3.doc，执行"视图"|"大纲"命令，将该文档转换成大纲视图，在"大纲"工具栏中的"显示级别"下拉列表中选择"显示级别 2"。

第 2 步：将光标定位在"6.7 本章练习"段落中，在"大纲"工具栏中单击"创建子文档"按钮，创建的主控文档、子文档如图 3-25 所示。

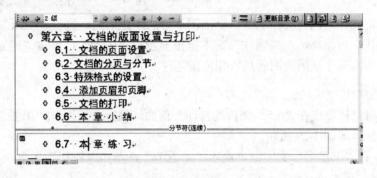

图 3-25 创建子文档

第 3 步：执行"文件"|"另存为"命令，打开"另存为"对话框，如图 3-26 所示。

第 4 步：在"保存位置"下拉列表中选择考生文件夹，在"文件名"文本框中输入"A3a.doc"，单击"保存"按钮。

图 3-26 "另存为"对话框

2. 创建题注

第 5 步：将光标定位在文档中第一个插图下方的图题位置，执行"插入"|"引用"|"题注"命令，打开"题注"对话框，如图 3-27 所示。

第 6 步：单击"新建标签"按钮，打开"新建标签"对话框，如图 3-28 所示。

第 7 步：在"标签"文本框中输入"图"，依次单击"确定"按钮，即可在第一个图题位置插入题注"图 1"。

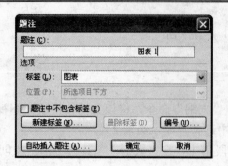

图 3-27　"题注"对话框　　　　　　　图 3-28　"新建标签"对话框

第 8 步：将光标定位在文档中第二个插图下方的图题前面，执行"插入"|"题注"命令，打开"题注"对话框，在"题注"文本框中显示出"图 2"，单击"确定"按钮。按照相同的方法为第三个插图的图题插入相应的题注。

3. 创建书签

第 9 步：将光标定位在"6.5　文档的打印"前面，执行"插入"|"书签"命令，打开"书签"对话框，如图 3-29 所示。

第 10 步：在"书签名"文本框中输入"第五节"，单击"添加"按钮。

4. 自动编写摘要

第 11 步：执行"工具"|"自动编写摘要"命令，打开"自动编写摘要"对话框，如图 3-30 所示。

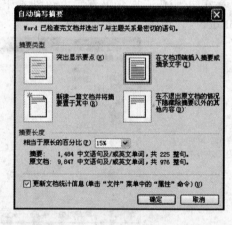

图 3-29　"书签"对话框　　　　　　图 3-30　"自动编写摘要"对话框

第 12 步：在"摘要类型"区域选择"在文档顶端插入摘要或摘录文字"，在"相当于原长的百分比"文本框中输入"15%"，单击"确定"按钮。

第 13 步：执行"文件"|"另存为"命令，打开"另存为"对话框。

第 14 步：在"保存位置"下拉列表中选择考生文件夹，在"文件名"文本框中输入"A3b.doc"，单击"保存"按钮。

5. 创建目录

第 15 步：将光标定位在文档首部，执行"插入"|"引用"|"索引和目录"命令，打

开"索引和目录"对话框,单击"目录"选项卡,如图3-31所示。

第16步:在"格式"下拉列表中选择"优雅",在"显示级别"文本框中选择或输入"4",选中"显示页码"和"页码右对齐"两个复选框,在"制表符前导符"下拉列表中选择"_____",单击"确定"按钮。

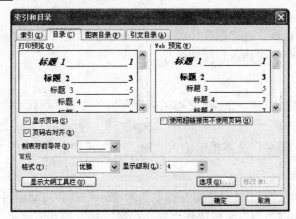

图3-31 "索引和目录"对话框

3.12 第12题解答

1. 创建主控文档、子文档

第1步:打开文档A3.doc,执行"视图"|"大纲"命令,将该文档转换成大纲视图,在"大纲"工具栏中的"显示级别"下拉列表中选择"显示级别2"。

第2步:将光标定位在"7.5 本章练习"段落中,在"大纲"工具栏中单击"创建子文档"按钮,创建出主控文档的子文档,如图3-32所示。

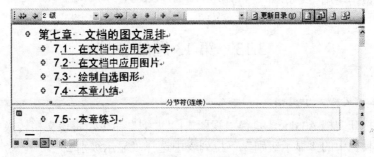

图3-32 创建子文档

第3步:执行"文件"|"另存为"命令,打开"另存为"对话框。

第4步:在"保存位置"下拉列表中选择考生文件夹,在"文件名"文本框中输入"A3a.doc",单击"保存"按钮。

2. 创建题注

第5步:将光标定位在文档中第一个插图下方的图题位置,执行"插入"|"引用"|

"题注"命令，打开"题注"对话框。

第 6 步：单击"新建标签"按钮，打开"新建标签"对话框。

第 7 步：在"标签"文本框中输入"图"，依次单击"确定"按钮，即可在第一个图题位置插入题注"图 1"。

第 8 步：将光标定位在文档中第二个插图下方的图题位置，执行"插入"|"题注"命令，打开"题注"对话框，在"题注"文本框中显示出"图 2"，单击"确定"按钮。按照相同的方法为第三个插图插入相应的题注。

3. 创建书签

第 9 步：将光标定位在"7.2　在文档中应用图片"前面，执行"插入"|"书签"命令，打开"书签"对话框。

第 10 步：在"书签名"文本框中输入"第二节"，单击"添加"按钮。

4. 自动编写摘要

第 11 步：执行"工具"|"自动编写摘要"命令，打开"自动编写摘要"对话框。

第 12 步：在"摘要类型"区域选择"在文档顶端插入摘要或摘录文字"，在"相当于原长的百分比"文本框中输入"15%"，单击"确定"按钮。

第 13 步：执行"文件"|"另存为"命令，打开"另存为"对话框。

第 14 步：在"保存位置"下拉列表中选择考生文件夹，在"文件名"文本框中输入"A3b.doc"，单击"保存"按钮。

5. 创建目录

第 15 步：将光标定位在文档首部，执行"插入"|"引用"|"索引和目录"命令，打开"索引和目录"对话框，单击"目录"选项卡。

第 16 步：在"格式"下拉列表中选择"简单"，在"显示级别"文本框中选择或输入"3"，选中"显示页码"和"页码右对齐"两个复选框，在"制表符前导符"下拉列表中选择"无"，单击"确定"按钮。

3.13　第 13 题解答

1. 创建主控文档、子文档

第 1 步：打开文档 A3.doc，执行"视图"|"大纲"命令，将该文档转换成大纲视图，在"大纲"工具栏中的"显示级别"下拉列表中选择"显示级别 2"。

第 2 步：将光标定位在"8.6　本章练习"段落中，在"大纲"工具栏中单击"创建子文档"按钮，创建出主控文档的子文档，如图 3-33 所示。

第 3 步：执行"文件"|"另存为"命令，打开"另存为"对话框。

第 4 步：在"保存位置"下拉列表中选择考生文件夹，在"文件名"文本框中输入"A3a.doc"，单击"保存"按钮。

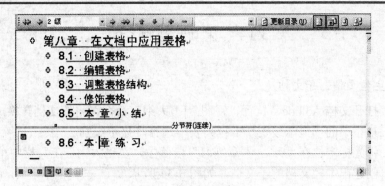

图 3-33　创建子文档

2．创建题注

第 5 步：将光标定位在文档中第一个插图下方的图题位置，执行"插入"|"引用"|"题注"命令，打开"题注"对话框。

第 6 步：单击"新建标签"按钮，打开"新建标签"对话框。

第 7 步：在"标签"文本框中输入"图"，依次单击"确定"按钮，即可在第一个图题位置插入题注"图 1"。

第 8 步：将光标定位在文档中第二个插图下方的图题位置，执行"插入"|"题注"命令，打开"题注"对话框，在"题注"文本框中显示出"图 2"，单击"确定"按钮。按照相同的方法为第三个插图的图题插入相应的题注。

3．创建书签

第 9 步：将光标定位在"8.2　编辑表格"前面，执行"插入"|"书签"命令，打开"书签"对话框。

第 10 步：在"书签名"文本框中输入"第二节"，单击"添加"按钮。

4．自动编写摘要

第 11 步：执行"工具"|"自动编写摘要"命令，打开"自动编写摘要"对话框。

第 12 步：在"摘要类型"区域选择"在文档顶端插入摘要或摘录文字"，在"相当于原长的百分比"文本框中输入"15%"，单击"确定"按钮。

第 13 步：执行"文件"|"另存为"命令，打开"另存为"对话框。

第 14 步：在"保存位置"下拉列表中选择考生文件夹，在"文件名"文本框中输入"A3b.doc"，单击"保存"按钮。

5．创建目录

第 15 步：将光标定位在文档首部，执行"插入"|"引用"|"索引和目录"命令，打开"索引和目录"对话框，单击"目录"选项卡。

第 16 步：在"格式"下拉列表中选择"古典"，在"显示级别"文本框中选择或输入"3"，选中"显示页码"和"页码右对齐"两个复选框，在"制表符前导符"下拉列表中选择"……"，单击"确定"按钮。

3.14　第 14 题解答

1.　创建主控文档、子文档

第 1 步：打开文档 A3.doc，执行"视图"|"大纲"命令，将该文档转换成大纲视图，在"大纲"工具栏中的"显示级别"下拉列表中选择"显示级别 2"。

第 2 步：将光标定位在"9.6　本章练习"段落中，在"大纲"工具栏中单击"创建子文档"按钮，创建出主控文档的子文档，如图 3-34 所示。

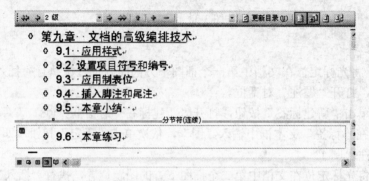

图 3-34　创建子文档

第 3 步：执行"文件"|"另存为"命令，打开"另存为"对话框。

第 4 步：在"保存位置"下拉列表中选择考生文件夹，在"文件名"文本框中输入"A3a.doc"，单击"保存"按钮。

2.　创建题注

第 5 步：将光标定位在文档中第一个插图下方的图题位置，执行"插入"|"引用"|"题注"命令，打开"题注"对话框。

第 6 步：单击"新建标签"按钮，打开"新建标签"对话框。

第 7 步：在"标签"文本框中输入"图"，依次单击"确定"按钮，即可在第一个图题位置插入题注"图 1"。

第 8 步：将光标定位在文档中第二个插图下方的图题位置，执行"插入"|"题注"命令，打开"题注"对话框，在"题注"文本框中显示出"图 2"，单击"确定"按钮。按照相同的方法为第三个插图插入相应的题注。

3.　创建书签

第 9 步：将光标定位在"9.4　脚注和尾注"前面，执行"插入"|"书签"命令，打开"书签"对话框。

第 10 步：在"书签名"文本框中输入"第四节"，单击"添加"按钮。

4.　自动编写摘要

第 11 步：执行"工具"|"自动编写摘要"命令，打开"自动编写摘要"对话框。

第 12 步：在"摘要类型"区域选择"在文档顶端插入摘要或摘录文字"，在"相当于原长的百分比"文本框中输入"15%"，单击"确定"按钮。

第13步：执行"文件"|"另存为"命令，打开"另存为"对话框。

第14步：在"保存位置"下拉列表中选择考生文件夹，在"文件名"文本框中输入"A3b.doc"，单击"保存"按钮。

5．创建目录

第15步：将光标定位在文档首部，执行"插入"|"引用"|"索引和目录"命令，打开"索引和目录"对话框，单击"目录"选项卡。

第16步：在"格式"下拉列表中选择"流行"，在"显示级别"文本框中选择或输入"4"，选中"显示页码"和"页码右对齐"两个复选框，在"制表符前导符"下拉列表中选择"--------"，单击"确定"按钮。

3.15　第15题解答

1．创建主控文档、子文档

第1步：打开文档A3.doc，执行"视图"|"大纲"命令，将该文档转换成大纲视图，在"大纲"工具栏中的"显示级别"下拉列表中选择"显示级别2"。

第2步：将光标定位在"10.5　本章小结"段落中，在"大纲"工具栏中单击"创建子文档"按钮，创建出主控文档的子文档，如图3-35所示。

第3步：执行"文件"|"另存为"命令，打开"另存为"对话框。

第4步：在"保存位置"下拉列表中选择考生文件夹，在"文件名"文本框中输入"A3a.doc"，单击"保存"按钮。

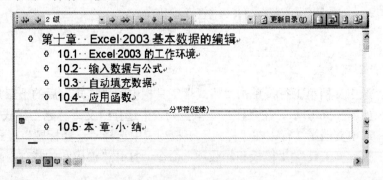

图3-35　创建子文档

2．创建题注

第5步：将光标定位在文档中第一个插图下方的图题位置，执行"插入"|"引用"|"题注"命令，打开"题注"对话框。

第6步：单击"新建标签"按钮，打开"新建标签"对话框。

第7步：在"标签"文本框中输入"图"，依次单击"确定"按钮，即可在第一个图题位置插入题注"图1"。

第 8 步：将光标定位在文档中第二个插图下方的图题位置，执行"插入"|"题注"命令，打开"题注"对话框，在"题注"文本框中显示出"图 2"，单击"确定"按钮。按照相同的方法为第三个插图插入相应的题注。

3. 创建书签

第 9 步：将光标定位在"10.2　输入数据与公式"前面，执行"插入"|"书签"命令，打开"书签"对话框。

第 10 步：在"书签名"文本框中输入"第二节"，单击"添加"按钮。

4. 自动编写摘要

第 11 步：执行"工具"|"自动编写摘要"命令，打开"自动编写摘要"对话框。

第 12 步：在"摘要类型"区域选择"在文档顶端插入摘要或摘录文字"，在"相当于原长的百分比"文本框中输入"20%"，单击"确定"按钮。

第 13 步：执行"文件"|"另存为"命令，打开"另存为"对话框。

第 14 步：在"保存位置"下拉列表中选择考生文件夹，在"文件名"文本框中输入"A3b.doc"，单击"保存"按钮。

5. 创建目录

第 15 步：将光标定位在文档首部，执行"插入"|"引用"|"索引和目录"命令，打开"索引和目录"对话框，单击"目录"选项卡。

第 16 步：在"格式"下拉列表中选择"古典"，在"显示级别"文本框中选择或输入"3"，选中"显示页码"和"页码右对齐"两个复选框，在"制表符前导符"下拉列表中选择"＿＿＿＿＿＿＿"，单击"确定"按钮。

3.16　第 16 题解答

1. 应用并创建样式

第 1 步：选中文档第 1 行，单击"格式"工具栏中的"样式"后的下三角箭头，打开一下拉列表，如图 3-36 所示。在"样式"下拉列表中选择"文章标题"样式。

第 2 步：选中文档第 2 行，在"样式"下拉列表中选择"注释标题"样式。

第 3 步：执行"工具"|"模板和加载项"命令，打开"模板和加载项"对话框，如图 3-37 所示。

第 4 步：在对话框中单击"管理器"按钮，打开"管理器"对话框，如图 3-38 所示。单击右侧"在 Normal.dot 中"列表框下方的"关闭文件"按钮，该按钮变成"打开文件"按钮，如图 3-39 所示。

第 5 步：单击"打开文件"按钮，打开"打开"对话框，在"查找范围"下拉列表中选择"KSML1"文件夹下的"KSDOT3"文件，如图 3-40 所示。

第 6 步：单击"打开"按钮，返回到"管理器"对话框，如图 3-41 所示。在右侧列表中选择"正文段落 1"项，单击"复制"按钮，即可将模板中的样式复制到左侧的列表框中。

图 3-36 "样式"下拉列表

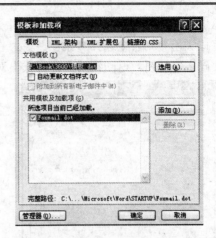

图 3-37 "模板和加载项"对话框

图 3-38 "管理器"对话框

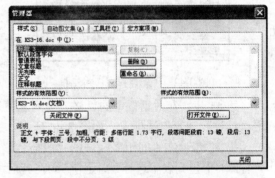

图 3-39 关闭模板文件

第 7 步：单击"关闭"按钮返回到当前文档。选中文档正文第 1 段，在"格式"工具栏中的"样式"下拉列表中单击"正文段落 1"项，即可将该样式应用在当前文档中。

图 3-40 打开模板文件

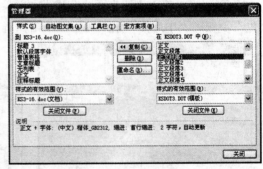

图 3-41 复制样式

第 8 步：执行"格式"|"样式和格式"命令，打开"样式"任务窗格，单击"新样式"按钮，打开"新建样式"对话框，如图 3-42 所示。

第 9 步：在"名称"文本框中输入"段落格式"，在"样式基于"下拉列表中选择"正文"。单击"格式"按钮，在列表中选择"字体"命令，打开"字体"对话框，单击"字体"选项卡，如图 3-43 所示。

第 10 步：在"中文字体"下拉列表中选择"仿宋"，在"字号"列表中选择"小四"，在"字体颜色"列表中选择"紫罗兰"，在"下划线线型"下拉列表中选择点状下划线，单击"确定"按钮，返回到"新建样式"对话框。

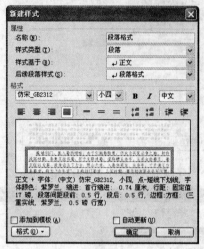

图 3-42 "新建样式"对话框   图 3-43 "字体"对话框

第 11 步：在对话框中的"格式"列表中选择"段落"命令，打开"段落"对话框，单击"缩进和间距"选项卡，如图 3-44 所示。

第 12 步：在"间距"区域的"段前、段后"文本框中分别选择或输入"0.5 行"，在"行距"下拉列表中选择"固定值"，在其后的"设置值"文本框中选择或者输入"17 磅"，单击"确定"按钮，返回到"新建样式"对话框。

第 13 步：在对话框中的"格式"列表中选择"边框"命令，打开"边框和底纹"对话框，单击"边框"选项卡，如图 3-45 所示。

第 14 步：在"设置"区域选择"方框"，在"线型"下拉列表中选择"三线"，在"颜色"下拉列表中选择"紫罗兰"，单击"确定"按钮，返回到"新建样式"对话框。

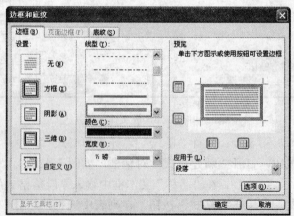

图 3-44 "段落"对话框   图 3-45 "边框和底纹"对话框

第 15 步：单击"确定"按钮返回到当前文档中。选中文档正文第 2 段，在"格式"工具栏中的"样式"下拉列表中单击"段落格式"即可。

2. 邮件合并

第 16 步：打开 Win2008GJW\KSML1 文件夹中的 KS3-16A.DOC 文档，执行"文件"|"另存为"命令，打开"另存为"对话框。

第 17 步：在"保存位置"下拉列表中选择考生文件夹，在"文件名"文本框中输入"A3-A"，单击"保存"按钮。

第 18 步：执行"工具"|"信函与邮件"|"邮件合并"命令，打开"邮件合并"任务窗格。

第 19 步：在"选择文档类型"任务窗格中选中"信函"单选按钮，单击"下一步：正在启动文档"按钮，打开"选择开始文档"任务窗格。

第 20 步：在"选择开始文档"任务窗格中选中"使用当前文档"单选按钮，单击"下一步：选取收件人"按钮，打开"选择收件人"任务窗格。

第 21 步：在"选择收件人"任务窗格中选中"使用现有列表"单选按钮，在"使用原有列表"区域单击"浏览"命令，打开"选取数据源"对话框，如图 3-46 所示。

图 3-46 "选取数据源"对话框

第 22 步：在文件列表中选择 Win2008GJW\KSML1 文件夹中的 KSSJY3-16.XLS，单击"打开"按钮，打开"选择表格"对话框。

第 23 步：在列表中选择第一个工作表，单击"确定"按钮，打开"邮件合并收件人"对话框，如图 3-47 所示。

第 24 步：单击"全选"按钮，再单击"确定"按钮返回到文档中。

第 25 步：在"选择收件人"任务窗格中单击"下一步：撰写信函"按钮，打开"撰写信函"任务窗格。

第 26 步：将鼠标定位在"姓名"下面的单元格中，在"撰写信函"区域单击"其他项目"按钮，打开"插入合并域"对话框，如图 3-48 所示。

第 27 步：在"域"列表框中选择"姓名"域，单击"插入"按钮，单击"关闭"按钮，关闭对话框。

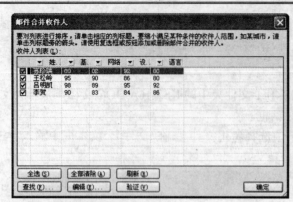

图 3-47　"邮件合并收件人"对话框　　　　图 3-48　"插入合并域"对话框

第 28 步：按照相同的方法在"基础"下面的单元格中插入"基础"域；在"网络"下面的单元格中插入"网络"域；在"设计"下面的单元格中插入"设计"域；在"语言"下面的单元格中插入"语言"域。

第 29 步：单击"下一步：预览信函"按钮，打开"预览信函"任务窗格，在任务窗格"做出更改"区域单击"编辑收件人列表"按钮，打开"邮件合并收件人"对话框，单击"姓名"前面的下三角箭头，如图 3-49 所示。

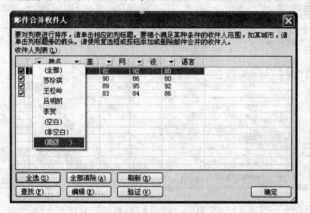

图 3-49　选择邮件合并高级选项

第 30 步：在下拉列表中选择"高级"，打开"查询选项"对话框，如图 3-50 所示。在"域"下拉列表中选择"姓名"，在"比较条件"下拉列表中选择"等于"，在"比较对象"文本框中输入"李贺"，依次单击确定按钮，返回文档。

第 31 步：单击"下一步：完成合并"按钮，打开"完成合并"任务窗格。

第 32 步：在"完成合并"任务窗格中单击"编辑个人信函"按钮，打开"合并到新文档"对话框，如图 3-51 所示。在"合并到新文档"对话框中选中"全部"单选按钮，单击"确定"按钮。

第 33 步：执行"文件" | "另存为"命令，打开"另存为"对话框。在"保存位置"下拉列表中选择考生文件夹，在"文件名"文本框中输入"A3-A"，单击"保存"按钮，在打开的警告对话框中选择"替换现有文件"，单击"确定"按钮。

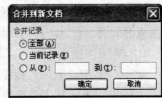

图 3-50 "查询选项"对话框   图 3-51 "合并到新文档"对话框

3. 创建目录

第 34 步：打开 Win2008GJW\KSML1 文件夹中的 KS3-16B.DOC 文档，执行"文件" | "另存为"命令，打开"另存为"对话框。在"保存位置"下拉列表中选择考生文件夹，在"文件名"文本框中输入"A3-B"，单击"保存"按钮。

第 35 步：将光标定位在文档首部，执行"插入" | "引用" | "索引和目录"命令，打开"索引和目录"对话框，单击"目录"选项卡，如图 3-52 所示。

第 36 步：在"格式"下拉列表中选择"流行"，在"显示级别"文本框中选择或输入"3"，选中"显示页码"和"页码右对齐"两个复选框，在"制表符前导符"下拉列表中选择样文所示前导符，单击"确定"按钮。

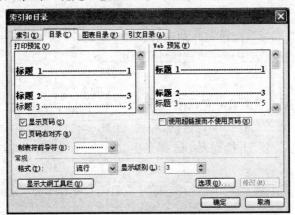

图 3-52 "索引和目录"对话框

3.17 第 17 题解答

1. 应用并创建样式

第 1 步：选中文档第 1 行，在"样式"下拉列表中选择"文章标题"样式。
第 2 步：选中文档第 2 行，在"样式"下拉列表中选择"注释标题"样式。
第 3 步：执行"工具" | "模板和加载项"命令，打开"模板和加载项"对话框。

第 4 步：在对话框中单击"管理器"按钮，打开"管理器"对话框。单击右侧"在 Normal.dot 中"列表框下方的"关闭文件"按钮，该按钮变成"打开文件"按钮。

第 5 步：单击"打开文件"按钮，打开"打开"对话框，在"查找范围"下拉列表中选择"KSML1"文件夹下的"KSDOT3"文件。

第 6 步：单击"打开"按钮，返回到"管理器"对话框。在右侧列表中选择"正文段落 1"项，单击"复制"按钮，即可将模板中的样式复制到左侧的列表框中。

第 7 步：单击"关闭"按钮返回到当前文档。选中文档正文第 1 段，在"格式"工具栏中的"样式"下拉列表中单击"正文段落 1"项，即可将该样式应用在当前文档中。

第 8 步：执行"格式"|"样式和格式"命令，打开"样式"任务窗格，单击"新样式"按钮，打开"新建样式"对话框。

第 9 步：在"名称"文本框中输入"段落 1"，在"样式基于"下拉列表中选择"正文"。单击"格式"按钮，在列表中选择"字体"命令，打开"字体"对话框，单击"字体"选项卡。

第 10 步：在"中文字体"下拉列表中选择"仿宋"，在"字号"列表中选择"小四"，在"字形"列表中选择"加粗"，在"字体颜色"列表中选择"水绿色"，在"着重号"下拉列表中选择"着重号"，单击"确定"按钮，返回到"新建样式"对话框。

第 11 步：在对话框中的"格式"列表中选择"段落"命令，打开"段落"对话框，单击"缩进和间距"选项卡。

第 12 步：在"间距"区域的"段前、段后"文本框中分别选择或输入"0.5 行"，单击"确定"按钮，返回到"新建样式"对话框。

第 13 步：单击"确定"按钮返回到当前文档中。选中文档正文第 2 段，在"格式"工具栏中的"样式"下拉列表中单击"段落 1"即可。

2. 邮件合并

第 14 步：打开 Win2008GJW\KSML1 文件夹中的 KS3-17A.DOC 文档，执行"文件"|"另存为"命令，打开"另存为"对话框。

第 15 步：在"保存位置"下拉列表中选择考生文件夹，在"文件名"文本框中输入"A3-A"，单击"保存"按钮。

第 16 步：执行"工具"|"信函与邮件"|"邮件合并"命令，打开"邮件合并"任务窗格。

第 17 步：在"选择文档类型"任务窗格中选中"信函"单选按钮，单击"下一步：正在启动文档"按钮，打开"选择开始文档"任务窗格。

第 18 步：在"选择开始文档"任务窗格中选中"使用当前文档"单选按钮，单击"下一步：选取收件人"按钮，打开"选择收件人"任务窗格。

第 19 步：在"选择收件人"任务窗格中选中"使用现有列表"单选按钮，在"使用原有列表"区域单击"浏览"命令，打开"选取数据源"对话框。

第 20 步：在文件列表中选择 Win2008GJW\KSML1 文件夹中的 KSSJY3-17.XLS，单击"打开"按钮，打开"选择表格"对话框。

第 21 步：在列表中选择第一个工作表，单击"确定"按钮，打开"邮件合并收件人"

对话框。

第 22 步：单击"全选"按钮，再单击"确定"按钮返回到文档中。

第 23 步：在"选择收件人"任务窗格中单击"下一步：撰写信函"按钮，打开"撰写信函"任务窗格。

第 24 步：将鼠标定位在"学员"前面的空格中，在"撰写信函"区域单击"其他项目"按钮，打开"插入合并域"对话框。

第 25 步：在"域"列表框中选择"姓名"域，单击"插入"按钮，单击"关闭"按钮，关闭对话框。

第 26 步：按照相同的方法在文档的相应位置插入"科目"和"时间"域。

第 27 步：单击"下一步：预览信函"按钮，打开"预览信函"任务窗格，在任务窗格"做出更改"区域单击"编辑收件人列表"按钮，打开"邮件合并收件人"对话框，单击"姓名"前面的下三角箭头。

第 28 步：在下拉列表中选择"高级"，打开"查询选项"对话框。在"域"下拉列表中选择"姓名"，在"比较条件"下拉列表中选择"等于"，在"比较对象"文本框中输入"李江"，依次单击确定按钮，返回文档。

第 29 步：单击"下一步：完成合并"按钮，打开"完成合并"任务窗格。

第 30 步：在"完成合并"任务窗格中单击"编辑个人信函"按钮，打开"合并到新文档"对话框。在"合并到新文档"对话框中选中"全部"单选按钮，单击"确定"按钮。

第 31 步：执行"文件"|"另存为"命令，打开"另存为"对话框。在"保存位置"下拉列表中选择考生文件夹，在"文件名"文本框中输入"A3-A"，单击"保存"按钮，在打开的警告对话框中选择"替换现有文件"，单击"确定"按钮。

3．创建目录

第 32 步：打开 Win2008GJW \KSML1 文件夹中的 KS3-17B.DOC 文档，执行"文件"|"另存为"命令，打开"另存为"对话框。在"保存位置"下拉列表中选择考生文件夹，在"文件名"文本框中输入"A3-B"，单击"保存"按钮。

第 33 步：将光标定位在文档首部，执行"插入"|"引用"|"索引和目录"命令，打开"索引和目录"对话框，单击"目录"选项卡。

第 34 步：在"格式"下拉列表中选择"优雅"，在"显示级别"文本框中选择或输入"3"，选中"显示页码"和"页码右对齐"两个复选框，在"制表符前导符"下拉列表中选择"------"，单击"确定"按钮。

3.18　第 18 题解答

1．应用并创建样式

第 1 步：选中文档第 1 行，在"样式"下拉列表中选择"文章标题"样式。

第 2 步：选中文档第 2 行，在"样式"下拉列表中选择"注释标题"样式。

第 3 步：执行"工具"|"模板和加载项"命令，打开"模板和加载项"对话框。

第 4 步：在对话框中单击"管理器"按钮，打开"管理器"对话框。单击右侧"在 Normal.dot 中"列表框下方的"关闭文件"按钮，该按钮变成"打开文件"按钮。

第 5 步：单击"打开文件"按钮，打开"打开"对话框，在"查找范围"下拉列表中选择"KSML1"文件夹下的"KSDOT3"文件。

第 6 步：单击"打开"按钮，返回到"管理器"对话框。在右侧列表中选择"正文段落 2"项，单击"复制"按钮，即可将模板中的样式复制到左侧的列表框中。

第 7 步：单击"关闭"按钮返回到当前文档。选中文档正文第 1 段，在"格式"工具栏中的"样式"下拉列表中单击"正文段落 2"项，即可将该样式应用在当前文档中。

第 8 步：执行"格式"|"样式和格式"命令，打开"样式"任务窗格，单击"新样式"按钮，打开"新建样式"对话框。

第 9 步：在"名称"文本框中输入"重点段落"，在"样式基于"下拉列表中选择"正文"。单击"格式"按钮，在列表中选择"字体"命令，打开"字体"对话框，单击"字体"选项卡。

第 10 步：在"中文字体"下拉列表中选择"幼圆"，在"字形"列表中选择"加粗"，在"字体颜色"列表中选择"橄榄色"，在"效果"区域选中"阴影"复选框，单击"确定"按钮，返回到"新建样式"对话框。

第 11 步：在对话框中的"格式"列表中选择"段落"命令，打开"段落"对话框，单击"缩进和间距"选项卡。

第 12 步：在"行距"下拉列表中选择"固定值"，在其后的"设置值"文本框中选择或者输入"18 磅"，单击"确定"按钮，返回到"新建样式"对话框。

第 13 步：单击"确定"按钮返回到当前文档中。选中文档正文第 2 段，在"格式"工具栏中的"样式"下拉列表中单击"重点段落"即可。

2. 邮件合并

第 14 步：打开 Win2008GJW \KSML1 文件夹中的 KS3-18A.DOC 文档，执行"文件"|"另存为"命令，打开"另存为"对话框。

第 15 步：在"保存位置"下拉列表中选择考生文件夹，在"文件名"文本框中输入"A3-A"，单击"保存"按钮。

第 16 步：执行"工具"|"信函与邮件"|"邮件合并"命令，打开"邮件合并"任务窗格。

第 17 步：在"选择文档类型"任务窗格中选中"信函"单选按钮，单击"下一步：正在启动文档"按钮，打开"选择开始文档"任务窗格。

第 18 步：在"选择开始文档"任务窗格中，选中"使用当前文档"单选按钮，单击"下一步：选取收件人"按钮，打开"选择收件人"任务窗格。

第 19 步：在"选择收件人"任务窗格中选中"使用现有列表"单选按钮，在"使用原有列表"区域单击"浏览"命令，打开"选取数据源"对话框。

第 20 步：在文件列表中选择 Win2008GJW\KSML1 文件夹中的 KSSJY3-18.XLS，单击"打开"按钮，打开"选择表格"对话框。

第 21 步：在列表中选择第一个工作表，单击"确定"按钮，打开"邮件合并收件人"

对话框。

第 22 步：单击"全选"按钮，再单击"确定"按钮返回到文档中。

第 23 步：在"选择收件人"任务窗格中单击"下一步：撰写信函"按钮，打开"撰写信函"任务窗格。

第 24 步：将鼠标定位在"姓名"下面的单元格中，在"撰写信函"区域单击"其他项目"按钮，打开"插入合并域"对话框。

第 25 步：在"域"列表框中选择"姓名"域，单击"插入"按钮，单击"关闭"按钮，关闭对话框。

第 26 步：按照相同的方法在文档的相应位置插入"班级"和"总分"域。

第 27 步：单击"下一步：预览信函"按钮，打开"预览信函"任务窗格，在任务窗格"做出更改"区域单击"编辑收件人列表"按钮，打开"邮件合并收件人"对话框，单击"总分"前面的下三角箭头。

第 28 步：在下拉列表中选择"高级"，打开"查询选项"对话框。在"域"下拉列表中选择"总分"，在"比较条件"下拉列表中选择"大于"，在"比较对象"文本框中输入"790"，依次单击确定按钮，返回文档。

第 29 步：单击"下一步：完成合并"按钮，打开"完成合并"任务窗格。

第 30 步：在"完成合并"任务窗格中单击"编辑个人信函"按钮，打开"合并到新文档"对话框。在"合并到新文档"对话框中选中"全部"单选按钮，单击"确定"按钮。

第 31 步：执行"文件"|"另存为"命令，打开"另存为"对话框。在"保存位置"下拉列表中选择考生文件夹，在"文件名"文本框中输入"A3-A"，单击"保存"按钮，在打开的警告对话框中选择"替换现有文件"，单击"确定"按钮。

3. 创建目录

第 32 步：打开 Win2008GJW \KSML1 文件夹中的 KS3-18B.DOC 文档，执行"文件"|"另存为"命令，打开"另存为"对话框。在"保存位置"下拉列表中选择考生文件夹，在"文件名"文本框中输入"A3-B"，单击"保存"按钮。

第 33 步：将光标定位在文档首部，执行"插入"|"引用"|"索引和目录"命令，打开"索引和目录"对话框，单击"目录"选项卡。

第 34 步：在"格式"下拉列表中选择"简单"，在"显示级别"文本框中选择或输入"4"，选中"显示页码"和"页码右对齐"两个复选框，在"制表符前导符"下拉列表中选择"＿＿＿＿"，单击"确定"按钮。

3.19　第 19 题解答

1. 应用并创建样式

第 1 步：选中文档第 1 行，在"样式"下拉列表中选择"文章标题"样式。

第 2 步：选中文档第 2 行，在"样式"下拉列表中选择"注释标题"样式。

第 3 步：执行"工具"|"模板和加载项"命令，打开"模板和加载项"对话框。

第 4 步：在对话框中单击"管理器"按钮，打开"管理器"对话框。单击右侧"在 Normal.dot 中"列表框下方的"关闭文件"按钮，该按钮变成"打开文件"按钮。

第 5 步：单击"打开文件"按钮，打开"打开"对话框，在"查找范围"下拉列表中选择"KSML1"文件夹下的"KSDOT3"文件。

第 6 步：单击"打开"按钮，返回到"管理器"对话框。在右侧列表中选择"正文段落 3"项，单击"复制"按钮，即可将模板中的样式复制到左侧的列表框中。

第 7 步：单击"关闭"按钮返回到当前文档。选中文档正文第 1、第 2 段，在"格式"工具栏中的"样式"下拉列表中单击"正文段落 3"项，即可将该样式应用在当前文档中。

第 8 步：执行"格式"|"样式和格式"命令，打开"样式"任务窗格，单击"新样式"按钮，打开"新建样式"对话框。

第 9 步：在"名称"文本框中输入"要点段落 01"，在"样式基于"下拉列表中选择"正文"。单击"格式"按钮，在列表中选择"字体"命令，打开"字体"对话框，单击"字体"选项卡。

第 10 步：在"中文字体"下拉列表中选择"隶书"，在"字号"列表中选择"四号"，在"字体颜色"列表中选择"海绿"，在"下划线线型"下拉列表中选择单下划线，在"下划线颜色"下拉列表中选择"深蓝"，单击"确定"按钮，返回到"新建样式"对话框。

第 11 步：在对话框中的"格式"列表中选择"段落"命令，打开"段落"对话框，单击"缩进和间距"选项卡。

第 12 步：在"行距"下拉列表中选择"1.5 倍行距"，单击"确定"按钮，返回到"新建样式"对话框。

第 13 步：单击"确定"按钮返回到当前文档中。选中文档正文第 3 段，在"格式"工具栏中的"样式"下拉列表中单击"要点段落 01"即可。

2. 邮件合并

第 14 步：打开 Win2008GJW \KSML1 文件夹中的 KS3-19A.DOC 文档，执行"文件"|"另存为"命令，打开"另存为"对话框。

第 15 步：在"保存位置"下拉列表中选择考生文件夹，在"文件名"文本框中输入"A3-A"，单击"保存"按钮。

第 16 步：执行"工具"|"信函与邮件"|"邮件合并"命令，打开"邮件合并"任务窗格。

第 17 步：在"选择文档类型"任务窗格中选中"信函"单选按钮，单击"下一步：正在启动文档"按钮，打开"选择开始文档"任务窗格。

第 18 步：在"选择开始文档"任务窗格中，选中"使用当前文档"单选按钮，单击"下一步：选取收件人"按钮，打开"选择收件人"任务窗格。

第 19 步：在"选择收件人"任务窗格中，选中"使用现有列表"单选按钮，在"使用原有列表"区域单击"浏览"命令，打开"选取数据源"对话框。

第 20 步：在文件列表中选择 Win2008GJW\KSML1 文件夹中的 KSSJY3-19.XLS，单击"打开"按钮，打开"选择表格"对话框。

第 21 步：在列表中选择第一个工作表，单击"确定"按钮，打开"邮件合并收件人"

对话框。

第 22 步：单击"全选"按钮，再单击"确定"按钮返回到文档中。

第 23 步：在"选择收件人"任务窗格中单击"下一步：撰写信函"按钮，打开"撰写信函"任务窗格。

第 24 步：将鼠标定位在"姓名"下面的单元格中，在"撰写信函"区域单击"其他项目"按钮，打开"插入合并域"对话框。

第 25 步：在"域"列表框中选择"姓名"域，单击"插入"按钮，单击"关闭"按钮，关闭对话框。

第 26 步：按照相同的方法在文档的相应位置插入"驾驶类型"和"报名日期"域。

第 27 步：单击"下一步：预览信函"按钮，打开"预览信函"任务窗格，在任务窗格"做出更改"区域单击"编辑收件人列表"按钮，打开"邮件合并收件人"对话框，单击"姓名"前面的下三角箭头。

第 28 步：在下拉列表中选择"高级"，打开"查询选项"对话框。在"域"下拉列表中选择"姓名"，在"比较条件"下拉列表中选择"等于"，在"比较对象"文本框中输入"赵明明"，依次单击确定按钮，返回文档。

第 29 步：单击"下一步：完成合并"按钮，打开"完成合并"任务窗格。

第 30 步：在"完成合并"任务窗格中单击"编辑个人信函"按钮，打开"合并到新文档"对话框。在"合并到新文档"对话框中选中"全部"单选按钮，单击"确定"按钮。

第 31 步：执行"文件"|"另存为"命令，打开"另存为"对话框。在"保存位置"下拉列表中选择考生文件夹，在"文件名"文本框中输入"A3-A"，单击"保存"按钮，在打开的警告对话框中选择"替换现有文件"，单击"确定"按钮。

3．创建目录

第 32 步：打开 Win2008GJW\KSML1 文件夹中的 KS3-19B.DOC 文档，执行"文件"|"另存为"命令，打开"另存为"对话框。在"保存位置"下拉列表中选择考生文件夹，在"文件名"文本框中输入"A3-B"，单击"保存"按钮。

第 33 步：将光标定位在文档首部，执行"插入"|"引用"|"索引和目录"命令，打开"索引和目录"对话框，单击"目录"选项卡。

第 34 步：在"格式"下拉列表中选择"现代"，在"显示级别"文本框中选择或输入"3"，选中"显示页码"和"页码右对齐"两个复选框，在"制表符前导符"下拉列表中选择"---------"，单击"确定"按钮。

3.20 第 20 题解答

1．应用并创建样式

第 1 步：选中文档第 1 行，在"样式"下拉列表中选择"文章标题"样式。

第 2 步：执行"工具"|"模板和加载项"命令，打开"模板和加载项"对话框。

第 3 步：在对话框中单击"管理器"按钮，打开"管理器"对话框。单击右侧"在 Normal.dot

中"列表框下方的"关闭文件"按钮，该按钮变成"打开文件"按钮。

第 4 步：单击"打开文件"按钮，打开"打开"对话框，在"查找范围"下拉列表中选择"KSML1"文件夹下的"KSDOT3"文件。

第 5 步：单击"打开"按钮，返回到"管理器"对话框。在右侧列表中选择"正文段落 4"项，单击"复制"按钮，即可将模板中的样式复制到左侧的列表框中。

第 6 步：单击"关闭"按钮返回到当前文档。选中文档正文第 1 段，在"格式"工具栏中的"样式"下拉列表中单击"正文段落 4"项，即可将该样式应用在当前文档中。

第 7 步：执行"格式"|"样式和格式"命令，打开"样式"任务窗格，单击"新样式"按钮，打开"新建样式"对话框。

第 8 步：在"名称"文本框中输入"重点段落 01"，在"样式基于"下拉列表中选择"正文"。单击"格式"按钮，在列表中选择"字体"命令，打开"字体"对话框，单击"字体"选项卡。

第 9 步：在"中文字体"下拉列表中选择"方正姚体"，在"字形"列表中选择"加粗"，在"字号"列表中选择"小四"，在"字体颜色"列表中选择"玫瑰红"，单击"确定"按钮，返回到"新建样式"对话框。

第 10 步：在对话框中的"格式"列表中选择"段落"命令，打开"段落"对话框，单击"缩进和间距"选项卡。在"间距"区域的"段前"文本框中分别选择或输入"0.5 行"，在"行距"下拉列表中选择"固定值"，在其后的"设置值"文本框中选择或者输入"15磅"，单击"确定"按钮，返回到"新建样式"对话框。

第 11 步：单击"确定"按钮返回到当前文档中。选中文档正文第 2、第 3 段，在"格式"工具栏中的"样式"下拉列表中单击"重点段落 01"即可。

2. 邮件合并

第 12 步：打开 Win2008GJW \KSML1 文件夹中的 KS3-20A.DOC 文档，执行"文件"|"另存为"命令，打开"另存为"对话框。

第 13 步：在"保存位置"下拉列表中选择考生文件夹，在"文件名"文本框中输入"A3-A"，单击"保存"按钮。

第 14 步：执行"工具"|"信函与邮件"|"邮件合并"命令，打开"邮件合并"任务窗格。

第 15 步：在"选择文档类型"任务窗格中，选中"信函"单选按钮，单击"下一步：正在启动文档"按钮，打开"选择开始文档"任务窗格。

第 16 步：在"选择开始文档"任务窗格中，选中"使用当前文档"单选按钮，单击"下一步：选取收件人"按钮，打开"选择收件人"任务窗格。

第 17 步：在"选择收件人"任务窗格中，选中"使用现有列表"单选按钮，在"使用原有列表"区域单击"浏览"命令，打开"选取数据源"对话框。

第 18 步：在文件列表中选择 Win2008GJW\KSML1 文件夹中的 KSSJY3-20.XLS，单击"打开"按钮，打开"选择表格"对话框。

第 19 步：在列表中选择第一个工作表，单击"确定"按钮，打开"邮件合并收件人"对话框。

第 20 步：单击"全选"按钮，再单击"确定"按钮返回到文档中。

第 21 步：在"选择收件人"任务窗格中单击"下一步：撰写信函"按钮，打开"撰写信函"任务窗格。

第 22 步：将鼠标定位在第 1 行空白格中，在"撰写信函"区域单击"其他项目"按钮，打开"插入合并域"对话框。

第 23 步：在"域"列表框中选择"姓名"域，单击"插入"按钮，单击"关闭"按钮，关闭对话框。

第 24 步：按照相同的方法在文档的相应位置插入"练车日期"和"考试日期"域。

第 25 步：单击"下一步：预览信函"按钮，打开"预览信函"任务窗格，在任务窗格"做出更改"区域单击"编辑收件人列表"按钮，打开"邮件合并收件人"对话框，单击"姓名"前面的下三角箭头。

第 26 步：在下拉列表中选择"高级"，打开"查询选项"对话框。在"域"下拉列表中选择"姓名"，在"比较条件"下拉列表中选择"等于"，在"比较对象"文本框中输入"马升"，依次单击确定按钮，返回文档。

第 27 步：单击"下一步：完成合并"按钮，打开"完成合并"任务窗格。

第 28 步：在"完成合并"任务窗格中单击"编辑个人信函"按钮，打开"合并到新文档"对话框。在"合并到新文档"对话框中选中"全部"单选按钮，单击"确定"按钮。

第 29 步：执行"文件"|"另存为"命令，打开"另存为"对话框。在"保存位置"下拉列表中选择考生文件夹，在"文件名"文本框中输入"A3-A"，单击"保存"按钮，在打开的警告对话框中选择"替换现有文件"，单击"确定"按钮。

3. 创建目录

第 30 步：打开 Win2008GJW\KSML1 文件夹中的 KS3-20B.DOC 文档，执行"文件"|"另存为"命令，打开"另存为"对话框。在"保存位置"下拉列表中选择考生文件夹，在"文件名"文本框中输入"A3-B"，单击"保存"按钮。

第 31 步：将光标定位在文档首部，执行"插入"|"引用"|"索引和目录"命令，打开"索引和目录"对话框，单击"目录"选项卡。

第 32 步：在"格式"下拉列表中选择"古典"，在"显示级别"文本框中选择或输入"4"，选中"显示页码"和"页码右对齐"两个复选框，在"制表符前导符"下拉列表中选择"……"，单击"确定"按钮。

第四单元 数据表格处理的基本操作

4.1 第1题解答

1. 表格的环境设置与修改

第1步：在 Sheet1 工作表第一行的行号上，单击鼠标将该行选中，执行"插入"|"行"命令，即可在标题行的上方插入一空行。

第2步：在"销售总额（元）"列的列标上，单击鼠标选中该列，执行"格式"|"列"|"列宽"命令，打开"列宽"对话框，如图4-01所示。

第3步：在"列宽"文本框中输入"13.75"，单击"确定"按钮。

2. 表格格式的编排与修改

第4步：在 Sheet1 工作表中选中 A2:D2 单元格区域，执行"格式"|"单元格"命令，打开"单元格格式"对话框，单击"对齐"选项卡，如图4-02所示。

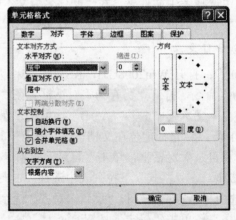

图 4-01 "列宽"对话框　　　　　　图 4-02 设置单元格对齐

第5步：在"文本对齐方式"的"水平对齐"下拉列表中选择"居中"，在"垂直对齐"下拉列表中选择"居中"，选中"合并单元格"复选框。

第6步：单击"字体"选项卡，如图4-03所示。在"字体"列表框中选择"楷体"，在"字形"列表框中选择"加粗"，在"字号"列表框中选择"16"，在"颜色"下拉列表中选择"深蓝"，单击"确定"按钮。

第7步：选中 A3:D9 单元格区域，在"格式"工具栏中单击"居中"按钮。

第8步：选中 B4:C9 单元格区域，执行"格式"|"单元格"命令，打开"单元格格式"对话框，单击"图案"选项卡，如图4-04所示。在"单元格底纹"区域的"颜色"列表中选择"青绿"色，单击"确定"按钮。

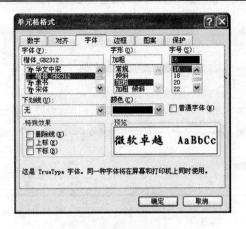

图 4-03 设置单元格字体

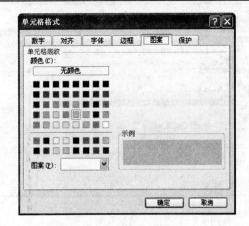

图 4-04 设置单元格底纹

第9步：选中 A2:D9 单元格区域，执行"格式"|"单元格"命令，打开"单元格格式"对话框，单击"边框"选项卡，如图 4-05 所示。

第10步：在"线条"区域的"样式"列表中选择"细实线"，在"颜色"下拉列表中选择"红色"，在"预置"区域单击"外边框"和"内部"按钮，单击"确定"按钮。

第11步：选中 C4:C9 单元格区域，执行"格式"|"单元格"命令，打开"单元格格式"对话框，单击"数字"选项卡，如图 4-06 所示。

第12步：在"分类"列表中选择"货币"，在"小数位数"文本框中选择或者输入"0"，单击"确定"按钮。

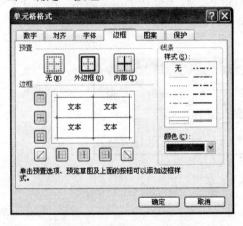

图 4-05 设置单元格边框

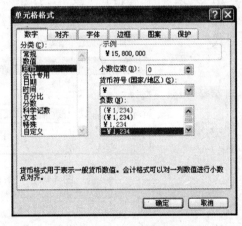

图 4-06 设置单元格数字格式

3. 数据的管理与分析

第13步：在 Sheet2 工作表中选中 B9 单元格，执行"插入"|"函数"命令，打开"插入函数"对话框，如图 4-07 所示。

第14步：在"选择类别"下拉列表中选择"常用函数"，在"选择函数"列表中选择"AVERAGE"，单击"确定"按钮，打开"函数参数"对话框，如图 4-08 所示。

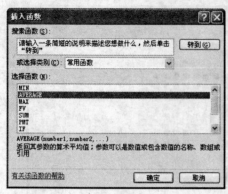 

　　图 4-07　"插入函数"对话框　　　　　　　图 4-08　"函数参数"对话框

　　第 15 步：在"Number1"后面的文本框中直接输入"B3:B8"，单击"确定"按钮即可将结果求出。

　　第 16 步：在"销售总额"所在列中选中任意单元格，在"常用"工具栏中单击"升序排序"按钮。

　　第 17 步：选中 B3:B8 单元格区域，执行"格式"|"条件格式"命令，打开"条件格式"对话框，如图 4-09 所示。

　　第 18 步：在"条件 1"运算符下拉列表中选择"介于"，然后在第一个文本框中输入"1500"，在第二个文本框中输入"5000"。

　　第 19 步：单击"格式"按钮，打开"单元格格式"对话框，单击"图案"选项卡，在"单元格底纹"区域的"颜色"列表中选择"粉红"色，单击"确定"按钮，返回到"条件格式"对话框，单击"确定"按钮。

图 4-09　"条件格式"对话框

　4. 图表的运用

　　第 20 步：选中 Sheet3 工作表中 A2:Å8 和 C2:C8 单元格区域的数据，执行"插入"|"图表"命令，打开"图表向导－4 步骤之 1－图表类型"对话框，如图 4-10 所示。

　　第 21 步：在"图表类型"列表框中选择"饼图"，在"子图表类型"列表中选择"三维饼图"项，单击"下一步"按钮，打开"图表向导－4 步骤之 2－图表源数据"对话框，如图 4-11 所示。

　　第 22 步：在"系列产生在"区域选中"列"单选按钮，单击"下一步"按钮，打开"图表向导－4 步骤之 3－图表选项"对话框，单击"标题"选项卡，如图 4-12 所示。

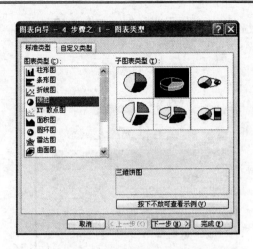

图 4-10　选择图表类型

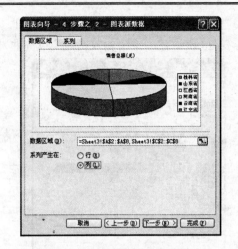

图 4-11　设置单元格数字格式

第 23 步：在"图表标题"文本框中输入"销售情况表"。单击"数据标志"选项卡，如图 4-13 所示。

第 24 步：在"数据标签包括"区域选中"值"单选按钮，选中"显示引导线"复选框，单击"下一步"按钮，打开"图表向导－4 步骤之 4－图表位置"对话框，如图 4-15 所示。

第 25 步：选中"作为其中的对象插入"单选按钮，单击"完成"按钮。

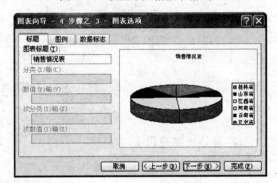

图 4-12　设置图表标题

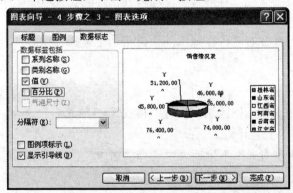

图 4-13　设置数据标志

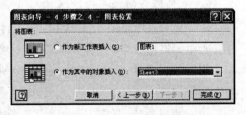

图 4-15　选择图表的位置

5. 数据、文档的修订与保护

第 26 步：切换到 Sheet2 工作表，执行"工具"|"保护"|"保护工作表"命令，打开"保护工作表"对话框，如图 4-16 所示。

第 27 步：在"保护工作表"区域选中"保护工作表及锁定的单元格内容"复选框，在"密码"文本框中输入密码"giks4-1"，取消"允许此工作表的所有用户进行"列表中所有复选框的选中状态，单击"确定"按钮，打开"确认密码"提示框，如图 4-17 所示。

第 28 步：在"重新输入密码"文本框中输入密码，以做验证，单击"确定"按钮。

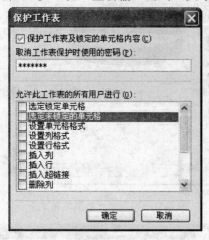

图 4-16 "保护工作表"对话框

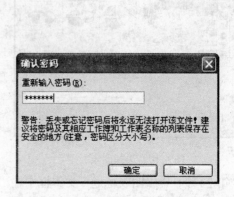

图 4-17 "确认密码"提示框

4.2 第 2 题解答

1. 表格的环境设置与修改

第 1 步：在 Sheet1 工作表中选中"部门"所在的列，执行"插入"|"列"命令，即可在"部门"所在列的左侧插入一空列。

第 2 步：选中标题行，执行"格式"|"行"|"行高"命令，打开"行高"对话框，在"行高"文本框中输入"24.75"，单击"确定"按钮。

第 3 步：在 Sheet1 工作表标签上单击鼠标右键，在弹出的快捷菜单中选择"重命名"命令，然后输入"工作表 1"。

2. 表格格式的编排与修改

第 4 步：在 Sheet1 工作表中选中 B1:F1 单元格区域，执行"格式"|"单元格"命令，打开"单元格格式"对话框，单击"对齐"选项卡。

第 5 步：在"文本对齐方式"的"水平对齐"下拉列表中选择"居中"，在"垂直对齐"下拉列表中选择"居中"，选中"合并单元格"复选框。

第 6 步：单击"字体"选项卡，在"字体"列表框中选择"楷体"，在"字形"列表框中选择"加粗"，在"字号"列表框中选择"20"，在"颜色"下拉列表中选择"梅红"，单击"确定"按钮。

第 7 步：选中 B2:F9 单元格区域，在"格式"工具栏中单击"居中"按钮。

第 8 步：选中 C3:F9 单元格区域，执行"格式"|"单元格"命令，打开"单元格格式"对话框，单击"图案"选项卡。在"单元格底纹"区域的"颜色"列表中选择"淡紫"，单击"确定"按钮。

第 9 步：选中 B2:F9 单元格区域，执行"格式"|"单元格"命令，打开"单元格格式"对话框，单击"边框"选项卡。在"线条"区域的"样式"列表中选择"双实线"，在"颜色"下拉列表中选择"蓝色"，在"预置"区域单击"外边框"和"内部"按钮，单击"确定"按钮。

第 10 步：选中 C3:F9 单元格区域，在格式工具栏上直接单击"千位分隔样式"按钮。

3. 数据的管理与分析

第 11 步：在 Sheet2 工作表中选中"2007 年"所在列中任意单元格，在"常用"工具栏中单击"升序排序"按钮。

第 12 步：选中 B10 单元格，单击"常用"工具栏上的"自动求和"按钮，在下拉列表中选择"求和"，在 B10 单元格中显示出求和函数，确保求和区域的正确性，然后单击编辑栏上的"输入"按钮，即可得出结果。

第 13 步：单击 B10 单元格，执行"编辑"|"复制"命令，在该单元格周围出现闪烁的边框，选中 C10:E10 单元格区域，执行"编辑"|"粘贴"命令。

第 14 步：选中 B3:B9 单元格区域，执行"格式"|"条件格式"命令，打开"条件格式"对话框。

第 15 步：在"条件 1"运算符下拉列表中选择"介于"，然后在第一个文本框中输入"1500"，在第二个文本框中输入"4000"。

第 16 步：单击"格式"按钮，打开"单元格格式"对话框，单击"图案"选项卡，在"单元格底纹"区域的"颜色"列表中选择"海绿"，单击"确定"按钮，返回到"条件格式"对话框，单击"确定"按钮。

4. 图表的运用

第 17 步：选中 Sheet3 工作表中 A2:E9 单元格区域的数据，执行"插入"|"图表"命令，打开"图表向导－4 步骤之 1－图表类型"对话框。

第 18 步：在"图表类型"列表框中选择"柱形图"，在"子图表类型"列表中选择"簇状柱形图"项，单击"下一步"按钮，打开"图表向导－4 步骤之 2－图表源数据"对话框。

第 19 步：在"系列产生在"区域选中"行"单选按钮，单击"下一步"按钮，打开"图表向导－4 步骤之 3－图表选项"对话框。

第 20 步：单击"下一步"按钮，打开"图表向导－4 步骤之 4－图表位置"对话框。选中"作为其中的对象插入"单选按钮，单击"完成"按钮。

5. 数据、文档的修订与保护

第 21 步：切换到 Sheet2 工作表，执行"工具"|"保护"|"保护工作表"命令，打开"保护工作表"对话框。

第 22 步：在"保护工作表"区域选中"保护工作表及锁定的单元格内容"复选框，在"密码"文本框中输入密码"giks4-1"，取消"允许此工作表的所有用户进行"列表中所有复选框的选中状态，单击"确定"按钮，打开"确认密码"提示框。

第 23 步：在"重新输入密码"文本框中输入密码，以做验证，单击"确定"按钮。

4.3 第 3 题解答

1. 表格的环境设置与修改

第 1 步：选中 Sheet1 工作表标题行上面的空行，执行"编辑"|"删除"命令，即可将该空白行删除。

第 2 步：选中标题行，执行"格式"|"行"|"行高"命令，打开"行高"对话框，在"行高"文本框中输入"30"，单击"确定"按钮。

第 3 步：选中标题单元格，在编辑栏左侧的名称框中输入"工资表"，按下回车键。

2. 表格格式的编排与修改

第 4 步：在 Sheet1 工作表中选中 A1:E1 单元格区域，执行"格式"|"单元格"命令，打开"单元格格式"对话框，单击"对齐"选项卡。

第 5 步：在"文本对齐方式"的"水平对齐"下拉列表中选择"居中"，在"垂直对齐"下拉列表中选择"居中"，选中"合并单元格"复选框。

第 6 步：单击"字体"选项卡，在"字体"列表框中选择"仿宋"，在"字形"列表框中选择"加粗"，在"字号"列表框中选择"20"，在"颜色"下拉列表中选择"深蓝"，单击"确定"按钮。

第 7 步：选中 A2:E2 和 A3:B13 单元格区域，在"格式"工具栏中的"字体"列表中选择"楷体"，在字体颜色下拉列表中选择"红色"，单击"居中"按钮。

第 8 步：选中 C3:E13 单元格区域，执行"格式"|"单元格"命令，打开"单元格格式"对话框，单击"图案"选项卡。在"单元格底纹"区域的"颜色"列表中选择"淡蓝"色，单击"确定"按钮。

第 9 步：选中 A2:E13 单元格区域，执行"格式"|"单元格"命令，打开"单元格格式"对话框，单击"边框"选项卡。在"线条"区域的"样式"列表中选择"粗实线"，在"颜色"下拉列表中选择"青色"颜色，在"预置"区域单击"外边框"和"内部"按钮，单击"确定"按钮。

第 10 步：执行"格式"|"工作表"|"背景"命令，打开"工作表背景"对话框，如图 4-18 示。

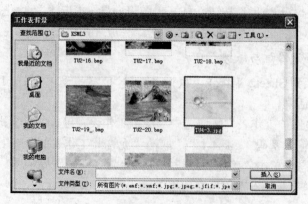

图 4-18　"工作表背景"对话框

第 11 步：在"查找范围"下拉列表中选择 Win2008GJW\KSML3 文件夹中的文件 TU4-3.jpg，单击"插入"按钮。

3. 数据的管理与分析

第 12 步：在 Sheet2 工作表中选中 F3 单元格，单击"常用"工具栏上的"自动求和"按钮，在下拉列表中选择"求和"，在 F3 单元格中显示出求和函数，确保求和区域的正确性，然后单击编辑栏上的"输入"按钮，即可得出结果。

第 13 步：单击 F3 单元格，执行"编辑"|"复制"命令，在该单元格周围出现闪烁的边框，选中 F4:F13 单元格区域，执行"编辑"|"粘贴"命令。

第 14 步：在 Sheet2 工作表中选中"基本工资"所在列中任意单元格，在"常用"工具栏中单击"降序排序"按钮。

第 15 步：选中"岗位津贴"数据区域，执行"格式"|"条件格式"命令，打开"条件格式"对话框。

第 16 步：在"条件 1"运算符下拉列表中选择"介于"，然后在第一个文本框中输入"20"，在第二个文本框中输入"45"。

第 17 步：单击"格式"按钮，打开"单元格格式"对话框，单击"图案"选项卡，在"单元格底纹"区域的"颜色"列表中选择"青绿色"，单击"确定"按钮，返回到"条件格式"对话框，单击"确定"按钮。

4. 图表的运用

第 18 步：选中 Sheet3 工作表中的 A2:A13 和 C2:C13 单元格区域的数据，执行"插入"|"图表"命令，打开"图表向导－4 步骤之 1－图表类型"对话框。

第 19 步：在"图表类型"列表框中选择"柱形图"，在"子图表类型"列表中选择"簇状柱形图"项，单击"下一步"按钮，打开"图表向导－4 步骤之 2－图表源数据"对话框。

第 20 步：在"系列产生在"区域选中"行"单选按钮，单击"下一步"按钮，打开"图表向导－4 步骤之 3－图表选项"对话框。

第 21 步：单击"数据标志"选项卡，在"数据标签包括"区域选中"值"单选按钮。

第 22 步：单击"下一步"按钮，打开"图表向导－4 步骤之 4－图表位置"对话框。选中"作为其中的对象插入"单选按钮，单击"完成"按钮。

5. 数据、文档的修订与保护

第 23 步：切换到 Sheet2 工作表，执行"工具"|"保护"|"保护工作表"命令，打开"保护工作表"对话框。

第 24 步：在"保护工作表"区域选中"保护工作表及锁定的单元格内容"复选框，在"密码"文本框中输入密码"giks4-1"，取消"允许此工作表的所有用户进行"列表中所有复选框的选中状态，单击"确定"按钮，打开"确认密码"提示框。

第 25 步：在"重新输入密码"文本框中输入密码，以做验证，单击"确定"按钮。

4.4　第 4 题解答

1.　表格的环境设置与修改

第 1 步：选中 Sheet1 工作表"兰帕德"行上面的空行，执行"编辑"|"删除"命令，即可将该空白行删除。

第 2 步：选中标题行，执行"格式"|"行"|"行高"命令，打开"行高"对话框，在"行高"文本框中输入"24.75"，单击"确定"按钮。

第 3 步：选中第一列，执行"格式"|"列"|"列宽"命令，打开"列宽"对话框，在"列宽"文本框中输入"12.63"，单击"确定"按钮。

第 4 步：选中标题行，在编辑栏左侧的名称框中输入"比赛表"，按下回车键。

2.　表格格式的编排与修改

第 5 步：在 Sheet1 工作表中选中 A1:D1 单元格区域，执行"格式"|"单元格"命令，打开"单元格格式"对话框，单击"对齐"选项卡。

第 6 步：在"文本对齐方式"的"水平对齐"下拉列表中选择"居中"，在"垂直对齐"下拉列表中选择"居中"，选中"合并单元格"复选框。

第 7 步：单击"字体"选项卡，在"字体"列表框中选择"楷体"，在"字号"列表框中选择"20"，在"颜色"下拉列表中选择"梅红"，单击"确定"按钮。

第 8 步：选中 A2:D2 和 A3:A9 单元格区域，在"格式"工具栏中单击"居中"按钮。

第 9 步：选中 B3:D9 单元格区域，在"格式"工具栏中的"字体"下拉列表中选择"楷体"，在"字号"下拉列表中选择"16"，单击"加粗"按钮。

第 10 步：选中 A1:D9 单元格区域，执行"格式"|"单元格"命令，打开"单元格格式"对话框，单击"边框"选项卡。在"线条"区域的"样式"列表中选择"双实线"，在"颜色"下拉列表中选择"粉红"，在"预置"区域单击"外边框"按钮，单击"确定"按钮。

第 11 步：执行"格式"|"工作表"|"背景"命令，打开"工作表背景"对话框，在"查找范围"下拉列表中选择 Win2008GJW\KSML3 文件夹中的文件 TU4-4.jpg，单击"插入"按钮。

3.　数据的管理与分析

第 12 步：在 Sheet2 工作表中选定数据区域的任一单元格，执行"数据"|"排序"命令，打开"排序"对话框，如图 4-19 所示。

第 13 步：在"主要关键字"下拉列表中选择"客场点球"选项，选中"升序"单选按钮，在"次要关键字"下拉列表中选择"主场点球"，选中"升序"单选按钮，单击"确定"按钮。

图 4-19　"排序"对话框

第 14 步：在 Sheet2 工作表中选中 B10 单元格，单击"常用"工具栏上的"自动求和"按钮，在下拉列表中选择"求和"，在 B10 单元格中显示出求和函数，确保求和区域的正确性，然后单击编辑栏上的"输入"按钮，即可得出结果。

第 15 步：单击 B10 单元格，执行"编辑"|"复制"命令，在该单元格周围出现闪烁的边框，选中 C10:D10 单元格区域，执行"编辑"|"粘贴"命令。

第 16 步：选中 B3:B9 单元格区域，执行"格式"|"条件格式"命令，打开"条件格式"对话框。

第 17 步：在"条件 1"运算符下拉列表中选择"大于或等于"，然后在后面的文本框中输入"10"。

第 18 步：单击"格式"按钮，打开"单元格格式"对话框，单击"图案"选项卡，在"单元格底纹"区域的"颜色"列表中选择"玫瑰红"，单击"确定"按钮，返回到"条件格式"对话框，单击"确定"按钮。

4. 图表的运用

第 19 步：选中 Sheet3 工作表中的 A2:A9 和 C2:D9 数据区域，执行"插入"|"图表"命令，打开"图表向导 - 4 步骤之 1 - 图表类型"对话框。

第 20 步：在"图表类型"列表框中选择"条形图"，在"子图表类型"列表中选择"簇状条形图"项，单击"下一步"按钮，打开"图表向导 - 4 步骤之 2 - 图表源数据"对话框。

第 21 步：在"系列产生在"区域选中"列"单选按钮，单击"下一步"按钮，打开"图表向导 - 4 步骤之 3 - 图表选项"对话框。

第 22 步：单击"标题"选项卡，在"图表标题"文本框中输入"足球比赛点球统计"，单击"数据标志"选项卡，在"数据标签包括"区域选中"值"单选按钮。

第 23 步：单击"下一步"按钮，打开"图表向导 - 4 步骤之 4 - 图表位置"对话框。选中"作为其中的对象插入"单选按钮，单击"完成"按钮。

5. 数据、文档的修订与保护

第 24 步：切换到 Sheet2 工作表，执行"工具"|"保护"|"保护工作表"命令，打开"保护工作表"对话框。

第 25 步：在"保护工作表"区域选中"保护工作表及锁定的单元格内容"复选框，在"密码"文本框中输入密码"giks4-1"，取消"允许此工作表的所有用户进行"列表中所有复选框的选中状态，单击"确定"按钮，打开"确认密码"提示框。

第 26 步：在"重新输入密码"文本框中输入密码，以做验证，单击"确定"按钮。

4.5　第 5 题解答

1. 表格的环境设置与修改

第 1 步：在 Sheet1 工作表第一行的行号上单击鼠标将该行选中，执行"插入"|"行"命令，即可在标题行的上方插入一空行。

第 2 步：选中第 2 列，执行"格式"|"列"|"列宽"命令，打开"列宽"对话框，如图 4-20 所示。在"列宽"文本框中输入"14.88"，单击"确定"按钮。

2. 表格格式的编排与修改

第 3 步：在 Sheet1 工作表中选中 A1:F2 单元格区域，执行"格式"|"单元格"命令，打开"单元格格式"对话框，单击"对齐"选项卡。

图 4-20 "列宽"对话框

第 4 步：在"文本对齐方式"的"水平对齐"下拉列表中选择"居中"，在"垂直对齐"下拉列表中选择"居中"，选中"合并单元格"复选框。

第 5 步：单击"字体"选项卡，在"颜色"下拉列表中选择"绿色"，单击"确定"按钮。

第 6 步：选中 A3:F3 和 A4:A9 单元格区域，在"格式"工具栏中单击"居中"按钮。在"格式"工具栏中的"字体"下拉列表中选择"黑体"，在字体颜色下拉列表中选择"海绿"。

第 7 步：选中 B4:F9 单元格区域，执行"格式"|"单元格"命令，打开"单元格格式"对话框，单击"数字"选项卡，如图 4-21 所示。

第 8 步：在"分类"列表中选择"货币"，在"小数位数"文本框中选择或者输入"2"，单击"确定"按钮。

第 9 步：选中 A3:F9 单元格区域，执行"格式"|"单元格"命令，打开"单元格格式"对话框，单击"边框"选项卡。在"线条"区域的"样式"列表中选择"粗实线"，在"颜色"下拉列表中选择"梅红"，在"预置"区域单击"外边框"按钮，单击"确定"按钮。

图 4-21 设置货币样式

3. 数据的管理与分析

第 10 步：在 Sheet2 工作表中选中 B10 单元格，单击"常用"工具栏上的"自动求和"按钮，在下拉列表中选择"求和"，在 B10 单元格中显示出求和函数，确保求和区域的正确性，然后单击编辑栏上的"输入"按钮，即可得出结果。

第 11 步：单击 B10 单元格，执行"编辑"|"复制"命令，在该单元格周围出现闪烁的边框，选中 C10:F10 单元格区域，执行"编辑"|"粘贴"命令。

第 12 步：选中 B3:B8 单元格区域，执行"格式"|"条件格式"命令，打开"条件格式"对话框。

第 13 步：在"条件 1"运算符下拉列表中选择"介于"，然后在第一个文本框中输入"60000"，在第二个文本框中输入"100000"。

第 14 步：单击"格式"按钮，打开"单元格格式"对话框，单击"图案"选项卡，在"单元格底纹"区域的"颜色"列表中选择"玫瑰红"，单击"确定"按钮，返回到"条件格式"对话框，单击"确定"按钮。

第 15 步：在 Sheet2 工作表中选定任一单元格，执行"数据"|"筛选"|"自动筛选"命令，即可在每个列字段后出现一个黑三角箭头。

第 16 步：单击"寿险"后的下三角箭头，打开一下拉列表，在列表中选择"自定义"命令，打开"自定义自动筛选方式"对话框，如图 4-22 所示。

第 17 步：在"寿险"下拉列表中选择"大于"选项，并在后面的条件下拉列表中输入"60000"，选中"与"单选按钮，在下面的下拉列表中选择"小于"，在其后的条件下拉列表中输入"1000000"，单击"确定"按钮。

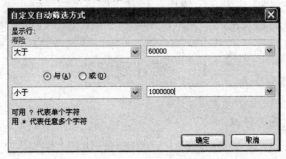

图 4-22 "自定义自动筛选方式"对话框

4. 图表的运用

第 18 步：选中 Sheet3 工作表中的 A2:A8 和 F2:F8 单元格区域，执行"插入"|"图表"命令，打开"图表向导－4 步骤之 1－图表类型"对话框。

第 19 步：在"图表类型"列表框中选择"饼图"，在"子图表类型"列表中选择"分离型三维饼图"项，如图 4-23 所示。

第 20 步：单击"下一步"按钮，打开"图表向导－4 步骤之 2－图表源数据"对话框，在"系列产生在"区域选中"列"单选按钮。

第 21 步：单击"下一步"按钮，打开"图表向导－4 步骤之 3－图表选项"对话框，单击"数据标志"选项卡。在"数据标签包括"区域选中"百分比"复选框，如图 4-24 所示。

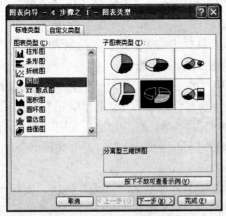

图 4-23 选择图表类型

图 4-24 设置显示百分比

第 22 步：单击"下一步"按钮，打开"图表向导－4 步骤之 4－图表位置"对话框。

选中"作为其中的对象插入"单选按钮，单击"完成"按钮。

5. 数据、文档的修订与保护

第 23 步：切换到 Sheet2 工作表，执行"工具"|"保护"|"保护工作表"命令，打开"保护工作表"对话框。

第 24 步：在"保护工作表"区域选中"保护工作表及锁定的单元格内容"复选框，在"密码"文本框中输入密码"giks4-1"，取消"允许此工作表的所有用户进行"列表中所有复选框的选中状态，单击"确定"按钮，打开"确认密码"提示框。

第 25 步：在"重新输入密码"文本框中输入密码，以做验证，单击"确定"按钮。

4.6　第 6 题解答

1. 表格的环境设置与修改

第 1 步：选中 Sheet1 工作表标题行上面的空行，执行"编辑"|"删除"命令即可将该空白行删除。

第 2 步：在"专业名称"列的列标上单击鼠标选中该列，执行"格式"|"列"|"列宽"命令，打开"列宽"对话框。在"列宽"文本框中输入"17.00"，单击"确定"按钮。

第 3 步：在 Sheet1 工作表标签上单击鼠标右键，在弹出的快捷菜单中选择"重命名"命令，然后输入"资格线表"。

2. 表格格式的编排与修改

第 4 步：在 Sheet1 工作表中选中 A1:E2 单元格区域，执行"格式"|"单元格"命令，打开"单元格格式"对话框，单击"对齐"选项卡。

第 5 步：在"文本对齐方式"的"水平对齐"下拉列表中选择"居中"，在"垂直对齐"下拉列表中选择"居中"，选中"合并单元格"复选框。

第 6 步：单击"字体"选项卡，在"字体"列表框中选择"黑体"，在"字号"列表框中选择"14"，在"颜色"下拉列表中选择"酸橙色"，单击"确定"按钮。

第 7 步：选中 A3:E3 单元格区域，在"格式"工具栏中的"字体"下拉列表中选择"新宋体"，在字体颜色下拉列表中选择"梅红"，单击"居中"按钮。

第 8 步：执行"格式"|"单元格"命令，打开"单元格格式"对话框，单击"图案"选项卡。在"单元格底纹"区域的"颜色"列表中选择"淡蓝"，单击"确定"按钮。

第 9 步：选中 A4:A10 单元格区域，执行"格式"|"单元格"命令，打开"单元格格式"对话框，单击"图案"选项卡。在"单元格底纹"区域的"颜色"列表中选择"金色"，单击"确定"按钮。

第 10 步：选中 B4:E10 单元格区域，在"格式"工具栏中单击"居中"按钮。执行"格式"|"单元格"命令，打开"单元格格式"对话框，单击"图案"选项卡。在"单元格底纹"区域的"颜色"列表中选择"淡紫"，单击"确定"按钮。

第 11 步：选中 A1:E10 单元格区域，执行"格式"|"单元格"命令，打开"单元格格式"对话框，单击"边框"选项卡。在"线条"区域的"样式"列表中选择"粗实线"，

在"颜色"下拉列表中选择"海绿"色，在"预置"区域单击"外边框"和"内部"按钮，单击"确定"按钮。

3. 数据的管理与分析

第12步：在Sheet2工作表中选中B12单元格，单击"常用"工具栏上的"自动求和"按钮，在下拉列表中选择"求和"，在B12单元格中显示出求和函数，确保求和区域的正确性，然后单击编辑栏上的"输入"按钮，即可得出结果。

第13步：单击B12单元格，执行"编辑"|"复制"命令，在该单元格周围出现闪烁的边框，选中C12:E12单元格区域，执行"编辑"|"粘贴"命令。

第14步：选中C4:C10单元格区域，执行"格式"|"条件格式"命令，打开"条件格式"对话框。

第15步：在"条件1"运算符下拉列表中选择"大于"，然后在第一个文本框中输入"300"。

第16步：单击"格式"按钮，打开"单元格格式"对话框，单击"图案"选项卡，在"单元格底纹"区域的"颜色"列表中选择"玫瑰红"，单击"确定"按钮，返回到"条件格式"对话框，单击"确定"按钮。

第17步：在Sheet2工作表中选定任一单元格，执行"数据"|"筛选"|"自动筛选"命令，即可在每个列字段后出现一个黑三角箭头。

第18步：单击"报名人数"后的下三角箭头，打开一下拉列表，在列表中选择"前10个"选项，打开"自动筛选前10个"对话框，如图4-25所示。

第19步：在"显示"下拉列表中选择"最大"选项，并在后面的条件下拉列表中选择"5"，单击"确定"按钮。

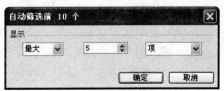

图4-25 "自动筛选前10个"对话框

4. 图表的运用

第20步：选中Sheet3工作表中的A3:E10单元格区域，执行"插入"|"图表"命令，打开"图表向导-4步骤之1-图表类型"对话框。

第21步：在"图表类型"列表框中选择"柱形图"，在"子图表类型"列表中选择"簇状柱形图"项，单击"下一步"按钮，打开"图表向导-4步骤之2-图表源数据"对话框，

第22步：在"系列产生在"区域选中"列"单选按钮，单击"下一步"按钮，打开"图表向导-4步骤之3-图表选项"对话框。

第23步：单击"标题"选项卡，在"图表标题"文本框中输入"专业课成绩资格线表"，单击"下一步"按钮，打开"图表向导-4步骤之4-图表位置"对话框。选中"作为其中的对象插入"单选按钮，单击"完成"按钮。

5. 数据、文档的修订与保护

第 24 步：切换到 Sheet2 工作表，执行"工具"|"保护"|"保护工作表"命令，打开"保护工作表"对话框。

第 25 步：在"保护工作表"区域选中"保护工作表及锁定的单元格内容"复选框，在"密码"文本框中输入密码"giks4-1"，取消"允许此工作表的所有用户进行"列表中所有复选框的选中状态，单击"确定"按钮打开"确认密码"提示框。

第 26 步：在"重新输入密码"文本框中输入密码，以做验证，单击"确定"按钮。

4.7　第 7 题解答

1. 表格的环境设置与修改

第 1 步：选中 Sheet1 工作表标题行上面的空行，执行"编辑"|"删除"命令，即可将该空白行删除。

第 2 步：选中标题行，执行"格式"|"行"|"行高"命令，打开"行高"对话框，在"行高"文本框中输入"24.75"，单击"确定"按钮。

第 3 步：选中标题单元格，在编辑栏左侧的名称框中输入"售楼统计"，按下回车键。

2. 表格格式的编排与修改

第 4 步：在 Sheet1 工作表中选中 A1:D1 单元格区域，执行"格式"|"单元格"命令，打开"单元格格式"对话框，单击"对齐"选项卡。

第 5 步：在"文本对齐方式"的"水平对齐"下拉列表中选择"居中"，在"垂直对齐"下拉列表中选择"居中"，选中"合并单元格"复选框。

第 6 步：单击"字体"选项卡，在"字体"列表框中选择"黑体"，在"字号"列表框中选择"16"，在"颜色"下拉列表中选择"红色"，单击"确定"按钮。。

第 7 步：选中 B3:D8 单元格区域，在"格式"工具栏中的"字体"下拉列表中选择"楷体"，在"字号"下拉列表中选择"14"，单击"居中"按钮。

第 8 步：选中 D3:D8 单元格区域，执行"格式"|"单元格"命令，打开"单元格格式"对话框，单击"数字"选项卡。在"分类"列表中选择"货币"，在"小数位数"文本框中选择或者输入"2"，单击"确定"按钮。

第 9 步：选中 A1:D8 单元格区域，执行"格式"|"单元格"命令，打开"单元格格式"对话框，单击"边框"选项卡。在"线条"区域的"样式"列表中选择"粗虚线"，在"颜色"下拉列表中选择"深蓝"，在"预置"区域单击"外边框"和"内部"按钮，单击"确定"按钮。

3. 数据的管理与分析

第 10 步：在 Sheet2 工作表中选中 B11 单元格，单击"常用"工具栏上的"自动求和"按钮，在下拉列表中选择"求和"，在 B11 单元格中显示出求和函数，确保求和区域的正确性，然后单击编辑栏上的"输入"按钮，即可得出结果。

第 11 步：单击 B11 单元格，执行"编辑"|"复制"命令，在该单元格周围出现闪烁的边框，选中 C11:D11 单元格区域，执行"编辑"|"粘贴"命令。

第12步：在 Sheet2 工作表中选中 B12 单元格，单击"常用"工具栏上的"自动求和"按钮，在下拉列表中选择"平均值"，在 B12 单元格中显示出平均值函数，确保求平均值区域的正确性，然后单击编辑栏上的"输入"按钮，即可得出结果。

第13步：单击 B12 单元格，执行"编辑"|"复制"命令，在该单元格周围出现闪烁的边框，选中 C12:D12 单元格区域，执行"编辑"|"粘贴"命令。

第14步：在 Sheet2 工作表中选中"成交价格"单元格，在"常用"工具栏中单击"升序排序"按钮。

第15步：在 Sheet2 工作表中选定原始数据区域任一单元格，执行"数据"|"筛选"|"自动筛选"命令，即可在每个列字段后出现一个黑三角箭头。

第16步：单击"成交套数"后的下三角箭头，打开一下拉列表，在列表中选择"自定义"选项，打开"自定义自动筛选方式"对话框，如图 4-26 所示。

第17步：在"成交套数"下拉列表中选择"小于"选项，并在后面的条件下拉列表中输入"80"，单击"确定"按钮。

4. 图表的运用

第18步：选中 Sheet3 工作表中的 A2:B8 单元格区域，执行"插入"|"图表"命令，打开"图表向导－4 步骤之 1－图表类型"对话框。

第19步：在"图表类型"列表框中选择"饼图"，在"子图表类型"列表中选择"分离型三维饼图"项，如图 4-27 所示。

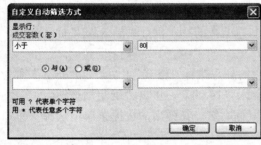

图 4-26　"自定义自动筛选方式"对话框　　　　图 4-27　选择图表类型

第20步：单击"下一步"按钮，打开"图表向导－4 步骤之 2－图表源数据"对话框，在"系列产生在"区域选中"列"单选按钮。

第21步：单击"下一步"按钮，打开"图表向导－4 步骤之 3－图表选项"对话框，单击"标题"选项卡。在"图表标题"文本框中输入"楼房成交套数统计"，如图 4-28 所示。

第22步：单击"数据标志"选项卡。在"数据标志"区域选中"百分比"复选框，如图 4-29 所示。

第23步：单击"下一步"按钮，打开"图表向导－4 步骤之 4－图表位置"对话框。选中"作为其中的对象插入"单选按钮，单击"完成"按钮。

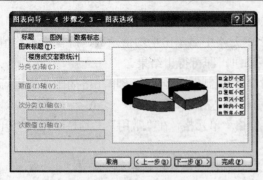 

图 4-28　设置图表标题　　　　　　　图 4-29　设置显示百分比

5. 数据、文档的修订与保护

第 24 步：切换到 Sheet2 工作表，执行"工具"|"保护"|"保护工作表"命令，打开"保护工作表"对话框。

第 25 步：在"保护工作表"区域选中"保护工作表及锁定的单元格内容"复选框，在"密码"文本框中输入密码"giks4-1"，取消"允许此工作表的所有用户进行"列表中所有复选框的选中状态，单击"确定"按钮，打开"确认密码"提示框。

第 26 步：在"重新输入密码"文本框中输入密码，以做验证，单击"确定"按钮。

4.8　第 8 题解答

1. 表格的环境设置与修改

第 1 步：在 Sheet1 工作表中选中"排名"所在的行，执行"插入"|"行"命令，即可在"排名"所在行的上方插入一空行。

第 2 步：选中"累计工业总产值"所在的列，执行"格式"|"列"|"列宽"命令，打开"列宽"对话框，在"列宽"文本框中输入"15.00"，单击"确定"按钮。

第 3 步：在 Sheet1 工作表标签上单击鼠标右键，在弹出的快捷菜单中选择"重命名"命令，然后输入"名次表"。

2. 表格格式的编排与修改

第 4 步：在 Sheet1 工作表中选中 A1:E2 单元格区域，执行"格式"|"单元格"命令，打开"单元格格式"对话框，单击"对齐"选项卡。

第 5 步：在"文本对齐方式"的"水平对齐"下拉列表中选择"居中"，在"垂直对齐"下拉列表中选择"居中"，选中"合并单元格"复选框。

第 6 步：单击"字体"选项卡，在"字体"列表框中选择"黑体"，在"字号"列表框中选择"16"，在"颜色"下拉列表中选择"红色"，单击"确定"按钮。

第 7 步：选中 A3:E3 单元格区域，执行"格式"|"单元格"命令，打开"单元格格式"对话框，单击"图案"选项卡。在"单元格底纹"区域的"颜色"列表中选择"淡蓝"色，单击"确定"按钮。

第 8 步：选中 C4:C13 单元格区域，单击"格式"工具栏上的"货币样式"按钮。

第 9 步：执行"格式"|"工作表"|"背景"命令，打开"工作表背景"对话框，如图 4-30 所示。

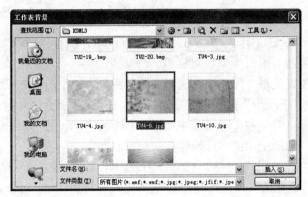

图 4-30   "工作表背景"对话框

第 10 步：在"查找范围"下拉列表中选择 Win2008GJW\KSML3 文件夹中的文件 TU4-8.jpg，单击"插入"按钮。

3. 数据的管理与分析

第 11 步：在 Sheet2 工作表中选中 C14 单元格，单击"常用"工具栏上的"自动求和"按钮，在下拉列表中选择"求和"，在 C14 单元格中显示出求和函数，确保求和区域的正确性，然后单击编辑栏上的"输入"按钮，即可得出结果。

第 12 步：选中"同比增长"单元格区域，执行"格式"|"条件格式"命令，打开"条件格式"对话框。

第 13 步：在"条件 1"运算符下拉列表中选择"大于"，然后在文本框中输入"30"。

第 14 步：单击"格式"按钮，打开"单元格格式"对话框，单击"图案"选项卡，在"单元格底纹"区域的"颜色"列表中选择"玫瑰红"，单击"确定"按钮，返回到"条件格式"对话框，单击"确定"按钮。

第 15 步：在 Sheet2 工作表中选定任一单元格，执行"数据"|"筛选"|"自动筛选"命令，即可在每个列字段后出现一个黑三角箭头。

第 16 步：单击"所占比例"后的下三角箭头，打开一下拉列表，在列表中选择"自定义"选项，打开"自定义自动筛选方式"对话框，如图 4-31 所示。

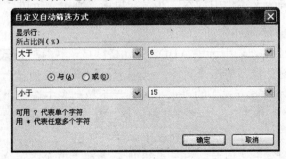

图 4-31   "自定义自动筛选方式"对话框

第 17 步：在"所占比例"下拉列表中选择"大于"选项，并在后面的条件下拉列表中输入"6"，选中"与"单选按钮，在下面的下拉列表中选择"小于"，在其后的条件下拉列表中输入"15"，单击"确定"按钮。

4. 图表的运用

第 18 步：选中 Sheet3 工作表中的 B2:C12 数据区域，执行"插入"|"图表"命令，打开"图表向导-4 步骤之 1-图表类型"对话框。

第 19 步：在"图表类型"列表框中选择"柱形图"，在"子图表类型"列表中选择"簇状柱形图"项，单击"下一步"按钮，打开"图表向导－4 步骤之 2－图表源数据"对话框。

第 20 步：在"系列产生在"区域选中"行"单选按钮，单击"下一步"按钮，打开"图表向导－4 步骤之 3－图表选项"对话框。

第 21 步：单击"下一步"按钮，打开"图表向导－4 步骤之 4－图表位置"对话框。选中"作为其中的对象插入"单选按钮，单击"完成"按钮。

5. 数据、文档的修订与保护

第 22 步：切换到 Sheet2 工作表，执行"工具"|"保护"|"保护工作表"命令，打开"保护工作表"对话框。

第 23 步：在"保护工作表"区域选中"保护工作表及锁定的单元格内容"复选框，在"密码"文本框中输入密码"giks4-1"，取消"允许此工作表的所有用户进行"列表中所有复选框的选中状态，单击"确定"按钮，打开"确认密码"提示框。

第 24 步：在"重新输入密码"文本框中输入密码，以做验证，单击"确定"按钮。

4.9　第 9 题解答

1. 表格的环境设置与修改

第 1 步：在 Sheet1 工作表中选中标题行，执行"插入"|"行"命令，即可在标题行的上方插入一空行。

第 2 步：选中"产品种类"所在的列，执行"格式"|"列"|"列宽"命令，打开"列宽"对话框，在"列宽"文本框中输入"11.00"，单击"确定"按钮。

第 3 步：选中"产品种类"所在的行，执行"格式"|"行"|"行高"命令，打开"行高"对话框，在"行高"文本框中输入"20"，单击"确定"按钮。

2. 表格格式的编排与修改

第 4 步：在 Sheet1 工作表中选中 A1:D2 单元格区域，执行"格式"|"单元格"命令，打开"单元格格式"对话框，单击"对齐"选项卡，如图 4-32 所示。

第 5 步：在"文本对齐方式"的"水平对齐"下拉列表中选择"居中"，在"垂直对齐"下拉列表中选择"居中"，选中"合并单元格"复选框。单击"字体"选项卡，在"字号"列表框中选择"16"，在"字形"列表中选择"加粗"。

第 6 步：单击"图案"选项卡，如图 4-33 所示。在"单元格底纹"区域的"颜色"列表中选择"天蓝"色，单击"确定"按钮。

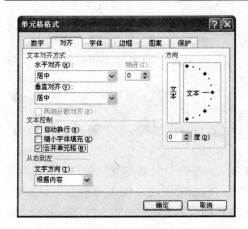

图 4-32 设置对齐格式

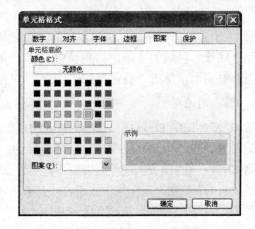

图 4-33 设置单元格底纹

第 7 步：选中 A3:D8 单元格区域，执行"格式"|"单元格"命令，打开"单元格格式"对话框，单击"图案"选项卡。在"单元格底纹"区域的"颜色"列表中选择"浅黄"色，单击"确定"按钮。

第 8 步：选中 B4:B8 单元格区域，单击"格式"|"单元格"命令，打开"单元格格式"对话框，单击"数字"选项卡，在"分类"列表中选择"货币"，"货币符号"选择"人民币"符号，"小数位数"选择"2"，单击"确定"按钮。

第 9 步：选中 A3:D8 单元格区域，执行"格式"|"单元格"命令，打开"单元格格式"对话框，单击"边框"选项卡，如图 4-34 所示。

第 10 步：在"线条"区域的"样式"列表中选择"粗实线"，在"边框"区域单击"上"、"下"边框线，在"样

图 4-34 设置单元格边框

式"列表中选择"中等粗实线"，在"边框"区域单击"内部横"边框线，单击"确定"按钮。

3. 数据的管理与分析

第 11 步：在 Sheet2 工作表中选中"销售产值"所在列中的任意单元格，在"常用"工具栏中单击"降序排序"按钮。

第 12 步：在 Sheet2 工作表中选中 B8 单元格，单击"常用"工具栏上的"自动求和"按钮，在下拉列表中选择"求和"，在 B8 单元格中显示出求和函数，确保求和区域的正确性，然后单击编辑栏上的"输入"按钮，即可得出结果。

第 13 步：选中"同比增长"数据区域，执行"格式"|"条件格式"命令，打开"条件格式"对话框。

第 14 步：在"条件 1"运算符下拉列表中选择"小于"，然后在第一个文本框中输入

"20"。

第 15 步：单击"格式"按钮，打开"单元格格式"对话框，单击"图案"选项卡，在"单元格底纹"区域的"颜色"列表中选择"玫瑰红"，单击"确定"按钮，返回到"条件格式"对话框，单击"确定"按钮。

4. 图表的运用

第 16 步：选中 Sheet3 工作表中的 A2:B7 数据区域，执行"插入"|"图表"命令，打开"图表向导 - 4 步骤之 1 - 图表类型"对话框。

第 17 步：在"图表类型"列表框中选择"条形图"，在"子图表类型"列表中选择"簇状条形图"项，单击"下一步"按钮，打开"图表向导 - 4 步骤之 2 - 图表源数据"对话框。

第 18 步：在"系列产生在"区域选中"行"单选按钮，单击"下一步"按钮，打开"图表向导 - 4 步骤之 3 - 图表选项"对话框。

第 19 步：单击"数据标志"选项卡，在"数据标签包括"区域选中"值"复选框。

第 20 步：单击"下一步"按钮，打开"图表向导 - 4 步骤之 4 - 图表位置"对话框。选中"作为其中的对象插入"单选按钮，单击"完成"按钮。

5. 数据、文档的修订与保护

第 21 步：切换到 Sheet2 工作表，执行"工具"|"保护"|"保护工作表"命令，打开"保护工作表"对话框。

第 22 步：在"保护工作表"区域选中"保护工作表及锁定的单元格内容"复选框，在"密码"文本框中输入密码"giks4-1"，取消"允许此工作表的所有用户进行"列表中所有复选框的选中状态，单击"确定"按钮，打开"确认密码"提示框。

第 23 步：在"重新输入密码"文本框中输入密码，以做验证，单击"确定"按钮。

4.10　第 10 题解答

1. 表格的环境设置与修改

第 1 步：选中 Sheet1 工作表标题行下面的空行，执行"编辑"|"删除"命令，即可将该空白行删除。

第 2 步：选中标题行，执行"格式"|"行"|"行高"命令，打开"行高"对话框，在"行高"文本框中输入"28.50"，单击"确定"按钮。

第 3 步：选中 A1 单元格，在编辑栏左侧的名称框中输入"分类表"，按下回车键。

2. 表格格式的编排与修改

第 4 步：在 Sheet1 工作表中选中 A1:D1 单元格区域，执行"格式"|"单元格"命令，打开"单元格格式"对话框，单击"对齐"选项卡。

第 5 步：在"文本对齐方式"的"水平对齐"下拉列表中选择"居中"，在"垂直对齐"下拉列表中选择"居中"，选中"合并单元格"复选框。

第 6 步：单击"字体"选项卡，在"字体"列表框中选择"黑体"，在"字号"列表框中选择"16"，在"颜色"下拉列表中选择"浅橙色"，单击"确定"按钮。

第 7 步：选中 A2:D2 单元格区域，在"格式"工具栏中的"字体"下拉列表中选择"楷体"，单击"居中"按钮。

第 8 步：执行"格式"|"单元格"命令，打开"单元格格式"对话框，单击"图案"选项卡。在"单元格底纹"区域的"颜色"列表中选择"玫瑰红"，单击"确定"按钮。

第 9 步：选中 A3:D8 单元格区域，单击"格式"工具栏上的"居中"按钮。执行"格式"|"单元格"命令，打开"单元格格式"对话框，单击"图案"选项卡。在"单元格底纹"区域的"颜色"列表中选择"淡蓝"色，单击"确定"按钮。

第 10 步：执行"格式"|"工作表"|"背景"命令，打开"工作表背景"对话框。在"查找范围"下拉列表中选择 Win2008GJW\KSML3 文件夹中的文件 TU4-10.jpg，单击"插入"按钮。

3. 数据的管理与分析

第 11 步：在 Sheet2 工作表中选中 B10 单元格，单击"常用"工具栏上的"自动求和"按钮，在下拉列表中选择"平均值"，在 B10 单元格中显示出平均值函数，确保平均值区域的正确性，然后单击编辑栏上的"输入"按钮，即可得出结果。

第 12 步：单击 B10 单元格，执行"编辑"|"复制"命令，在该单元格周围出现闪烁的边框，选中 C10:D10 单元格区域，执行"编辑"|"粘贴"命令。

第 13 步：在 Sheet2 工作表中选中"全国指数"单元格，在"常用"工具栏中单击"升序排序"按钮。

第 14 步：在 Sheet2 工作表中选定原始数据区域任一单元格，执行"数据"|"筛选"|"自动筛选"命令，即可在每个列字段后出现一个黑三角箭头。

第 15 步：单击"城市指数"后的下三角箭头，打开一下拉列表，在列表中选择"自定义"选项，打开"自定义自动筛选方式"对话框。

第 16 步：在"城市指数"下拉列表中选择"大于"选项，并在后面的条件下拉列表中输入"103"，选中"与"单选按钮，在下面的下拉列表中选择"小于"，在其后的条件下拉列表中输入"110"，单击"确定"按钮。

4. 图表的运用

第 17 步：选中 Sheet3 工作表中的 A2:D8 数据区域，执行"插入"|"图表"命令，打开"图表向导－4 步骤之 1－图表类型"对话框。

第 18 步：在"图表类型"列表框中选择"柱形图"，在"子图表类型"列表中选择"簇状柱形图"项，单击"下一步"按钮，打开"图表向导－4 步骤之 2－图表源数据"对话框，

第 19 步：在"系列产生在"区域选中"行"单选按钮，单击"下一步"按钮，打开"图表向导－4 步骤之 3－图表选项"对话框。单击"标题"选项卡，在"图表标题"文本框中输入"居民食品消费价格分类指数"，如图 4-35 所示。

第 20 步：单击"下一步"按钮，打开"图表向导－4 步骤之 4－图表位置"对话框。选中"作为其中的对象插入"单选按钮，单击"完成"按钮。

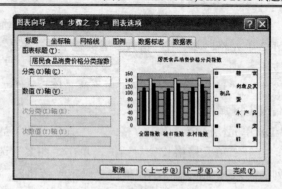

图 4-35　设置图表标题

5.　数据、文档的修订与保护

第 21 步：切换到 Sheet2 工作表，执行"工具" | "保护" | "保护工作表"命令，打开"保护工作表"对话框。

第 22 步：在"保护工作表"区域选中"保护工作表及锁定的单元格内容"复选框，在"密码"文本框中输入密码"giks4-1"，取消"允许此工作表的所有用户进行"列表中所有复选框的选中状态，单击"确定"按钮，打开"确认密码"提示框。

第 23 步：在"重新输入密码"文本框中输入密码，以做验证，单击"确定"按钮。

4.11　第 11 题解答

1.　表格的环境设置与修改

第 1 步：选中 Sheet1 工作表标题行下面的空行，执行"编辑" | "删除"命令，即可将该空白行删除。

第 2 步：选中"出生年月"所在列，执行"格式" | "列" | "列宽"命令，打开"列宽"对话框，在"列宽"文本框中输入"10.38"，单击"确定"按钮。

第 3 步：选中 A1 单元格，在编辑栏左侧的名称框中输入"管理表"，按下回车键。

2.　表格格式的编排与修改

第 4 步：在 Sheet1 工作表中选中 A1:F1 单元格区域，执行"格式" | "单元格"命令，打开"单元格格式"对话框，单击"对齐"选项卡。

第 5 步：在"文本对齐方式"的"水平对齐"下拉列表中选择"居中"，在"垂直对齐"下拉列表中选择"居中"，选中"合并单元格"复选框。

第 6 步：单击"字体"选项卡，在"字体"列表框中选择"楷体"，在"字形"列表中选择"加粗"，在"字号"列表框中选择"18"，在"颜色"下拉列表中选择"深黄"色，单击"确定"按钮。

第 7 步：选中 A2:F2 单元格区域，在"格式"工具栏中的"字体"下拉列表中选择"仿宋"，单击"加粗"按钮。

第 8 步：执行"格式" | "单元格"命令，打开"单元格格式"对话框，单击"图案"

选项卡。在"单元格底纹"区域的"颜色"列表中选择"橙色"，单击"确定"按钮。

第9步：选中"出生年月"和"参加工作时间"所在列的数据区域，执行"格式"|"单元格"命令，打开"单元格格式"对话框，单击"图案"选项卡。在"单元格底纹"区域的"颜色"列表中选择"淡紫色"，单击"确定"按钮。

第10步：执行"格式"|"工作表"|"背景"命令，打开"工作表背景"对话框。在"查找范围"下拉列表中选择 Win2008GJW\KSML3 文件夹中的文件 TU4-11.bmp，单击"插入"按钮。

3. 数据的管理与分析

第11步：在 Sheet2 工作表中选中"参加工作时间"单元格，在"常用"工具栏中单击"升序排序"按钮。

第12步：选中"文化程度"数据区域，执行"格式"|"条件格式"命令，打开"条件格式"对话框。

第13步：在"条件1"运算符下拉列表中选择"等于"，然后在第一个文本框中输入"本科"。

第14步：单击"格式"按钮，打开"单元格格式"对话框，单击"图案"选项卡，在"单元格底纹"区域的"颜色"列表中选择"玫瑰红"，单击"确定"按钮，返回到"条件格式"对话框，单击"确定"按钮。

第15步：在 Sheet2 工作表中选定任一单元格，执行"数据"|"筛选"|"自动筛选"命令，即可在每个列字段后出现一个黑三角箭头。

第16步：单击"性别"后的下三角箭头，打开一下拉列表，在列表中选择"男"。

4. 图表的运用

第17步：选中 Sheet3 工作表中的 A2:A8 和 E2:E8 数据区域，执行"插入"|"图表"命令，打开"图表向导－4步骤之1－图表类型"对话框。

第18步：在"图表类型"列表框中选择"柱形图"，在"子图表类型"列表中选择"簇状柱形图"项，单击"下一步"按钮，打开"图表向导－4步骤之2－图表源数据"对话框，

第19步：在"系列产生在"区域选中"行"单选按钮，单击"下一步"按钮，打开"图表向导－4步骤之3－图表选项"对话框。

第20步：单击"标题"选项卡，在"图表标题"文本框中输入"参加工作时间图表"，单击"数据标志"选项卡，在"数据标签包括"区域选中"值"复选框。

第21步：单击"下一步"按钮，打开"图表向导－4步骤之4－图表位置"对话框。选中"作为其中的对象插入"单选按钮，单击"完成"按钮。

5. 数据、文档的修订与保护

第22步：切换到 Sheet2 工作表，执行"工具"|"保护"|"保护工作表"命令，打开"保护工作表"对话框。

第23步：在"保护工作表"区域选中"保护工作表及锁定的单元格内容"复选框，在"密码"文本框中输入密码"giks4-1"，取消"允许此工作表的所有用户进行"列表中所有复选框的选中状态，单击"确定"按钮，打开"确认密码"提示框。

第 24 步：在"重新输入密码"文本框中输入密码，以做验证，单击"确定"按钮。

4.12 第 12 题解答

1. 表格的环境设置与修改

第 1 步：选中 Sheet1 工作表"姓名"所在行下面的空行，执行"编辑"|"删除"命令，即可将该空白行删除。

第 2 步：选中"出生年月"所在列，执行"格式"|"列"|"列宽"命令，打开"列宽"对话框，在"列宽"文本框中输入"8.25"，单击"确定"按钮。

第 3 步：在 Sheet1 工作表标签上单击鼠标右键，在弹出的快捷菜单中选择"重命名"命令，然后输入"录取表"。

2. 表格格式的编排与修改

第 4 步：在 Sheet1 工作表中选中 A1:E1 单元格区域，执行"格式"|"单元格"命令，打开"单元格格式"对话框，单击"对齐"选项卡。

第 5 步：在"文本对齐方式"的"水平对齐"下拉列表中选择"居中"，在"垂直对齐"下拉列表中选择"居中"，选中"合并单元格"复选框。

第 6 步：单击"字体"选项卡，在"字体"列表框中选择"黑体"，在"字形"列表中选择"加粗"，在"字号"列表框中选择"18"，在"颜色"下拉列表中选择"深红色"，单击"确定"按钮。

第 7 步：选中 A2:E2 单元格区域，在"格式"工具栏的"字体"下拉列表中选择"楷体"，单击"加粗"按钮，在字体颜色下拉列表中选择"蓝色"。

第 8 步：选中 A3:E7 单元格区域，在"格式"工具栏"字体"下拉列表中选择"仿宋"，单击"加粗"按钮，在"字体颜色"下拉列表中选择"白色"。

第 9 步：执行"格式"|"单元格"命令，打开"单元格格式"对话框，单击"图案"选项卡。在"单元格底纹"区域的"颜色"列表中选择"灰色-40%"，单击"确定"按钮。

第 10 步：执行"格式"|"工作表"|"背景"命令，打开"工作表背景"对话框。在"查找范围"下拉列表中选择 Win2008GJW\KSML3 文件夹中的文件 TU4-12.jpg，单击"插入"按钮。

3. 数据的管理与分析

第 11 步：在 Sheet2 工作表中选中"职称"单元格，在"常用"工具栏中单击"升序排序"按钮。

第 12 步：选中"留学国别"数据区域，执行"格式"|"条件格式"命令，打开"条件格式"对话框。

第 13 步：在"条件 1"运算符下拉列表中选择"等于"，然后在第一个文本框中输入"美国"。

第 14 步：单击"格式"按钮，打开"单元格格式"对话框，单击"图案"选项卡，在"单元格底纹"区域的"颜色"列表中选择"玫瑰红"，单击"确定"按钮，返回到"条件格式"对话框，单击"确定"按钮。

第15步：在Sheet2工作表中选定任一单元格，执行"数据"|"筛选"|"自动筛选"命令，即可在每个列字段后出现一个黑三角箭头。

第16步：单击"性别"后的下三角箭头，打开一下拉列表，在列表中选择"女"。

4．图表的运用

第17步：选中Sheet3工作表中的A2:A7和E2:E7数据区域，执行"插入"|"图表"命令，打开"图表向导－4步骤之1－图表类型"对话框。

第18步：在"图表类型"列表框中选择"柱形图"，在"子图表类型"列表中选择"簇状柱形图"项，单击"下一步"按钮，打开"图表向导－4步骤之2－图表源数据"对话框，

第19步：在"系列产生在"区域选中"列"单选按钮，单击"下一步"按钮，打开"图表向导－4步骤之3－图表选项"对话框。单击"标题"选项卡，在"图表标题"文本框中输入"基本工资"。

第20步：单击"下一步"按钮，打开"图表向导－4步骤之4－图表位置"对话框。选中"作为其中的对象插入"单选按钮，单击"完成"按钮。

5．数据、文档的修订与保护

第21步：切换到Sheet2工作表，执行"工具"|"保护"|"保护工作表"命令，打开"保护工作表"对话框。

第22步：在"保护工作表"区域选中"保护工作表及锁定的单元格内容"复选框，在"密码"文本框中输入密码"giks4-1"，取消"允许此工作表的所有用户进行"列表中所有复选框的选中状态，单击"确定"按钮，打开"确认密码"提示框。

第23步：在"重新输入密码"文本框中输入密码，以做验证，单击"确定"按钮。

4.13　第13题解答

1．表格的环境设置与修改

第1步：在Sheet1工作表中选中标题行下面的行，执行"插入"|"行"命令，即可在"品牌"行的上方插入一空行。

第2步：选中标题行，执行"格式"|"行"|"行高"命令，打开"行高"对话框，在"行高"文本框中输入"30"，单击"确定"按钮。

第3步：选中"品牌"所在的列，执行"格式"|"列"|"列宽"命令，打开"列宽"对话框，在"列宽"文本框中输入"11.25"，单击"确定"按钮。

2．表格格式的编排与修改

第4步：在Sheet1工作表中选中A1:E1单元格区域，执行"格式"|"单元格"命令，打开"单元格格式"对话框，单击"对齐"选项卡。

第5步：在"文本对齐方式"的"水平对齐"下拉列表中选择"居中"，在"垂直对齐"下拉列表中选择"居中"，选中"合并单元格"复选框。

第 6 步：单击"字体"选项卡，在"字体"列表框中选择"黑体"，在"字号"列表框中选择"18"，在"颜色"下拉列表中选择"紫罗兰"，单击"确定"按钮。

第 7 步：选中 B3：E12 单元格区域，在"格式"工具栏中单击"居中"按钮。

第 8 步：选中 B4：E12 单元格区域，在格式工具栏上直接单击"千位分隔样式"按钮。执行"格式"|"单元格"命令，打开"单元格格式"对话框，单击"图案"选项卡。在"单元格底纹"区域的"颜色"列表中选择"金色"，单击"确定"按钮。

第 9 步：选中 A3:E12 单元格区域，执行"格式"|"单元格"命令，打开"单元格格式"对话框，单击"边框"选项卡。在"线条"区域的"样式"列表中选择"粗实线"，在"颜色"下拉列表中选择"蓝色"，在"预置"区域单击"外边框"和"内部"按钮，单击"确定"按钮。

3. 数据的管理与分析

第 10 步：在 Sheet2 工作表中选中 G5 单元格，单击"常用"工具栏上的"自动求和"按钮，在下拉列表中选择"求和"，在 G5 单元格中显示出求和函数，确保求和区域的正确性，然后单击编辑栏上的"输入"按钮，即可得出结果。

第 11 步：单击 G5 单元格，执行"编辑"|"复制"命令，在该单元格周围出现闪烁的边框，选中 G6：G15 单元格区域，执行"编辑"|"粘贴"命令。

第 12 步：在 Sheet2 工作表中选中 H5 单元格，单击"常用"工具栏上的"自动求和"按钮，在下拉列表中选择"平均值"，在 H5 单元格中显示出平均值函数，确保求平均值区域的正确性，然后单击编辑栏上的"输入"按钮，即可得出结果。

第 13 步：单击 H5 单元格，执行"编辑"|"复制"命令，在该单元格周围出现闪烁的边框，选中 H6：H15 单元格区域，执行"编辑"|"粘贴"命令。

第 14 步：选中 C5:F15 数据区域，执行"格式"|"条件格式"命令，打开"条件格式"对话框。

第 15 步：在"条件 1"运算符下拉列表中选择"大于或等于"，然后在后面的文本框中输入"4000"。

第 16 步：单击"格式"按钮，打开"单元格格式"对话框，单击"图案"选项卡，在"单元格底纹"区域的"颜色"列表中选择"玫瑰红"，单击"确定"按钮，返回到"条件格式"对话框，单击"确定"按钮。

第 17 步：在 Sheet2 工作表中选定"产地"字段所在列的任一单元格，单击"常用"工具栏中的"升序排序"按钮，将"产地"字段进行升序排列。

第 18 步：执行"数据"|"分类汇总"命令，打开"分类汇总"对话框，如图 4-36 所示。

第 19 步：在"分类字段"下拉列表中选择"产地"项，在"汇总方式"下拉列表中选择"求和"项，在"选定汇总项"列表中选中"总计"项，选中"汇总结果显示在数据下方"复选框，单击"确定"按钮。

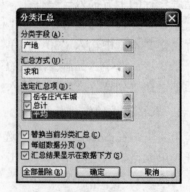

图 4-36 "分类汇总"对话框

4. 图表的运用

第 20 步：选中 Sheet3 工作表中的 A3:E14 的数据区域，执行"插入"|"图表"命令，打开"图表向导-4 步骤之 1-图表类型"对话框。

第 21 步：在"图表类型"列表框中选择"折线图"，在"子图表类型"列表中选择"折线图"项，单击"下一步"按钮，打开"图表向导-4 步骤之 2-图表源数据"对话框。

第 22 步：在"系列产生在"区域选中"行"单选按钮，单击"下一步"按钮，打开"图表向导-4 步骤之 3-图表选项"对话框。单击"标题"选项卡，在"图表标题"文本框中输入"汽车销售统计表"。

第 23 步：单击"下一步"按钮，打开"图表向导-4 步骤之 4-图表位置"对话框。选中"作为其中的对象插入"单选按钮，单击"完成"按钮。

5. 数据、文档的修订与保护

第 24 步：切换到 Sheet2 工作表，执行"工具"|"保护"|"保护工作表"命令，打开"保护工作表"对话框。

第 25 步：在"保护工作表"区域选中"保护工作表及锁定的单元格内容"复选框，在"密码"文本框中输入密码"giks4-1"，取消"允许此工作表的所有用户进行"列表中所有复选框的选中状态，单击"确定"按钮，打开"确认密码"提示框。

第 26 步：在"重新输入密码"文本框中输入密码，以做验证，单击"确定"按钮。

4.14　第 14 题解答

1. 表格的环境设置与修改

第 1 步：选中 Sheet1 工作表标题行下面的空行，执行"编辑"|"删除"命令，即可将该空白行删除。

第 2 步：选中标题行，执行"格式"|"行"|"行高"命令，打开"行高"对话框，在"行高"文本框中输入"21.75"，单击"确定"按钮。

第 3 步：选中标题单元格，在编辑栏左侧的名称框中输入"总产值"，按下回车键。

2. 表格格式的编排与修改

第 4 步：在 Sheet1 工作表中选中 A1:E1 单元格区域，执行"格式"|"单元格"命令，打开"单元格格式"对话框，单击"对齐"选项卡。

第 5 步：在"文本对齐方式"的"水平对齐"下拉列表中选择"居中"，在"垂直对齐"下拉列表中选择"居中"，选中"合并单元格"复选框。

第 6 步：单击"字体"选项卡，在"字体"列表框中选择"楷体"，在"字形"列表框中选择"加粗"，在"字号"列表中选择"16"，在"颜色"下拉列表中选择"靛蓝"色，单击"确定"按钮。

第 7 步：选中 A2:E2 单元格区域，在"格式"工具栏中的"字体"下拉列表中选择"黑体"，在"颜色"下拉列表中选择"蓝-灰"。

第 8 步：执行"格式"|"单元格"命令，打开"单元格格式"对话框，单击"图案"选项卡。在"单元格底纹"区域的"颜色"列表中选择"青绿"色，单击"确定"按钮。

第 9 步：选中 B3:E8 单元格区域，执行"格式"|"单元格"命令，打开"单元格格式"对话框，单击"数字"选项卡。在"分类"列表中选择"货币"，在"小数位数"文本框中选择或者输入"3"，单击"确定"按钮。

第 10 步：选中 A1:E8 单元格区域，执行"格式"|"单元格"命令，打开"单元格格式"对话框，单击"边框"选项卡。在"线条"区域的"样式"列表中选择"双实线"，在"颜色"下拉列表中选择"梅红"色，在"预置"区域单击"外边框"和"内部"按钮，单击"确定"按钮。

3. 数据的管理与分析

第 11 步：选中 B10 单元格，单击"常用"工具栏上的"自动求和"按钮，在下拉列表中选择"求和"，在 B10 单元格中显示出求和函数，确保求和区域的正确性，然后单击编辑栏上的"输入"按钮，即可得出结果。

第 12 步：单击 B10 单元格，执行"编辑"|"复制"命令，在该单元格周围出现闪烁的边框，选中 C10:E10 单元格区域，执行"编辑"|"粘贴"命令。

第 13 步：选中"林业"数据区域，执行"格式"|"条件格式"命令，打开"条件格式"对话框。

第 14 步：在"条件 1"运算符下拉列表中选择"大于"，然后在后面的文本框中输入"300000"。

第 15 步：单击"格式"按钮，打开"单元格格式"对话框，单击"图案"选项卡，在"单元格底纹"区域的"颜色"列表中选择"淡蓝"，单击"确定"按钮，返回到"条件格式"对话框，单击"确定"按钮。

第 16 步：在 Sheet2 工作表中选定原数据区域任意单元格，执行"数据"|"筛选"|"自动筛选"命令，即可在每个列字段后出现一个黑三角箭头。

第 17 步：单击"农业"后的下三角箭头，打开一下拉列表，在列表中选择"自定义"选项，打开"自定义自动筛选方式"对话框，如图 4-37 所示。

第 18 步：在"农业"下拉列表中选择"大于"选项，并在后面的条件下拉列表中输入"500000"，单击"确定"按钮。

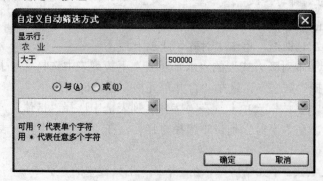

图 4-37　"自定义自动筛选方式"对话框

4. 图表的运用

第 19 步：选中 Sheet3 工作表中的 A2:E8 数据区域，执行"插入"|"图表"命令，打开"图表向导－4 步骤之 1－图表类型"对话框。

第 20 步：在"图表类型"列表框中选择"柱形图"，在"子图表类型"列表中选择"簇状柱形图"项，单击"下一步"按钮，打开"图表向导－4 步骤之 2－图表源数据"对话框，

第 21 步：在"系列产生在"区域选中"行"单选按钮，单击"下一步"按钮，打开"图表向导－4 步骤之 3－图表选项"对话框。单击"标题"选项卡，在"图表标题"文本框中输入"总产值表"。

第 22 步：单击"下一步"按钮，打开"图表向导－4 步骤之 4－图表位置"对话框。选中"作为其中的对象插入"单选按钮，单击"完成"按钮。

5. 数据、文档的修订与保护

第 23 步：切换到 Sheet2 工作表，执行"工具"|"保护"|"保护工作表"命令，打开"保护工作表"对话框。

第 24 步：在"保护工作表"区域选中"保护工作表及锁定的单元格内容"复选框，在"密码"文本框中输入密码"giks4-1"，取消"允许此工作表的所有用户进行"列表中所有复选框的选中状态，单击"确定"按钮，打开"确认密码"提示框。

第 25 步：在"重新输入密码"文本框中输入密码，以作验证，单击"确定"按钮。

4.15　第 15 题解答

1. 表格的环境设置与修改

第 1 步：选中 Sheet1 工作表标题行上面的空行，执行"编辑"|"删除"命令，即可将该空白行删除。

第 2 步：选中标题行，执行"格式"|"行"|"行高"命令，打开"行高"对话框，在"行高"文本框中输入"29.25"，单击"确定"按钮。

第 3 步：选中第一列，执行"格式"|"列"|"列宽"命令，打开"列宽"对话框，在"列宽"文本框中输入"9.25"，单击"确定"按钮。

2. 表格格式的编排与修改

第 4 步：在 Sheet1 工作表中选中 A1:D1 单元格区域，执行"格式"|"单元格"命令，打开"单元格格式"对话框，单击"对齐"选项卡。

第 5 步：在"文本对齐方式"的"水平对齐"下拉列表中选择"居中"，在"垂直对齐"下拉列表中选择"居中"，选中"合并单元格"复选框。

第 6 步：单击"字体"选项卡，在"字体"列表框中选择"楷体"，在"字形"列表框中选择"加粗"，在"字号"列表框中选择"16"，在"颜色"下拉列表中选择"深红"色，单击"确定"按钮。

第 7 步：选中 A2:B2 单元格区域，在"格式"工具栏中单击"合并及居中"按钮。

第 8 步：选中 D3:D18 单元格区域，执行"格式"|"单元格"命令，打开"单元格格式"对话框，单击"数字"选项卡，如图4-38 所示。在"分类"列表中选择"数值"，在"小数位数"文本框中选择或者输入"3"，单击"确定"按钮。

第 9 步：选中 A2:B18 单元格区域，执行"格式"|"单元格"命令，打开"单元格格式"对话框，单击"图案"选项卡。在"单元格底纹"区域的"颜色"列表中选择"橙色"，单击"确定"按钮。

图 4-38　设置数字格式

第 10 步：选中 C2:D18 单元格区域，执行"格式"|"单元格"命令，打开"单元格格式"对话框，单击"图案"选项卡。在"单元格底纹"区域的"颜色"列表中选择"浅橙色"，单击"确定"按钮。

3. 数据的管理与分析

第 11 步：在 Sheet2 工作表中选中 C23 单元格，单击"常用"工具栏上的"自动求和"按钮，在下拉列表中选择"求和"，在 C23 单元格中显示出求和函数，确保求和区域的正确性，然后单击编辑栏上的"输入"按钮，即可得出结果。

第 12 步：在 Sheet2 工作表中选定"销量"字段所在的单元格，单击"常用"工具栏中的"降序排序"按钮，将"销量"所在列的数据进行降序排列。

第 13 步：选中 C4:C21 单元格区域，执行"格式"|"条件格式"命令，打开"条件格式"对话框。

第 14 步：在"条件 1"运算符下拉列表中选择"介于"，然后在第一个文本框中输入"100"，在第二个文本框中输入"300"。

第 15 步：单击"格式"按钮，打开"单元格格式"对话框，单击"图案"选项卡，在"单元格底纹"区域的"颜色"列表中选择"玫瑰红"色，单击"确定"按钮，返回到"条件格式"对话框，单击"确定"按钮。

4. 图表的运用

第 16 步：在 Sheet3 工作表中选定原数据区域任意单元格，执行"数据"|"筛选"|"自动筛选"命令，即可在每个列字段后出现一个黑三角箭头。

第 17 步：单击"销量"后的下三角箭头，打开一下拉列表，在列表中选择"前 10 个"选项，打开"自动筛选前 10 个"对话框，如图 4-39 所示。

第 18 步：在"显示"下拉列表中选择"最大"选项，在后面的文本框中输入或选择"10"，单击"确定"按钮。

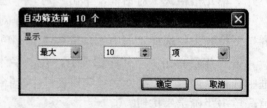

图 4-39　"自动筛选前 10 个"对话框

第 19 步：选中筛选后"省份"和"销量"

数据区域，执行"插入"|"图表"命令，打开"图表向导－4步骤之1－图表类型"对话框。

第20步：在"图表类型"列表框中选择"饼图"，在"子图表类型"列表中选择"复合饼图"项，单击"下一步"按钮，打开"图表向导－4步骤之2－图表源数据"对话框。

第21步：在"系列产生在"区域选中"列"单选按钮，单击"下一步"按钮，打开"图表向导－4步骤之3－图表选项"对话框。

第22步：单击"标题"选项卡，在"图表标题"文本框中输入"销售量表"，单击"数据标志"选项卡，在"数据标签包括"区域选中"值"复选框。

第23步：单击"下一步"按钮，打开"图表向导－4步骤之4－图表位置"对话框。选中"作为其中的对象插入"单选按钮，单击"完成"按钮。

5. 数据、文档的修订与保护

第24步：切换到Sheet2工作表，执行"工具"|"保护"|"保护工作表"命令，打开"保护工作表"对话框。

第25步：在"保护工作表"区域选中"保护工作表及锁定的单元格内容"复选框，在"密码"文本框中输入密码"giks4-1"，取消"允许此工作表的所有用户进行"列表中所有复选框的选中状态，单击"确定"按钮，打开"确认密码"提示框。

第26步：在"重新输入密码"文本框中输入密码，以做验证，单击"确定"按钮。

4.16　第16题解答

1. 表格的环境设置与修改

第1步：选中Sheet1工作表"002"所在行下方的空行，执行"编辑"|"删除"命令，即可将该空白行删除。

第2步：选中标题行，执行"格式"|"行"|"行高"命令，打开"行高"对话框，在"行高"文本框中输入"30.75"，单击"确定"按钮。

第3步：在Sheet1工作表标签上单击鼠标右键，在弹出的快捷菜单中选择"重命名"命令，然后输入"商品销售统计表"。

2. 表格格式的编排与修改

第4步：在Sheet1工作表中选中A1:E1单元格区域，执行"格式"|"单元格"命令，打开"单元格格式"对话框，单击"对齐"选项卡。

第5步：在"文本对齐方式"的"水平对齐"下拉列表中选择"居中"，在"垂直对齐"下拉列表中选择"居中"，选中"合并单元格"复选框。

第6步：单击"字体"选项卡，在"字体"列表框中选择"楷体"，在"字号"列表框中选择"14"，在"字形"列表框中选择"加粗"，在"颜色"下拉列表中选择"深蓝"色，单击"确定"按钮。

第7步：选中D4:E10单元格区域，执行"格式"|"单元格"命令，打开"单元格格式"对话框，单击"数字"选项卡。在"分类"列表中选择"货币"，在"小数位数"文本框中选择或者输入"2"，单击"确定"按钮。

第 8 步：选中 A3:E3 单元格区域，在"格式"工具栏上单击"居中"按钮；选中 A4:B10 单元格区域，在"格式"工具栏上单击"居中"按钮。

第 9 步：选中 A3:E10 单元格区域，执行"格式"|"单元格"命令，打开"单元格格式"对话框，单击"边框"选项卡。在"线条"区域的"样式"列表中选择"粗实线"，在"颜色"下拉列表中选择"梅红"色，在"预置"区域单击"外边框"和"内部"按钮，单击"确定"按钮。

3. 数据的管理与分析

第 10 步：选中 E4 单元格，输入公式"=D4/C4"，然后单击编辑栏上的"输入"按钮，即可得出结果。单击 E4 单元格，执行"编辑"|"复制"命令，在该单元格周围出现闪烁的边框，选中 E5:E9 单元格区域，执行"编辑"|"粘贴"命令。

第 11 步：在 Sheet2 工作表中选中"商品编号"所在列中的任意单元格，在"常用"工具栏中单击"升序排序"按钮。

第 12 步：在 Sheet3 工作表中选定数据区域任意单元格，执行"数据"|"筛选"|"自动筛选"命令，即可在每个列字段后出现一个黑三角箭头。

第 13 步：单击"销售量"后的下三角箭头，打开一下拉列表，在列表中选择"前 10 个"选项，打开"自动筛选前 10 个"对话框。

第 14 步：在"显示"下拉列表中选择"最大"选项，并在后面的文本框中输入或选择"3"，单击"确定"按钮。

4. 图表的运用

第 15 步：选中 Sheet3 工作表中的 B2:B8 和 E2:E8 数据区域，执行"插入"|"图表"命令，打开"图表向导－4 步骤之 1－图表类型"对话框。

第 16 步：在"图表类型"列表框中选择"折线图"，在"子图表类型"列表中选择"数据点折线图"项，单击"下一步"按钮，打开"图表向导－4 步骤之 2－图表源数据"对话框。

第 17 步：在"系列产生在"区域选中"列"单选按钮，单击"下一步"按钮，打开"图表向导－4 步骤之 3－图表选项"对话框。单击"标题"选项卡，在"图表标题"文本框中输入"家电商场 3 月份利润分析"。

第 18 步：单击"下一步"按钮，打开"图表向导－4 步骤之 4－图表位置"对话框。选中"作为其中的对象插入"单选按钮，单击"完成"按钮。

5. 数据、文档的修订与保护

第 19 步：切换到 Sheet2 工作表，执行"工具"|"保护"|"保护工作表"命令，打开"保护工作表"对话框。

第 20 步：在"保护工作表"区域选中"保护工作表及锁定的单元格内容"复选框，在"密码"文本框中输入密码"giks4-1"，取消"允许此工作表的所有用户进行"列表中所有复选框的选中状态，单击"确定"按钮，打开"确认密码"提示框。

第 21 步：在"重新输入密码"文本框中输入密码，以做验证，单击"确定"按钮。

4.17　第17题解答

1. 表格的环境设置与修改

第1步：选中Sheet1工作表标题行上方的空行，执行"编辑"|"删除"命令，即可将该空白行删除。

第2步：选中标题行，执行"格式"|"行"|"行高"命令，打开"行高"对话框，在"行高"文本框中输入"25.50"，单击"确定"按钮。

第3步：选中"居住用房面积"所在列，执行"格式"|"列"|"列宽"命令，打开"列宽"对话框，在"列宽"文本框中输入"24.13"，单击"确定"按钮。

2. 表格格式的编排与修改

第4步：在Sheet1工作表中选中A1:C1单元格区域，执行"格式"|"单元格"命令，打开"单元格格式"对话框，单击"对齐"选项卡。

第5步：在"文本对齐方式"的"水平对齐"下拉列表中选择"居中"，在"垂直对齐"下拉列表中选择"居中"，选中"合并单元格"复选框。

第6步：单击"字体"选项卡，在"字体"列表框中选择"新宋体"，在"字号"列表框中选择"18"，在"颜色"下拉列表中选择"梅红"色，单击"确定"按钮。

第7步：选中B3:C8单元格区域，执行"格式"|"单元格"命令，打开"单元格格式"对话框，单击"图案"选项卡。在"单元格底纹"区域的"颜色"列表中选择"茶色"，单击"确定"按钮。

第8步：选中C3:C8单元格区域，执行"格式"|"单元格"命令，打开"单元格格式"对话框，单击"数字"选项卡。在"分类"列表中选择"货币"，在"小数位数"文本框中选择或者输入"2"，单击"确定"按钮。

第9步：选中A2:C8单元格区域，执行"格式"|"单元格"命令，打开"单元格格式"对话框，单击"边框"选项卡。在"线条"区域的"样式"列表中选择"双实线"，在"颜色"下拉列表中选择"淡紫"色，在"预置"区域单击"外边框"和"内部"按钮，单击"确定"按钮。

3. 数据的管理与分析

第10步：选中B12单元格，单击"常用"工具栏上的"自动求和"按钮，在下拉列表中选择"求和"，在B12单元格中显示出求和函数，确保求和区域的正确性，然后单击编辑栏上的"输入"按钮，即可得出结果。

第11步：单击B12单元格，执行"编辑"|"复制"命令，在该单元格周围出现闪烁的边框，选中C12单元格区域，执行"编辑"|"粘贴"命令。

第12步：选中B13单元格，单击"常用"工具栏上的"自动求和"按钮，在下拉列表中选择"平均值"，在B13单元格中显示出平均值函数，确保求平均值区域的正确性，然后单击编辑栏上的"输入"按钮，即可得出结果。

第13步：单击B13单元格，执行"编辑"|"复制"命令，在该单元格周围出现闪烁的边框，选中C13单元格区域，执行"编辑"|"粘贴"命令。

第 14 步：选中 B4:B9 数据区域，执行"格式"|"条件格式"命令，打开"条件格式"对话框。

第 15 步：在"条件 1"运算符下拉列表中选择"大于"，然后在后面的文本框中输入"10"。

第 16 步：单击"格式"按钮，打开"单元格格式"对话框，单击"图案"选项卡，在"单元格底纹"区域的"颜色"列表中选择"金色"，单击"确定"按钮，返回到"条件格式"对话框，单击"确定"按钮。

第 17 步：在 Sheet3 工作表中选定原数据区域任意单元格，执行"数据"|"筛选"|"自动筛选"命令，即可在每个列字段后出现一个黑三角箭头。

第 18 步：单击"商场面积"后的下三角箭头，打开一下拉列表，在列表中选择"前 10 个"选项，打开"自动筛选前 10 个"对话框。在"显示"下拉列表中选择"最大"选项，并在后面的文本框中输入或选择"3"，单击"确定"按钮。

4. 图表的运用

第 19 步：选中 Sheet3 工作表中 A3:C9 数据区域，执行"插入"|"图表"命令，打开"图表向导 - 4 步骤之 1 - 图表类型"对话框。

第 20 步：在"图表类型"列表框中选择"条形图"，在"子图表类型"列表中选择"簇状条形图"项，单击"下一步"按钮，打开"图表向导 - 4 步骤之 2 - 图表源数据"对话框。

第 21 步：在"系列产生在"区域选中"列"单选按钮，单击"下一步"按钮，打开"图表向导 - 4 步骤之 3 - 图表选项"对话框。

第 22 步：单击"标题"选项卡，在"图表标题"文本框中输入"车库销售统计表"，单击"数据标志"选项卡，在"数据标签包括"区域选中"值"复选框。

第 23 步：单击"下一步"按钮，打开"图表向导 - 4 步骤之 4 - 图表位置"对话框。选中"作为其中的对象插入"单选按钮，单击"完成"按钮。

5. 数据、文档的修订与保护

第 24 步：切换到 Sheet2 工作表，执行"工具"|"保护"|"保护工作表"命令，打开"保护工作表"对话框。

第 25 步：在"保护工作表"区域选中"保护工作表及锁定的单元格内容"复选框，在"密码"文本框中输入密码"giks4-1"，取消"允许此工作表的所有用户进行"列表中所有复选框的选中状态，单击"确定"按钮，打开"确认密码"提示框。

第 26 步：在"重新输入密码"文本框中输入密码，以做验证，单击"确定"按钮。

4.18 第 18 题解答

1. 表格的环境设置与修改

第 1 步：选中 Sheet1 工作表"上海"所在行上方的空行，执行"编辑"|"删除"命令，即可将该空白行删除。

第 2 步：选中标题行，执行"格式"|"行"|"行高"命令，打开"行高"对话框，在

"行高"文本框中输入"28.50"，单击"确定"按钮。

第3步：选中A1单元格，在编辑栏左侧的名称框中输入"平均收入"，按下回车键。

2. 表格格式的编排与修改

第4步：在Sheet1工作表中选中A1:E1单元格区域，执行"格式"|"单元格"命令，打开"单元格格式"对话框，单击"对齐"选项卡。

第5步：在"文本对齐方式"的"水平对齐"下拉列表中选择"居中"，在"垂直对齐"下拉列表中选择"居中"，选中"合并单元格"复选框。

第6步：单击"字体"选项卡，在"字体"列表框中选择"楷体"，在"字形"列表框中选择"加粗"，在"颜色"下拉列表中选择"深红色"，单击"确定"按钮。

第7步：选中A2:E2单元格区域，执行"格式"|"单元格"命令，打开"单元格格式"对话框，单击"图案"选项卡。在"单元格底纹"区域的"颜色"列表中选择"浅蓝"色，单击"确定"按钮。

第8步：选中B3:E12单元格区域，执行"格式"|"单元格"命令，打开"单元格格式"对话框，单击"字体"选项卡。在"字体"列表框中选择"黑体"，在"字号"列表框中选择"10"。单击"数字"选项卡，在"分类"列表中选择"货币"，在"小数位数"文本框中选择或者输入"1"，单击"确定"按钮。

第9步：选中A3:E12单元格区域，执行"格式"|"单元格"命令，打开"单元格格式"对话框，单击"图案"选项卡。在"单元格底纹"区域的"颜色"列表中选择"浅黄"色，单击"确定"按钮。

第10步：选中A1:E12单元格区域，执行"格式"|"单元格"命令，打开"单元格格式"对话框，单击"边框"选项卡。在"线条"区域的"样式"列表中选择"粗双点划线"，在"颜色"下列表中选择"紫罗兰"色，在"预置"区域单击"外边框"和"内部"按钮，单击"确定"按钮。

3. 数据的管理与分析

第11步：在Sheet2工作表中选中B15单元格，单击"常用"工具栏上的"自动求和"按钮，在下拉列表中选择"平均值"，在B15单元格中显示出平均值函数，确保求平均值区域的正确性，然后单击编辑栏上的"输入"按钮，即可得出结果。

第12步：单击B15单元格，执行"编辑"|"复制"命令，在该单元格周围出现闪烁的边框，选中C15:E15单元格区域，执行"编辑"|"粘贴"命令。

第13步：在Sheet2工作表中选定"2007"字段所在的单元格，单击"常用"工具栏中的"升序排序"按钮，将"2007"所在的列的数据进行升序排列。

第14步：在Sheet2工作表中选定原数据区域任意单元格，执行"数据"|"筛选"|"自动筛选"命令，即可在每个列字段后出现一个黑三角箭头。

第15步：单击"2004"后的下三角箭头，打开一下拉列表，在列表中选择"自定义"选项，打开"自定义自动筛选方式"对话框。

第16步：在"2004"下拉列表中选择"小于"选项，并在后面的条件下拉列表中输入"2748"，单击"确定"按钮。

4. 图表的运用

第 17 步：选中 Sheet3 工作表 A3:E14 中的数据区域，执行"插入"|"图表"命令，打开"图表向导－4 步骤之 1－图表类型"对话框。

第 18 步：在"图表类型"列表框中选择"柱形图"，在"子图表类型"列表中选择"簇状柱形图"项，单击"下一步"按钮，打开"图表向导－4 步骤之 2－图表源数据"对话框，

第 19 步：在"系列产生在"区域选中"行"单选按钮，单击"下一步"按钮，打开"图表向导－4 步骤之 3－图表选项"对话框。单击"标题"选项卡，在"图表标题"文本框中输入"平均每人纯收入图表"。

第 20 步：单击"下一步"按钮，打开"图表向导－4 步骤之 4－图表位置"对话框。选中"作为其中的对象插入"单选按钮，单击"完成"按钮。

5. 数据、文档的修订与保护

第 21 步：切换到 Sheet2 工作表，执行"工具"|"保护"|"保护工作表"命令，打开"保护工作表"对话框。

第 22 步：在"保护工作表"区域选中"保护工作表及锁定的单元格内容"复选框，在"密码"文本框中输入密码"giks4-1"，取消"允许此工作表的所有用户进行"列表中所有复选框的选中状态，单击"确定"按钮，打开"确认密码"提示框。

第 23 步：在"重新输入密码"文本框中输入密码，以做验证，单击"确定"按钮。

4.19　第 19 题解答

1. 表格的环境设置与修改

第 1 步：选中 Sheet1 工作表"月份"所在行下方的空行，执行"编辑"|"删除"命令，即可将该空白行删除。

第 2 步：选中标题行，执行"格式"|"行"|"行高"命令，打开"行高"对话框，在"行高"文本框中输入"18.75"，单击"确定"按钮。

第 3 步：在 Sheet1 工作表标签上单击鼠标右键，在弹出的快捷菜单中选择"重命名"命令，然后输入"数据统计表"。

2. 表格格式的编排与修改

第 4 步：在 Sheet1 工作表中选中 A1:E1 单元格区域，执行"格式"|"单元格"命令，打开"单元格格式"对话框，单击"对齐"选项卡。

第 5 步：在"文本对齐方式"的"水平对齐"下拉列表中选择"居中"，在"垂直对齐"下拉列表中选择"居中"，选中"合并单元格"复选框。

第 6 步：单击"字体"选项卡，在"字体"列表框中选择"黑体"，在"字号"列表框中选择"14"，在"颜色"下拉列表中选择"粉红"色，单击"确定"按钮。

第 7 步：选中 A2:E2 单元格区域，在"格式"工具栏的"字体"下拉列表中选择"楷体"，在"字号"下拉列表中选择"11"，在字体颜色下拉列表中选择"褐色"，单击"加粗"按钮。

第 8 步：选中 B3:D8 单元格区域，在"格式"工具栏上单击"千位分隔样式"按钮。

第 9 步：选中 B3:E8 单元格区域，执行"格式"|"单元格"命令，打开"单元格格式"对话框，单击"图案"选项卡。在"单元格底纹"区域的"颜色"列表中选择"玫瑰红"，单击"确定"按钮。

第 10 步：选中 A2:E8 单元格区域，执行"格式"|"单元格"命令，打开"单元格格式"对话框，单击"边框"选项卡。在"线条"区域的"样式"列表中选择"双实线"，在"颜色"下列表中选择"蓝色"，在"预置"区域单击"外边框"和"内部"按钮，单击"确定"按钮。

3. 数据的管理与分析

第 11 步：在 Sheet2 工作表中选中 B11 单元格，单击"常用"工具栏上的"自动求和"按钮，在下拉列表中选择"平均值"，在 B11 单元格中显示出平均值函数，确保求平均值区域的正确性，然后单击编辑栏上的"输入"按钮，即可得出结果。

第 12 步：单击 B11 单元格，执行"编辑"|"复制"命令，在该单元格周围出现闪烁的边框，选中 C11:E11 单元格区域，执行"编辑"|"粘贴"命令。

第 13 步：选中 B4:B9 单元格区域，执行"格式"|"条件格式"命令，打开"条件格式"对话框。

第 14 步：在"条件 1"运算符下拉列表中选择"介于"，然后在第一个文本框中输入"1120"，在第二个文本框中输入"1162"。

第 15 步：单击"格式"按钮，打开"单元格格式"对话框，单击"图案"选项卡，在"单元格底纹"区域的"颜色"列表中选择"海绿"色，单击"确定"按钮，返回到"条件格式"对话框，单击"确定"按钮。

第 16 步：在 Sheet2 工作表中选定"总市值"字段所在的单元格，单击"常用"工具栏中的"升序排序"按钮，将"总市值"所在列的数据进行升序排列。

4. 图表的运用

第 17 步：选中 Sheet3 工作表中 A2:B8 数据区域，执行"插入"|"图表"命令，打开"图表向导 - 4 步骤之 1 - 图表类型"对话框。

第 18 步：在"图表类型"列表框中选择"折线图"，在"子图表类型"列表中选择"折线图"项，单击"下一步"按钮，打开"图表向导 - 4 步骤之 2 - 图表源数据"对话框。

第 19 步：在"系列产生在"区域选中"列"单选按钮，单击"下一步"按钮，打开"图表向导 - 4 步骤之 3 - 图表选项"对话框。单击"标题"选项卡，在"图表标题"文本框中输入"指数变化"。

第 20 步：单击"下一步"按钮，打开"图表向导 - 4 步骤之 4 - 图表位置"对话框。选中"作为其中的对象插入"单选按钮，单击"完成"按钮。

5. 数据、文档的修订与保护

第 21 步：切换到 Sheet2 工作表，执行"工具"|"保护"|"保护工作表"命令，打开"保护工作表"对话框。

第 22 步：在"保护工作表"区域选中"保护工作表及锁定的单元格内容"复选框，在

"密码"文本框中输入密码"giks4-1"，取消"允许此工作表的所有用户进行"列表中所有复选框的选中状态，单击"确定"按钮，打开"确认密码"提示框。

第23步：在"重新输入密码"文本框中输入密码，以做验证，单击"确定"按钮。

4.20　第20题解答

1. 表格的环境设置与修改

第1步：选中 Sheet1 工作表标题行下方的空行，执行"编辑"|"删除"命令，即可将该空白行删除。

第2步：选中标题行，执行"格式"|"行"|"行高"命令，打开"行高"对话框，在"行高"文本框中输入"25.50"，单击"确定"按钮。

第3步：在 Sheet1 工作表标签上单击鼠标右键，在弹出的快捷菜单中选择"重命名"命令，然后输入"鲜花统计表"。

2. 表格格式的编排与修改

第4步：在 Sheet1 工作表中选中 A1:E1 单元格区域，执行"格式"|"单元格"命令，打开"单元格格式"对话框，单击"对齐"选项卡。

第5步：在"文本对齐方式"的"水平对齐"下拉列表中选择"居中"，在"垂直对齐"下拉列表中选择"靠下"，选中"合并单元格"复选框。

第6步：单击"字体"选项卡，在"字体"列表框中选择"仿宋"，在"字号"列表框中选择"14"，在"字形"列表框中选择"加粗"，在"颜色"下拉列表中选择"淡紫色"。单击"图案"选项卡，在"单元格底纹"区域的"颜色"列表中选择"紫罗兰"，单击"确定"按钮。

第7步：选中 A2:B10 单元格区域，在"格式"工具栏的"字体"下拉列表中选择"楷体"，在"字号"下拉列表中选择"11"，在字体颜色下拉列表中选择"淡蓝"色。

第8步：选中 C2:E10 单元格区域，在"格式"工具栏的字体颜色下拉列表中选择"红色"，单击"居中"按钮。

第9步：选中 A2:E10 单元格区域，执行"格式"|"单元格"命令，打开"单元格格式"对话框，单击"图案"选项卡，在"单元格底纹"区域的"颜色"列表中选择"浅青绿"色，单击"确定"按钮。

第10步：选中 A1:E10 单元格区域，执行"格式"|"单元格"命令，打开"单元格格式"对话框，单击"边框"选项卡。在"线条"区域的"样式"列表中选择"粗点划线"，在"颜色"下拉列表中选择"绿色"，在"预置"区域单击"外边框"和"内部"按钮，单击"确定"按钮。

3. 数据的管理与分析

第11步：在 Sheet2 工作表中选中 F4 单元格，单击"常用"工具栏上的"自动求和"按钮，在下拉列表中选择"求和"，在 F4 单元格中显示出求和函数，确保求和区域的正确性，然后单击编辑栏上的"输入"按钮，即可得出结果。

第 12 步：单击 F4 单元格，执行"编辑"|"复制"命令，在该单元格周围出现闪烁的边框，选中 F5:F14 单元格区域，执行"编辑"|"粘贴"命令。

第 13 步：选中 C4:E14 单元格区域，执行"格式"|"条件格式"命令，打开"条件格式"对话框。

第 14 步：在"条件 1"运算符下拉列表中选择"大于或等于"，然后在后面的文本框中输入"600"。

第 15 步：单击"格式"按钮，打开"单元格格式"对话框，单击"图案"选项卡，在"单元格底纹"区域的"颜色"列表中选择"玫瑰红"色，单击"确定"按钮，返回到"条件格式"对话框，单击"确定"按钮。

第 16 步：在 Sheet2 工作表中选定"经销商"字段所在列的任一单元格，单击"常用"工具栏中的"升序排序"按钮，将"经销商"字段进行升序排列。

第 17 步：执行"数据"|"分类汇总"命令，打开"分类汇总"对话框。

第 18 步：在"分类字段"下拉列表中选择"经销商"项，在"汇总方式"下拉列表中选择"求和"命令，在"选定汇总项"列表中选中"2008-2-12"、"2008-2-13"、"2008-2-14"和"三天销售总和"4 项，选中"汇总结果显示在数据下方"复选框，单击"确定"按钮。

4. 图表的运用

第 19 步：选中 Sheet3 工作表中 A2:A9 和 C2:E9 数据区域，执行"插入"|"图表"命令，打开"图表向导 - 4 步骤之 1 - 图表类型"对话框。

第 20 步：在"图表类型"列表框中选择"折线图"，在"子图表类型"列表中选择"数据点折线图"项，单击"下一步"按钮，打开"图表向导 - 4 步骤之 2 - 图表源数据"对话框。

第 21 步：在"系列产生在"区域选中"行"单选按钮，单击"下一步"按钮，打开"图表向导 - 4 步骤之 3 - 图表选项"对话框。单击"标题"选项卡，在"图表标题"文本框中输入"鲜花销量统计图表"。单击"下一步"按钮，打开"图表向导 - 4 步骤之 4 - 图表位置"对话框。选中"作为其中的对象插入"单选按钮，单击"完成"按钮。

5. 数据、文档的修订与保护

第 22 步：切换到 Sheet2 工作表，执行"工具"|"保护"|"保护工作表"命令，打开"保护工作表"对话框。

第 23 步：在"保护工作表"区域选中"保护工作表及锁定的单元格内容"复选框，在"密码"文本框中输入密码"giks4-1"，取消"允许此工作表的所有用户进行"列表中所有复选框的选中状态，单击"确定"按钮，打开"确认密码"提示框。

第 24 步：在"重新输入密码"文本框中输入密码，以做验证，单击"确定"按钮。

第五单元　数据表处理的综合操作

5.1　第 1 题解答

1. 模拟运算

第 1 步：在 Sheet1 工作表上选中 E3 单元格，执行"插入"|"函数"命令，打开"插入函数"对话框，如图 5-01 所示。

第 2 步：在"或选择类别"下拉列表中选择"财务"，在"选择函数"列表框中选择"FV"，单击"确定"按钮，打开"函数参数"对话框，如图 5-02 所示。

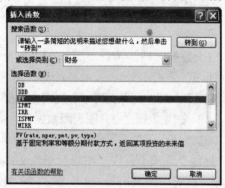
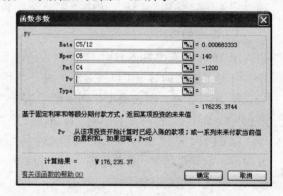

图 5-01　"插入函数"对话框　　　　图 5-02　"函数参数"对话框

第 3 步：在"Rate"文本框中输入"C5/12"，在"Nper"文本框中输入"C6"，在"Pmt"文本框中输入"C4"，单击"确定"按钮，即可求出结果。

第 4 步：选中 D3:E7 单元格区域，执行"数据"|"模拟运算表"命令，打开"模拟运算表"对话框，如图 5-03 所示。

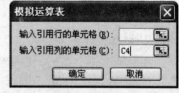

第 5 步：在"输入引用列的单元格"文本框中输入"C4"，单击"确定"按钮。

图 5-03　"模拟运算表"对话框

2. 创建、编辑、总结方案

第 6 步：执行"工具"|"方案"命令，打开"方案管理器"对话框，单击"添加"按钮，打开"编辑方案"对话框，如图 5-04 所示。

第 7 步：在"方案名"文本框中输入"KS5-1"，在"可变单元格"文本框中输入"D4:D7"，单击"确定"按钮，打开"方案变量值"对话框，如图 5-05 所示。

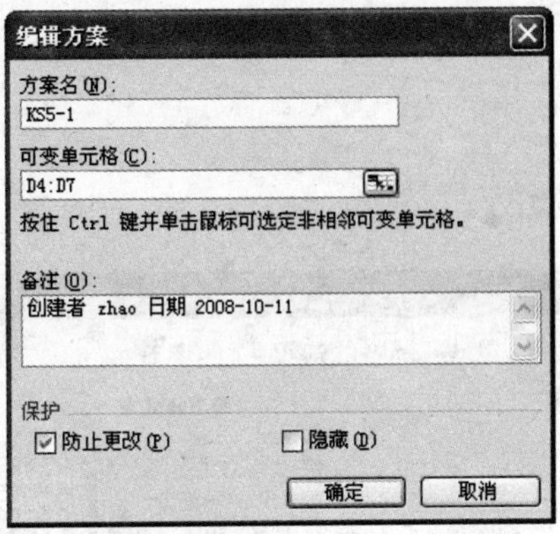

图 5-04 "编辑方案"对话框 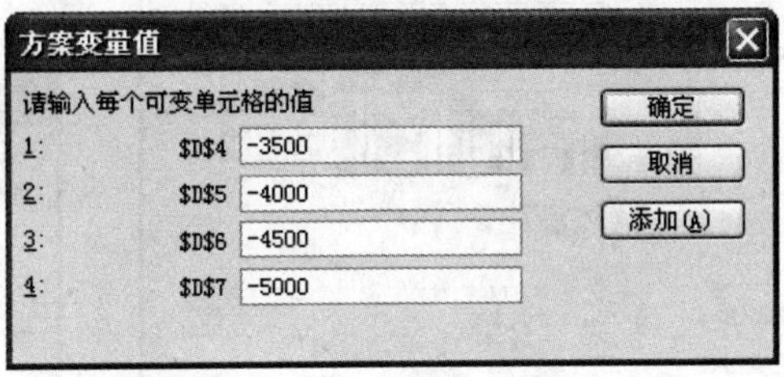 图 5-05 "方案变量值"对话框

第 8 步：在"请输入每个可变单元格的值"下列文本框中分别输入"－3500、－4000、－4500、－5000"，单击"确定"按钮，返回到"方案管理器"对话框，如图 5-06 所示。

第 9 步：单击"摘要"按钮，打开"方案摘要"对话框，如图 5-07 所示。

第 10 步：在"结果单元格"文本框中输入"E4:E7"，单击"确定"按钮。

图 5-06 "方案管理器"对话框

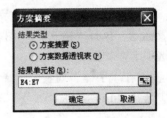

图 5-07 "方案摘要"对话框

3. 创建编辑图表

第 11 步：选中 Sheet3 工作表 B4:G9 单元格区域的数据，执行"插入"|"图表"命令，打开"图表向导－4 步骤之 1－图表类型"对话框，如图 5-08 所示。

第 12 步：在"图表类型"列表框中选择"柱形图"，在"子图表类型"列表中选择"簇状柱形图"项，单击"下一步"按钮，打开"图表向导－4 步骤之 2－图表源数据"对话框，如图 5-09 所示。

第 13 步：在"系列产生在"区域

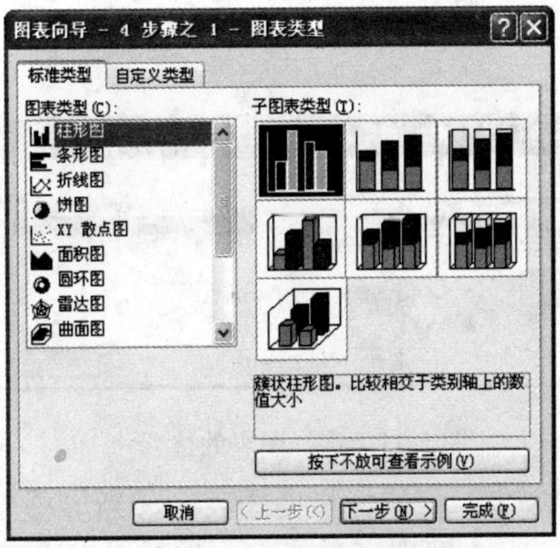

图 5-08 选择图表类型

选中"行"单选按钮，单击"下一步"按钮，打开"图表向导－4 步骤之 3－图表选项"对话框，单击"标题"选项卡，如图 5-10 所示。

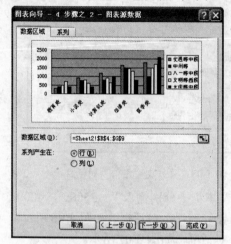

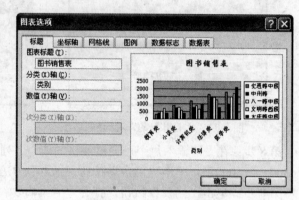

图 5-09   设置单元格数字格式   图 5-10   设置图表标题

第 14 步：在"图表标题"文本框中输入"图书销售表"，在"分类轴"文本框中输入"类别"，单击"下一步"按钮，打开"图表向导-4 步骤之 4-图表位置"对话框，如图 5-11 所示。

第 15 步：选中"作为新工作表插入"单选按钮，单击"完成"按钮。

第 16 步：在图表工作表中将鼠标指向图表标题，当屏幕显示"图表标题"时，单击鼠标选中图表标题，执行"格式"|"图表标题"命令，打开"图表标题格式"对话框，选择"字体"选项卡，如图 5-12 所示。

第 17 步：在"字体"列表中选择"楷体"，在"字形"列表中选择"加粗"，在"字号"列表中选择"16"，在"颜色"下拉列表中选择"红色"，单击"确定"按钮。

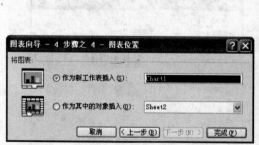

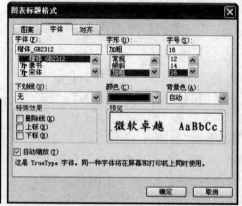

图 5-11   选择图表的位置   图 5-12   "图表标题格式"对话框

第 18 步：将鼠标指向图表区，当屏幕显示"图表区"时，单击鼠标选中图表区，执行"格式"|"图表区"命令，打开"图表区格式"对话框，选择"图案"选项卡，如图 5-13 所示。

第 19 步：在"区域"区域单击"填充效果"按钮，打开"填充效果"对话框。选择"纹理"选项卡，如图 5-14 所示。在"纹理"列表中选择"蓝色面巾纸"，依次单击"确定"按钮，返回图表工作表。

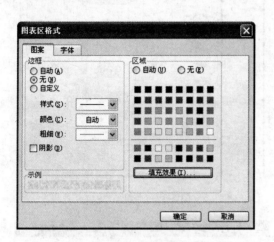

图 5-13 "图表区格式"对话框

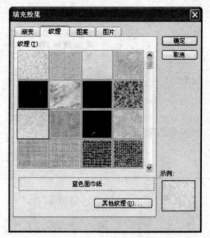

图 5-14 设置纹理填充效果

第 20 步：将鼠标指向横坐标轴，当屏幕显示"分类轴"时，单击鼠标选中横坐标轴，执行"格式"|"坐标轴"命令，打开"坐标轴格式"对话框，选择"图案"选项卡，如图 5-15 所示。

第 21 步：在"坐标轴"区域选择"自定义"选项，在"样式"下拉列表中选择"实线"，在"颜色"下拉列表中选择"蓝色"，在"粗细"下拉列表中选择"细线条"，单击"确定"按钮。

第 22 步：将鼠标指向纵坐标轴，当屏幕显示"数值轴"时，单击鼠标选中纵坐标轴，执行"格式"|"坐标轴"命令，打开"坐标轴格式"对话框，选择"图案"选项卡。在"坐标轴"区域选择"自定义"选项，在"样式"下拉列表中选择"实线"，在"颜色"下拉列表中选择"蓝色"，在"粗细"下拉列表中选择"细线条"，单击"确定"按钮。

图 5-15 "坐标轴格式"对话框

第 23 步：将鼠标指向绘图区，当屏幕显示"绘图区"时，单击鼠标选中绘图区，执行"格式"|"绘图区"命令，打开"绘图区格式"对话框，如图 5-16 所示。

第 24 步：在"区域"区域单击"填充效果"按钮，打开"填充效果"对话框。选择"渐变"选项卡，如图 5-17 所示。在"颜色"区域选择"预设"选项，在"预设颜色"下拉列表中选择"金色年华"，依次单击"确定"按钮，返回图表工作表。

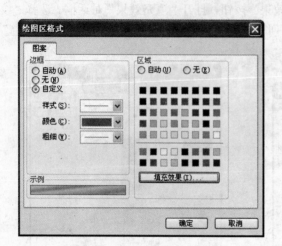

图 5-16　"绘图区格式"对话框

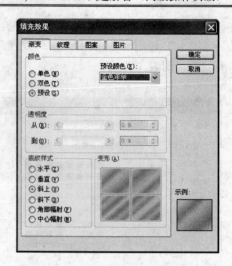

图 5-17　设置渐变填充效果

第 25 步：将鼠标指向绘图区的"交通路中段"系列，单击鼠标选中"交通路中段"系列，执行"格式"|"数据系列"命令，打开"数据系列格式"对话框，选中"误差线"选项卡，如图 5-18 所示。

第 26 步：在"显示方式"区域选中"正偏差"选项，在"误差量"区域选中"定值"选项，在其后的文本框中输入"100"。单击"确定"按钮，返回图表工作表。

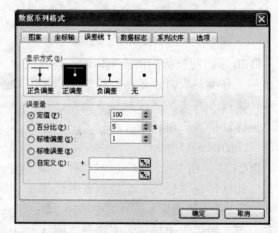

图 5-18　"数据系列格式"对话框

5.2　第 2 题解答

1．模拟运算

第 1 步：在 Sheet1 工作表上选中 E3 单元格，执行"插入"|"函数"命令，打开"插入函数"对话框。

第 2 步：在"或选择类别"下拉列表中选择"财务"，在"选择函数"列表框中选择"PMT"，单击"确定"按钮，打开"函数参数"对话框，如图 5-19 所示。

第 3 步：在"Rate"文本框中输入"C5/12"，在"Nper"文本框中输入"C6"，在"Pv"文本框中输入"C4"，单击"确定"按钮即可求出结果。

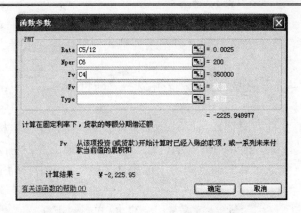

图 5-19　"函数参数"对话框

第 4 步：选中 D3:E8 单元格区域，执行"数据"|"模拟运算表"命令，打开"模拟运算表"对话框。

第 5 步：在"输入引用列的单元格"文本框中输入"C5"，单击"确定"按钮。

2. 创建、编辑、总结方案

第 6 步：执行"工具"|"方案"命令，打开"方案管理器"对话框，单击"添加"按钮，打开"编辑方案"对话框。

第 7 步：在"方案名"文本框中输入"KS5-2"，在"可变单元格"文本框中输入"D4:D8"，单击"确定"按钮，打开"方案变量值"对话框。

第 8 步：在"请输入每个可变单元格的值"下列文本框中分别输入"7%、8%、9%、10%、11%"，单击"确定"按钮，返回到"方案管理器"对话框。

第 9 步：单击"摘要"按钮，打开"方案摘要"对话框。

第 10 步：在"结果单元格"文本框中输入"E4:E8"，单击"确定"按钮。

3. 创建编辑图表

第 11 步：选中 Sheet2 工作表 B4:F10 单元格区域的数据，执行"插入"|"图表"命令，打开"图表向导 - 4 步骤之 1 - 图表类型"对话框。在"图表类型"列表框中选择"柱形图"，在"子图表类型"列表中选择"三维簇状柱形图"项。

第 12 步：单击"下一步"按钮，打开"图表向导 - 4 步骤之 2 - 图表源数据"对话框，在"系列产生在"区域选中"行"单选按钮。

第 13 步：单击"下一步"按钮，打开"图表向导 - 4 步骤之 3 - 图表选项"对话框，单击"标题"选项卡。在"图表标题"文本框中输入"电器销售表"。

第 14 步：单击"下一步"按钮，打开"图表向导 - 4 步骤之 4 - 图表位置"对话框，选中"作为新工作表插入"单选按钮，单击"完成"按钮。

第 15 步：在图表工作表中将鼠标指向图表标题，当屏幕显示"图表标题"时，单击鼠标选中图表标题，执行"格式"|"图表标题"命令，打开"图表标题格式"对话框，选中"字体"选项卡。

第 16 步：在"字体"列表中选择"新宋体"，在"字形"列表中选择"加粗"，在"字号"列表中选择"14"，单击"确定"按钮。

第 17 步：将鼠标指向背景墙区的"洗衣机"系列，单击鼠标选中"洗衣机"系列，执行"格式"|"数据系列"命令，打开"数据系列格式"对话框，选择"图案"选项卡，如图 5-20 所示。

第 18 步：在"内部"区域的颜色列表中选择"灰色-40%"，单击"确定"按钮，返回图表工作表。

第 19 步：将鼠标指向背景墙，当屏幕显示"背景墙"时，单击鼠标选中背景墙，执行"格式"|"背景墙"命令，打开"背景墙格式"对话框，如图 5-21 所示。

第 20 步：在"区域"区域的颜色列表中选择"茶色"，单击"确定"按钮，返回图表工作表。

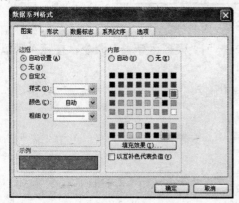

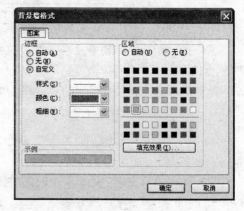

图 5-20　设置数据系列图案　　　　　图 5-21　设置背景墙图案

第 21 步：将鼠标指向背景墙区的网格线，当屏幕显示"数据轴主要网格线"时，单击鼠标选中网格线，执行"格式"|"网格线"命令，打开"网格线格式"对话框，选择"图案"选项卡，如图 5-22 所示。

第 22 步：在"线条"区域选择"自定义"选项，在"颜色"下拉列表中选择"蓝色"，单击"确定"按钮，返回图表工作表。

第 23 步：将鼠标指向图例文字，当屏幕显示"图例"时，单击鼠标选中图例文字，执行"格式"|"图例"命令，打开"图例格式"对话框，选择"字体"选项卡，如图 5-23 所示。

第 24 步：在"颜色"下拉列表中选择"浅蓝"色，单击"确定"按钮，返回图表工作表。

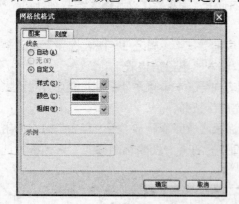

图 5-22　"网格线格式"对话框　　　　图 5-23　"图例格式"对话框

5.3 第3题解答

1. 模拟运算

第1步：在Sheet1工作表上选中E3单元格，执行"插入"|"函数"命令，打开"插入函数"对话框。

第2步：在"或选择类别"下拉列表中选择"财务"，在"选择函数"列表框中选择"PMT"，单击"确定"按钮，打开"函数参数"对话框。

第3步：在"Rate"文本框中输入"C5/12"，在"Nper"文本框中输入"C6"，在"Pv"文本框中输入"C4"，单击"确定"按钮，即可求出结果。

第4步：选中D3:E8单元格区域，执行"数据"|"模拟运算表"命令，打开"模拟运算表"对话框。

第5步：在"输入引用列的单元格"文本框中输入"C5"，单击"确定"按钮。

2. 创建、编辑、总结方案

第6步：执行"工具"|"方案"命令，打开"方案管理器"对话框，单击"添加"按钮，打开"编辑方案"对话框。

第7步：在"方案名"文本框中输入"KS5-3"，在"可变单元格"文本框中输入"D4:D8"，单击"确定"按钮，打开"方案变量值"对话框。

第8步：在"请输入每个可变单元格的值"下列文本框中分别输入"6%、7%、8%、9%、10%"，单击"确定"按钮，返回到"方案管理器"对话框。

第9步：单击"摘要"按钮，打开"方案摘要"对话框。

第10步：在"结果单元格"文本框中输入"E4:E8"，单击"确定"按钮。

3. 创建编辑图表

第11步：选中Sheet2工作表B5:E13单元格区域的数据，执行"插入"|"图表"命令，打开"图表向导-4步骤之1-图表类型"对话框。在"图表类型"列表框中选择"圆柱图"，在"子图表类型"列表中选择"柱形圆柱图"项。

第12步：单击"下一步"按钮，打开"图表向导-4步骤之2-图表源数据"对话框，在"系列产生在"区域选中"行"单选按钮。

第13步：单击"下一步"按钮，打开"图表向导-4步骤之3-图表选项"对话框，单击"标题"选项卡。在"图表标题"文本框中输入"工资表"。

第14步：单击"下一步"按钮，打开"图表向导-4步骤之4-图表位置"对话框，选择"作为新工作表插入"单选按钮，单击"完成"按钮。

第15步：在图表工作表中将鼠标指向"孙雪"系列，单击鼠标选中"孙雪"系列，执行"格式"|"数据系列"命令，打开"数据系列格式"对话框，选择"系列次序"选项卡，如图5-24所示。

第16步：在"系列次序"列表中选择"孙雪"，单击"上移"按钮，使其位于"张丽芬"系列的上面，单击"确定"按钮，返回图表工作表。

第17步：在图表工作表中将鼠标指向图表标题，当屏幕显示"图表标题"时，单击鼠

标选中图表标题，执行"格式"|"图表标题"命令，打开"图表标题格式"对话框，选择"字体"选项卡。

第 18 步：在"字体"列表中选择"楷体"，在"字形"列表中选择"加粗"，在"字号"列表中选择"16"，在"颜色"下拉列表中选择"梅红"色，单击"确定"按钮。

第 19 步：将鼠标指向背景墙，当屏幕显示"背景墙"时，单击鼠标选中背景墙，执行"格式"|"背景墙"命令，打开"背景墙格式"对话框。

第 20 步：在"区域"区域单击"填充效果"按钮，打开"填充效果"对话框，选择"渐变"选项卡。在"颜色"区域选中"预设"，在"预设颜色"下拉列表中选择"心如止水"，依次单击"确定"按钮，返回图表工作表。

第 21 步：将鼠标指向横坐标轴，当屏幕显示"分类轴"时，单击鼠标选中横坐标轴，执行"格式"|"坐标轴"命令，打开"坐标轴格式"对话框，选择"字体"选项卡，如图 5-25 所示。

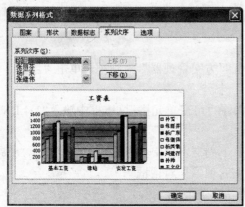

图 5-24　设置系列次序

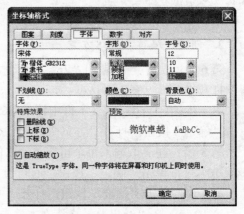

图 5-25　设置坐标轴字体

第 22 步：在"颜色"下拉列表中选择"红色"选项，单击"确定"按钮。

第 23 步：将鼠标指向纵坐标轴，当屏幕显示"数值轴"时，单击鼠标选中纵坐标轴，执行"格式"|"坐标轴"命令，打开"坐标轴格式"对话框，选择"字体"选项卡。在"颜色"下拉列表中选择"红色"选项，单击"确定"按钮。

5.4　第 4 题解答

1. 模拟运算

第 1 步：在 Sheet1 工作表上选中 E3 单元格，执行"插入"|"函数"命令，打开"插入函数"对话框。

第 2 步：在"或选择类别"下拉列表中选择"财务"，在"选择函数"列表框中选择"FV"，单击"确定"按钮，打开"函数参数"对话框。

第 3 步：在"Rate"文本框中输入"C5/12"，在"Nper"文本框中输入"C6"，在"Pmt"文本框中输入"C4"，单击"确定"按钮，即可求出结果。

第4步：选中 D3:E9 单元格区域，执行"数据"|"模拟运算表"命令，打开"模拟运算表"对话框。

第5步：在"输入引用列的单元格"文本框中输入"C4"，单击"确定"按钮。

2. 创建、编辑、总结方案

第6步：执行"工具"|"方案"命令，打开"方案管理器"对话框，单击"添加"按钮，打开"编辑方案"对话框。

第7步：在"方案名"文本框中输入"KS5-4"，在"可变单元格"文本框中输入"D4:D9"，单击"确定"按钮，打开"方案变量值"对话框。

第8步：在"请输入每个可变单元格的值"下列文本框中分别输入"-7500、-8000、-8500、-9000、-9500、-10000"，单击"确定"按钮，返回到"方案管理器"对话框。

第9步：单击"摘要"按钮，打开"方案摘要"对话框。

第10步：在"结果单元格"文本框中输入"E4:E9"，单击"确定"按钮。

3. 创建编辑图表

第11步：选中 Sheet2 工作表 C7:E15 单元格区域的数据，执行"插入"|"图表"命令，打开"图表向导－4 步骤之 1－图表类型"对话框。在"图表类型"列表框中选择"饼图"，在"子图表类型"列表中选择"三维饼图"项。

第12步：单击"下一步"按钮，打开"图表向导－4 步骤之 2－图表源数据"对话框，在"系列产生在"区域选中"列"单选按钮。

第13步：单击"下一步"按钮，打开"图表向导－4 步骤之 3－图表选项"对话框，单击"标题"选项卡。在"图表标题"文本框中输入"材料销售表"。单击"数据标志"选项卡，在"数据标签包括"区域选中"值"复选框。

第14步：单击"下一步"按钮，打开"图表向导－4 步骤之 4－图表位置"对话框，选中"作为新工作表插入"单选按钮，单击"完成"按钮。

第15步：在图表工作表中将鼠标指向图表区，当屏幕显示"图表区"字样时，单击鼠标选中图表区，执行"格式"|"图表区"命令，打开"图表区格式"对话框，选择"图案"选项卡。

第16步：在"区域"区域单击"填充效果"按钮，打开"填充效果"对话框，选中"纹理"选项卡。在"纹理"列表中选中"信纸"，依次单击"确定"按钮，返回图表工作表。

第17步：将鼠标指向图表标题，当屏幕显示"图表标题"时，单击鼠标选中图表标题，执行"格式"|"图表标题"命令，打开"图表标题格式"对话框。

第18步：选择"字体"选项卡，在"字体"列表中选择"仿宋"，在"字号"列表中选择"16"。选择"图案"选项卡，在"区域"区域的颜色列表中选择"酸橙色"，单击"确定"按钮。

第19步：将鼠标指向图表中的数据标志，单击鼠标选中数据标志，执行"格式"|"数据标志"命令，打开"数据标志格式"对话框，选择"数字"选项卡。

第20步：在"分类"列表中选择"货币"选项，在"货币符号"下拉列表中选择样文所示货币符号，单击"确定"按钮。

5.5　第 5 题解答

1.　模拟运算

第 1 步：在 Sheet1 工作表上选中 E3 单元格，执行"插入"|"函数"命令，打开"插入函数"对话框。

第 2 步：在"或选择类别"下拉列表中选择"财务"，在"选择函数"列表框中选择"FV"，单击"确定"按钮，打开"函数参数"对话框。

第 3 步：在"Rate"文本框中输入"C5/12"，在"Nper"文本框中输入"C6"，在"Pmt"文本框中输入"C4"，单击"确定"按钮，即可求出结果。

第 4 步：选中 D3:E7 单元格区域，执行"数据"|"模拟运算表"命令，打开"模拟运算表"对话框。

第 5 步：在"输入引用列的单元格"文本框中输入"C4"，单击"确定"按钮。

2.　创建、编辑、总结方案

第 6 步：执行"工具"|"方案"命令，打开"方案管理器"对话框，单击"添加"按钮，打开"编辑方案"对话框。

第 7 步：在"方案名"文本框中输入"KS5-5"，在"可变单元格"文本框中输入"D4:D7"，单击"确定"按钮，打开"方案变量值"对话框。

第 8 步：在"请输入每个可变单元格的值"下列文本框中分别输入"-2000、-2500、-3000、-3500"，单击"确定"按钮，返回到"方案管理器"对话框。

第 9 步：单击"摘要"按钮，打开"方案摘要"对话框。

第 10 步：在"结果单元格"文本框中输入"E4:E7"，单击"确定"按钮。

3.　创建编辑图表

第 11 步：选中 Sheet2 工作表 C5:F13 单元格区域的数据，执行"插入"|"图表"命令，打开"图表向导 - 4 步骤之 1 - 图表类型"对话框。在"图表类型"列表框中选择"柱形图"，在"子图表类型"列表中选择"簇状柱形图"项。

第 12 步：单击"下一步"按钮，打开"图表向导 - 4 步骤之 2 - 图表源数据"对话框，在"系列产生在"区域选中"列"单选按钮。

第 13 步：单击"下一步"按钮，打开"图表向导 - 4 步骤之 3 - 图表选项"对话框，单击"标题"选项卡。在"图表标题"文本框中输入"销售情况表"。

第 14 步：单击"下一步"按钮，打开"图表向导 - 4 步骤之 4 - 图表位置"对话框，选中"作为新工作表插入"单选按钮，单击"完成"按钮。

第 15 步：在图表工作表中将鼠标指向绘图区，当屏幕显示"绘图区"字样时，单击鼠标选中绘图区，执行"格式"|"绘图区"命令，打开"绘图区格式"对话框。

第 16 步：在"区域"区域的颜色列表中选择"淡紫"色，单击"确定"按钮，返回图表工作表。

第 17 步：将鼠标指向图表标题，当屏幕显示"图表标题"时，单击鼠标选中图表标题，执行"格式"|"图表标题"命令，打开"图表标题格式"对话框。

第18步：选择"字体"选项卡，在"字体"列表中选择"黑体"，在"颜色"下拉列表中选择"粉红"色，在"下划线"下拉列表中选择"单下划线"，单击"确定"按钮。

第19步：将鼠标指向"二月"系列，单击鼠标选择"二月"系列，执行"格式"|"数据系列"命令，打开"数据系列格式"对话框，选择"图案"选项卡。

第20步：在"区域"区域的颜色列表中选择"蓝色"，单击"确定"按钮，返回图表工作表。

第21步：将鼠标指向网格线，当屏幕显示"数据轴主要网格线"时，单击鼠标选中网格线，执行"格式"|"网格线"命令，打开"网格线格式"对话框，选择"图案"选项卡。

第22步：在"线条"区域选择"自定义"选项，在"颜色"下拉列表中选择"红色"，单击"确定"按钮，返回图表工作表。

5.6　第6题解答

1. 数据透视表

第1步：在Sheet1工作表中单击数据区域的任一单元格，执行"数据"|"数据透视表和数据透视图"命令，打开"数据透视表和数据透视图向导—3步骤之1"对话框，如图5-26所示。

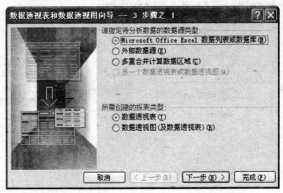

图5-26　"数据透视表和数据透视图向导—3步骤之1"对话框

第2步：在"所需创建的报表类型"区域选中"数据透视表"单选按钮，单击"下一步"按钮，打开"数据透视表和数据透视图向导—3步骤之2"对话框，如图5-27所示。

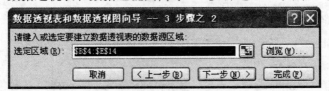

图5-27　选择数据区域

第3步：观察"选定区域"中显示的数据区域是否正确，如果不正确，单击"选定区域"后的折叠按钮，在工作表中选定要建立数据透视表的数据源区域，单击"下一步"按钮，打开"数据透视表和数据透视图向导—3 步骤之 3"对话框，如图 5-28 所示。

　　第 4 步：选中"现有工作表"单选按钮，然后单击后面的折叠按钮，在工作表中选定 Sheet4 工作表中的任意单元格，再次单击折叠按钮返回向导。

　　第 5 步：单击"布局"按钮，打开"数据透视表和数据透视图向导—布局"对话框，将"班级"拖到页字段，"日期"拖到行字段，"姓名"拖到列字段，"迟到"拖到数据字段，如图 5-29 所示。

　　第 6 步：双击"数据"字段中的"求和项：迟到"，打开"数据透视表字段"对话框，如图 5-30 所示。在"汇总方式"列表中选择"计数"，单击"确定"按钮，返回布局对话框。

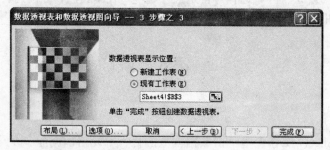

图 5-28　选择数据透视表的位置

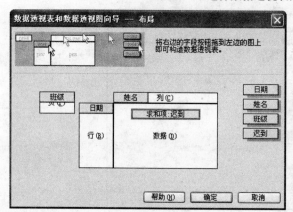 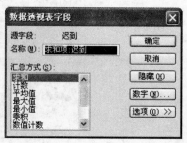

图 5-29　设置数据透视表布局　　　　图 5-30　"数据透视表字段"对话框

　　第 7 步：单击"确定"按钮，返回到"数据透视表和数据透视图向导—3 步骤之 3"对话框，单击"完成"按钮。

　　2. 数据有效性

　　第 8 步：在 Sheet1 工作表中选中 E5:E14 单元格区域，执行"数据"|"有效性"命令，打开"数据有效性"对话框。

　　第 9 步：选择"设置"选项卡，在"允许"下拉列表中选择"整数"，在"数据"下拉列表中选择"等于"，在"数值"文本框中输入"0"，如图 5-31 所示。

　　第 10 步：选择"输入信息"选项卡，在"输入信息"文本框中输入"请输入等于零的整数"，如图 5-32 所示，单击"确定"按钮。

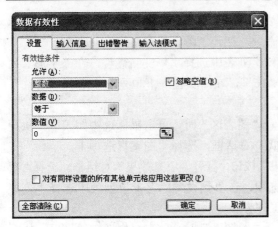

图 5-31　设置有效性条件

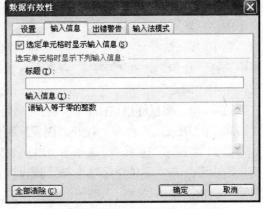

图 5-32　设置坐标轴字体

3. 合并计算

第 11 步：在 Sheet2 工作表中选定 H16 单元格，执行"数据"|"合并计算"命令，打开"合并计算"对话框，如图 5-33 所示。

第 12 步：在"函数"下拉列表中选择"求和"项，单击"引用位置"后面的折叠按钮，打开"合并计算-引用位置"对话框，如图 5-34 所示。在数据区域选定 C5:E10，单击折叠按钮返回"合并计算"对话框，单击"添加"按钮。

第 13 步：再次单击"引用位置"后面的折叠按钮，打开"合并计算-引用位置"对话框，在数据区域选定 C16:E21，单击折叠按钮，返回"合并计算"对话框，单击"添加"按钮。最后单击"确定"按钮。

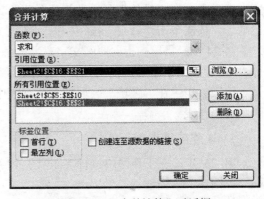

图 5-33　"合并计算"对话框

图 5-34　选定合并计算的应用位置

4. 创建编辑图表

第 14 步：选中 Sheet3 工作表 C5:F9 单元格区域的数据，执行"插入"|"图表"命令，打开"图表向导 - 4 步骤之 1 - 图表类型"对话框。在"图表类型"列表框中选择"折线图"，在"子图表类型"列表中选择"数据点折线图"项。

第 15 步：单击"下一步"按钮，打开"图表向导 - 4 步骤之 2 - 图表源数据"对话框，在"系列产生在"区域选中"行"单选按钮。

第 16 步：单击"下一步"按钮，打开"图表向导 - 4 步骤之 3 - 图表选项"对话框，选择"标题"选项卡。在"图表标题"文本框中输入"价格浮动图"。

第 17 步：单击"下一步"按钮，打开"图表向导 - 4 步骤之 4 - 图表位置"对话框，选中"作为新工作表插入"单选按钮，单击"完成"按钮。

第 18 步：在图表工作表中将鼠标指向图表标题，当屏幕显示"图表标题"时单击鼠标选中图表标题，执行"格式"|"图表标题"命令，打开"图表标题格式"对话框。

第 19 步：选择"字体"选项卡，在"字体"列表中选择"华文新魏"，在"字形"列表中选择"加粗"，在"字号"列表中选择"16"，在"颜色"下拉列表中选择"粉红"色，单击"确定"按钮。

第 20 步：将鼠标指向图表区，当屏幕显示"图表区"时，单击鼠标选中图表区，执行"格式"|"图表区"命令，打开"图表区格式"对话框，选择"图案"选项卡。

第 21 步：在"区域"区域单击"填充效果"按钮，打开"填充效果"对话框。选择"渐变"选项卡。在"颜色"区域选择"预设"选项，在"预设颜色"下拉列表中选择"麦浪滚滚"，依次单击"确定"按钮，返回图表工作表。

第 22 步：将鼠标指向绘图区，当屏幕显示"绘图区"时，单击鼠标选中绘图区，执行"格式"|"绘图区"命令，打开"绘图区格式"对话框。

第 23 步：在"区域"区域单击"填充效果"按钮，打开"填充效果"对话框。选择"渐变"选项卡。在"颜色"区域选择"预设"选项，在"预设颜色"下拉列表中选择"雨后初晴"，依次单击"确定"按钮，返回图表工作表。

第 24 步：将鼠标指向图例文字，当屏幕显示"图例"时，单击鼠标选中图例文字，执行"格式"|"图例"命令，打开"图例格式"对话框，选择"图案"选项卡。

第 25 步：在"区域"区域的颜色列表中选择"灰色-40%"，单击"确定"按钮，返回图表工作表。

5. 工作簿的共享

第 26 步：在工作簿中执行"工具"|"共享工作簿"命令，打开"共享工作簿"对话框，如图 5-35 所示。

第 27 步：选中"允许多用户同时编辑，同时允许工作簿合并"复选框，单击"确定"按钮，打开如图 5-36 所示的是否保存文档提示框。

第 28 步：单击"确定"按钮。

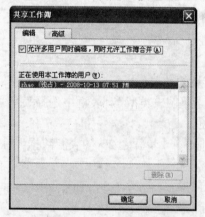

图 5-35 "共享工作簿"对话框

图 5-36 是否保存文档提示框

5.7 第 7 题解答

1. 数据透视表

第 1 步：在 Sheet1 工作表中单击数据区域的任一单元格，执行"数据"|"数据透视表和数据透视图"命令，打开"数据透视表和数据透视图向导—3 步骤之 1"对话框。

第 2 步：在"所需创建的报表类型"区域选中"数据透视表"单选按钮，单击"下一步"按钮，打开"数据透视表和数据透视图向导—3 步骤之 2"对话框。

第 3 步：观察"选定区域"中显示的数据区域是否正确，如果不正确，单击"选定区域"后的折叠按钮，在工作表中选定要建立数据透视表的数据源区域，单击"下一步"按钮，打开"数据透视表和数据透视图向导—3 步骤之 3"对话框。

第 4 步：选中"现有工作表"单选按钮，然后单击后面的折叠按钮，在工作表中选定 Sheet4 工作表中的任意单元格，再次单击折叠按钮返回向导。

第 5 步：单击"布局"按钮，打开"数据透视表和数据透视图向导—布局"对话框，将"姓名"拖到页字段，将"专业"拖到行字段，将"交费情况"和"欠费情况"拖到数据字段。

第 6 步：单击"确定"按钮，返回到"数据透视表和数据透视图向导—3 步骤之 3"对话框，单击"完成"按钮。

2. 数据有效性

第 7 步：在 Sheet1 工作表中选中 G6:G17 单元格区域，执行"数据"|"有效性"命令，打开"数据有效性"对话框。

第 8 步：选项"设置"选项卡，在"允许"下拉列表中选择"日期"，在"数据"下拉列表中选择"介于"，在"开始日期"文本框中输入"2007-1-1"，在"结束日期"文本框中输入"2007-12-31"。

第 9 步：选择"输入信息"选项卡，在"输入信息"文本框中输入"请输入 2007 年的日期数据"，单击"确定"按钮。

3. 合并计算

第 10 步：在 Sheet2 工作表中选定 J17 单元格，执行"数据"|"合并计算"命令，打开"合并计算"对话框。

第 11 步：在"函数"下拉列表中选择"求和"项，单击"引用位置"后面的折叠按钮，打开"合并计算-引用位置"对话框。在数据区域选定 E6:F12，单击折叠按钮，返回"合并计算"对话框，单击"添加"按钮。

第 12 步：再次单击"引用位置"后面的折叠按钮，打开"合并计算-引用位置"对话框，在数据区域选定 E17:F23，单击折叠按钮，返回"合并计算"对话框，单击"添加"按钮。最后单击"确定"按钮。

4. 创建编辑图表

第 13 步：选中 Sheet3 工作表 C7:C15 和 F7:G15 单元格区域的数据，执行"插入"|"图

表"命令，打开"图表向导－4步骤之1－图表类型"对话框。在"图表类型"列表框中选择"条形图"，在"子图表类型"列表中选择"簇状条形图"项。

第14步：单击"下一步"按钮，打开"图表向导－4步骤之2－图表源数据"对话框，在"系列产生在"区域选中"列"单选按钮。

第15步：单击"下一步"按钮，打开"图表向导－4步骤之3－图表选项"对话框，选择"标题"选项卡。在"图表标题"文本框中输入"交费情况表"。

第16步：单击"下一步"按钮，打开"图表向导－4步骤之4－图表位置"对话框，选中"作为新工作表插入"单选按钮，单击"完成"按钮。

第17步：在图表工作表中将鼠标指向图表标题，当屏幕显示"图表标题"时，单击鼠标选中图表标题，执行"格式"|"图表标题"命令，打开"图表标题格式"对话框。

第18步：选中"字体"选项卡，在"字体"列表中选择"华文行楷"，单击"确定"按钮。

第19步：将鼠标指向"交费情况"系列，单击鼠标选中"交费情况"系列，执行"格式"|"数据系列"命令，打开"数据系列格式"对话框，选择"图案"选项卡。

第20步：在"内部"区域的颜色列表中选择"淡紫"色，单击"确定"按钮，返回图表工作表。

第21步：将鼠标指向绘图区，当屏幕显示"绘图区"时，单击鼠标选中绘图区，执行"格式"|"绘图区"命令，打开"绘图区格式"对话框。

第22步：在"区域"区域的颜色列表中选择"玫瑰红"，单击"确定"按钮。

第23步：将鼠标指向网格线，当屏幕显示"数据轴主要网格线"时，单击鼠标选中网格线，执行"格式"|"网格线"命令，打开"网格线格式"对话框，选择"图案"选项卡。

第24步：在"线条"区域选择"自定义"选项，在"颜色"下拉列表中选择"浅蓝"色，单击"确定"按钮，返回图表工作表。

第25步：将鼠标指向图例文字，当屏幕显示"图例"时，单击鼠标选中图例文字，执行"格式"|"图例"命令，打开"图例格式"对话框，选择"位置"选项卡。

第26步：在"放置于"区域选择"靠左"选项，单击"确定"按钮。

5. 工作簿的共享

第27步：在工作簿中执行"工具"|"共享工作簿"命令，打开"共享工作簿"对话框，选中"允许多用户同时编辑，同时允许工作簿合并"复选框。

第28步：单击"确定"按钮，打开是否保存文档提示框。单击"确定"按钮。

5.8　第8题解答

1. 数据透视表

第1步：在 Sheet1 工作表中单击数据区域的任一单元格，执行"数据"|"数据透视表和数据透视图"命令，打开"数据透视表和数据透视图向导—3步骤之1"对话框。

第2步：在"所需创建的报表类型"区域选中"数据透视表"单选按钮，单击"下一步"按钮，打开"数据透视表和数据透视图向导—3 步骤之 2"对话框。

第 3 步：观察"选定区域"中显示的数据区域是否正确，如果不正确，单击"选定区域"后的折叠按钮，在工作表中选定要建立数据透视表的数据源区域，单击"下一步"按钮，打开"数据透视表和数据透视图向导—3 步骤之 3"对话框。

第 4 步：选中"现有工作表"单选按钮，然后单击后面的折叠按钮，在工作表中选定 Sheet4 工作表中的任意单元格，再次单击折叠按钮返回向导。

第 5 步：单击"布局"按钮，打开"数据透视表和数据透视图向导—布局"对话框，将"专业"拖到行字段，将"班级"拖到列字段，将"英语"、"政治"、"历史"和"体育"拖到数据字段。

第 6 步：双击"数据"字段中的"求和项：英语"，打开"数据透视表字段"对话框。在"汇总方式"列表中选择"平均值"，单击"确定"按钮，返回布局对话框。按照相同的方法将其他各数据字段中的"汇总方式"也设置为"平均值"。

第 7 步：单击"确定"按钮，返回到"数据透视表和数据透视图向导—3 步骤之 3"对话框，单击"完成"按钮。

2. 数据有效性

第 8 步：在 Sheet1 工作表中选中 F6:I14 单元格区域，执行"数据"|"有效性"命令，打开"数据有效性"对话框。

第 9 步：选择"设置"选项卡，在"允许"下拉列表中选择"整数"，在"数据"下拉列表中选择"小于或等于"，在"最大值"文本框中输入"100"。

第 10 步：选择"输入信息"选项卡，在"输入信息"文本框中输入"请输入小于或等于 100 的整数"，单击"确定"按钮。

3. 合并计算

第 11 步：在 Sheet2 工作表中选定 L19 单元格，执行"数据"|"合并计算"命令，打开"合并计算"对话框。

第 12 步：在"函数"下拉列表中选择"平均值"项，单击"引用位置"后面的折叠按钮，打开"合并计算-引用位置"对话框。在数据区域选定 E7:I9，单击折叠按钮，返回"合并计算"对话框，单击"添加"按钮。

第 13 步：再次单击"引用位置"后面的折叠按钮，打开"合并计算-引用位置"对话框，在数据区域选定 E14:I16，单击折叠按钮，返回"合并计算"对话框，单击"添加"按钮。

第 14 步：再次单击"引用位置"后面的折叠按钮，打开"合并计算-引用位置"对话框，在数据区域选定 E21:I23，单击折叠按钮，返回"合并计算"对话框，单击"添加"按钮。在"标签位置"区域选中"最左列"复选框，最后单击"确定"按钮。

4. 创建编辑图表

第 15 步：选中 Sheet3 工作表 C6:C15 和 F6:I15 单元格区域的数据，执行"插入"|"图表"命令，打开"图表向导－4 步骤之 1－图表类型"对话框。在"图表类型"列表框中选择"柱形图"，在"子图表类型"列表中选择"簇状柱形图"项。

第 16 步：单击"下一步"按钮，打开"图表向导－4 步骤之 2－图表源数据"对话框，在"系列产生在"区域选中"列"单选按钮。

第 17 步：单击"下一步"按钮，打开"图表向导－4 步骤之 3－图表选项"对话框，单击"标题"选项卡。在"图表标题"文本框中输入"月考成绩单"。

第 18 步：单击"下一步"按钮，打开"图表向导－4 步骤之 4－图表位置"对话框，选中"作为新工作表插入"单选按钮，单击"完成"按钮。

第 19 步：在图表工作表中将鼠标指向横坐标轴，当屏幕显示"分类轴"时，单击鼠标选中横坐标轴，执行"格式"|"坐标轴"命令，打开"坐标轴格式"对话框，选择"图案"选项卡。

第 20 步：在"坐标轴"区域选择"自定义"选项，在"颜色"下拉列表中选择"粉红"色，单击"确定"按钮。

第 21 步：将鼠标指向纵坐标轴，当屏幕显示"数值轴"时，单击鼠标选中纵坐标轴，执行"格式"|"坐标轴"命令，打开"坐标轴格式"对话框，选择"图案"选项卡。在"颜色"下拉列表中选择"粉红"色，单击"确定"按钮。

第 22 步：将鼠标指向图表区，当屏幕显示"图表区"时，单击鼠标选中图表区，执行"格式"|"图表区"命令，打开"图表区格式"对话框，选择"图案"选项卡。

第 23 步：在"区域"区域，颜色列表中选择"茶色"，单击"确定"按钮。

第 24 步：将鼠标指向图表标题，当屏幕显示"图表标题"时，单击鼠标选中图表标题，执行"格式"|"图表标题"命令，打开"图表标题格式"对话框。

第 25 步：选择"字体"选项卡，在"颜色"下拉列表中选择"紫罗兰"，单击"确定"按钮。

第 26 步：将鼠标指向图例文字，当屏幕显示"图例"时，单击选中图例文字，执行"格式"|"图例"命令，打开"图例格式"对话框，选择"图案"选项卡，在"区域"区域的颜色列表中选择"茶色"，单击"确定"按钮。

5. 工作簿的共享

第 27 步：在工作簿中执行"工具"|"共享工作簿"命令，打开"共享工作簿"对话框，选中"允许多用户同时编辑，同时允许工作簿合并"复选框。

第 28 步：单击"确定"按钮，打开是否保存文档提示框。单击"确定"按钮。

5.9　第 9 题解答

1. 数据透视表

第 1 步：在 Sheet1 工作表中单击数据区域的任一单元格，执行"数据"|"数据透视表和数据透视图"命令，打开"数据透视表和数据透视图向导—3 步骤之 1"对话框。

第 2 步：在"所需创建的报表类型"区域选中"数据透视表"单选按钮，单击"下一步"按钮，打开"数据透视表和数据透视图向导—3 步骤之 2"对话框。

第 3 步：观察"选定区域"中显示的数据区域是否正确，如果不正确，单击"选定区域"后的折叠按钮，在工作表中选定要建立数据透视表的数据源区域，单击"下一步"按钮，打开"数据透视表和数据透视图向导—3 步骤之 3"对话框。

第 4 步：选中"现有工作表"单选按钮，然后单击后面的折叠按钮，在工作表中选定 Sheet4 工作表中的任意单元格，再次单击折叠按钮返回向导。

第 5 步：单击"布局"按钮，打开"数据透视表和数据透视图向导—布局"对话框，将"专业"拖到页字段，将"学历"拖到行字段，将"性别"拖到列字段，将"工龄"和"工资"拖到数据字段。

第 6 步：双击"数据"字段中的"求和项：工龄"，打开"数据透视表字段"对话框。在"汇总方式"列表中选择"最大值"，单击"确定"按钮，返回布局对话框。按照相同的方法将"工资"数据字段的"汇总方式"也设置为"最大值"。

第 7 步：单击"确定"按钮返回到"数据透视表和数据透视图向导—3 步骤之 3"对话框，单击"完成"按钮。

2. 数据有效性

第 8 步：在 Sheet1 工作表中选中 D5:D16 单元格区域，执行"数据"|"有效性"命令，打开"数据有效性"对话框。

第 9 步：选择"设置"选项卡，在"允许"下拉列表中选择"序列"，在"来源"文本框中输入"男，女"，取消"提供下拉箭头"复选框。

第 10 步：选择"输入信息"选项卡，在"输入信息"文本框中输入"请输入性别"，单击"确定"按钮。

3. 合并计算

第 11 步：在 Sheet2 工作表中选定 L20 单元格，执行"数据"|"合并计算"命令，打开"合并计算"对话框。

第 12 步：在"函数"下拉列表中选择"求和"项，单击"引用位置"后面的折叠按钮，打开"合并计算-引用位置"对话框。在数据区域选定 F6:F15，单击折叠按钮，返回"合并计算"对话框，单击"添加"按钮。

第 13 步：再次单击"引用位置"后面的折叠按钮，打开"合并计算-引用位置"对话框，在数据区域选定 F20:F29，单击折叠按钮，返回"合并计算"对话框，单击"添加"按钮。最后单击"确定"按钮。

4. 创建编辑图表

第 14 步：选中 Sheet3 工作表 B5:B15 和 F5:F15 单元格区域的数据，执行"插入"|"图表"命令，打开"图表向导－4 步骤之 1－图表类型"对话框。在"图表类型"列表框中选择"饼图"，在"子图表类型"列表中选择"分离型三维饼图"项。

第 15 步：单击"下一步"按钮，打开"图表向导－4 步骤之 2－图表源数据"对话框，在"系列产生在"区域选中"列"单选按钮。

第 16 步：单击"下一步"按钮，打开"图表向导－4 步骤之 3－图表选项"对话框，选择"标题"选项卡。在"图表标题"文本框中输入"销售额一览表"。选择"数据标志"选项卡，在"数据标签包括"区域选中"值"复选框。

第 17 步：单击"下一步"按钮，打开"图表向导－4 步骤之 4－图表位置"对话框，选中"作为新工作表插入"单选按钮，单击"完成"按钮。

第 18 步：在图表工作表中将鼠标指向图表标题，当屏幕显示"图表标题"时，单击鼠标选中图表标题，执行"格式" | "图表标题"命令，打开"图表标题格式"对话框。

第 19 步：选中"字体"选项卡，在"字体"列表中选择"隶书"，在"字形"列表中选择"加粗"，在"字号"列表中选择"15"，在"颜色"下拉列表中选择"梅红"色，单击"确定"按钮。

第 20 步：将鼠标指向图表区，当屏幕显示"图表区"时，单击鼠标选中图表区，执行"格式" | "图表区"命令，打开"图表区格式"对话框，选择"图案"选项卡。

第 21 步：在"区域"区域的颜色列表中选择"浅绿色"，单击"确定"按钮。

第 22 步：将鼠标指向图表中的数据标志，单击鼠标选中数据标志，执行"格式" | "数据标志"命令，打开"数据标志格式"对话框，选择"数字"选项卡。

第 23 步：在"分类"列表中选择"货币"选项，在"货币符号"下拉列表中选择样文所示货币符号，单击"确定"按钮。

5. 工作簿的共享

第 24 步：在工作簿中执行"工具" | "共享工作簿"命令，打开"共享工作簿"对话框，选中"允许多用户同时编辑，同时允许工作簿合并"复选框。

第 25 步：单击"确定"按钮，打开是否保存文档提示框。单击"确定"按钮。

5.10 第 10 题解答

1. 数据透视表

第 1 步：在 Sheet1 工作表中单击数据区域的任一单元格，执行"数据" | "数据透视表和数据透视图"命令，打开"数据透视表和数据透视图向导—3 步骤之 1"对话框。

第 2 步：在"所需创建的报表类型"区域选中"数据透视表"单选按钮，单击"下一步"按钮，打开"数据透视表和数据透视图向导—3 步骤之 2"对话框。

第 3 步：观察"选定区域"中显示的数据区域是否正确，如果不正确，单击"选定区域"后的折叠按钮，在工作表中选定要建立数据透视表的数据源区域，单击"下一步"按钮，打开"数据透视表和数据透视图向导—3 步骤之 3"对话框。

第 4 步：选中"现有工作表"单选按钮，然后单击后面的折叠按钮，在工作表中选定 Sheet4 工作表中的任意单元格，再次单击折叠按钮返回向导。

第 5 步：单击"布局"按钮，打开"数据透视表和数据透视图向导—布局"对话框，将"姓名"拖到页字段，将"驾照类型"拖到行字段，将"已交学费"拖到数据字段。

第 6 步：单击"确定"按钮，返回到"数据透视表和数据透视图向导—3 步骤之 3"对话框，单击"完成"按钮。

2. 数据有效性

第 7 步：在 Sheet1 工作表中选中 C6:C12 单元格区域，执行"数据" | "有效性"命令，打开"数据有效性"对话框。选择"设置"选项卡，在"允许"下拉列表中选择"序列"，在"来源"文本框中输入"男，女"，取消"提供下拉箭头"复选框。

第 8 步：选择"输入信息"选项卡，在"输入信息"文本框中输入"请输入性别"，单击"确定"按钮。

3. 合并计算

第 9 步：在 Sheet2 工作表中选定 C27 单元格，执行"数据"|"合并计算"命令，打开"合并计算"对话框。

第 10 步：在"函数"下拉列表中选择"求和"项，单击"引用位置"后面的折叠按钮，打开"合并计算-引用位置"对话框。在数据区域选定 C7:E12，单击折叠按钮，返回"合并计算"对话框，单击"添加"按钮。

第 11 步：再次单击"引用位置"后面的折叠按钮，打开"合并计算-引用位置"对话框，在数据区域选定 C17:E22，单击折叠按钮，返回"合并计算"对话框，单击"添加"按钮。最后单击"确定"按钮。

4. 创建编辑图表

第 12 步：选中 Sheet3 工作表 C8:F14 单元格区域的数据，执行"插入"|"图表"命令，打开"图表向导－4 步骤之 1－图表类型"对话框。在"图表类型"列表框中选择"圆柱图"，在"子图表类型"列表中选择"柱形圆柱图"项。

第 13 步：单击"下一步"按钮，打开"图表向导－4 步骤之 2－图表源数据"对话框，在"系列产生在"区域选中"行"单选按钮。

第 14 步：单击"下一步"按钮，打开"图表向导－4 步骤之 3－图表选项"对话框，选择"标题"选项卡。在"图表标题"文本框中输入"电器销售情况表"，在"分类（X）轴"文本框中输入"月份"。

第 15 步：单击"下一步"按钮，打开"图表向导－4 步骤之 4－图表位置"对话框，选中"作为新工作表插入"单选按钮，单击"完成"按钮。

第 16 步：在图表工作表中将鼠标指向背景墙，当屏幕显示"背景墙"时，单击鼠标选中背景墙，执行"格式"|"背景墙"命令，打开"背景墙格式"对话框。

第 17 步：在"区域"区域单击"填充效果"按钮，打开"填充效果"对话框，选中"渐变"选项卡。在"颜色"区域选中"预设"，在"预设颜色"下拉列表中选中"孔雀开屏"，依次单击"确定"按钮，返回图表工作表。

第 18 步：在图表工作表中将鼠标指向图表标题，当屏幕显示"图表标题"时，单击鼠标选中图表标题，执行"格式"|"图表标题"命令，打开"图表标题格式"对话框。选择"图案"选项卡，在"区域"区域的颜色列表中选择"金色"，单击"确定"按钮。

第 19 步：将鼠标指向"夏新洗衣机"系列，单击鼠标选中"夏新洗衣机"系列，执行"格式"|"数据系列"命令，打开"数据系列格式"对话框，选择"系列次序"选项卡。

第 20 步：在"系列次序"列表中选择"夏新洗衣机"，单击"上移"按钮，使其位于系列的最上面，单击"确定"按钮，返回图表工作表。

第 21 步：将鼠标指向图例文字，当屏幕显示"图例"时，单击鼠标选中图例文字，执行"格式"|"图例"命令，打开"图例格式"对话框，选择"位置"选项卡。

第 22 步：在"放置于"区域选择"靠上"选项，单击"确定"按钮。

5. 工作簿的共享

第 23 步：在工作簿中执行"工具"|"共享工作簿"命令，打开"共享工作簿"对话框，选中"允许多用户同时编辑，同时允许工作簿合并"复选框。

第 24 步：单击"确定"按钮，打开是否保存文档提示框。单击"确定"按钮。

5.11　第 11 题解答

1. 数据透视表

第 1 步：在 Sheet1 工作表中单击数据区域的任一单元格，执行"数据"|"数据透视表和数据透视图"命令，打开"数据透视表和数据透视图向导—3 步骤之 1"对话框。

第 2 步：在"所需创建的报表类型"区域选中"数据透视表"单选按钮，单击"下一步"按钮，打开"数据透视表和数据透视图向导—3 步骤之 2"对话框。

第 3 步：观察"选定区域"中显示的数据区域是否正确，如果不正确，单击"选定区域"后的折叠按钮，在工作表中选定要建立数据透视表的数据源区域，单击"下一步"按钮，打开"数据透视表和数据透视图向导—3 步骤之 3"对话框。

第 4 步：选中"现有工作表"单选按钮，然后单击后面的折叠按钮，在工作表中选定 Sheet4 工作表中的任意单元格，再次单击折叠按钮返回向导。

第 5 步：单击"布局"按钮，打开"数据透视表和数据透视图向导—布局"对话框，将"销售公司"拖到页字段，将"地址"拖到行字段，将"销售额"拖到数据字段。

第 6 步：单击"确定"按钮，返回到"数据透视表和数据透视图向导—3 步骤之 3"对话框，单击"完成"按钮。

2. 数据有效性

第 7 步：在 Sheet1 工作表中选中 D5:D13 单元格区域，执行"数据"|"有效性"命令，打开"数据有效性"对话框。

第 8 步：选择"设置"选项卡，在"允许"下拉列表中选择"整数"，在"数据"下拉列表中选择"大于"，在"最小值"文本框中输入"0"。

第 9 步：选择"输入信息"选项卡，在"输入信息"文本框中输入"请输入大于 0 的整数"，单击"确定"按钮。

3. 合并计算

第 10 步：在 Sheet2 工作表中选定 C27 单元格，执行"数据"|"合并计算"命令，打开"合并计算"对话框。

第 11 步：在"函数"下拉列表中选择"求和"项，单击"引用位置"后面的折叠按钮，打开"合并计算-引用位置"对话框。在数据区域选定 C6:F11，单击折叠按钮，返回"合并计算"对话框，单击"添加"按钮。

第 12 步：再次单击"引用位置"后面的折叠按钮，打开"合并计算-引用位置"对话框，在数据区域选定 C17:F22，单击折叠按钮，返回"合并计算"对话框，单击"添加"按钮。最后单击"确定"按钮。

4. 导入数据

第 13 步：切换到 Sheet3 工作表中，执行"数据"|"导入外部数据"|"导入数据"命令，打开"选取数据源"对话框，如图 5-37 所示。

图 5-37　"选取数据源"对话框

第 14 步：在查找范围列表中选择 C:\Win2008GJW\KSML1 文件夹，在文件列表中选择 KS5-11.txt 文件，单击"打开"按钮，打开"文本导入向导－3 步骤之 1"对话框，如图 5-38 所示。

第 15 步：选中"分隔符号"单选按钮，单击"下一步"按钮，进入"文本导入向导－3 步骤之 2"对话框，如图 5-39 所示。

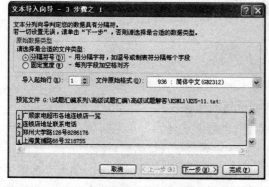 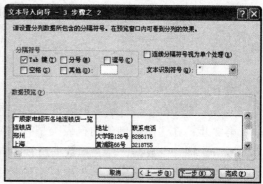

图 5-38　"文本导入向导－3 步骤之 1"对话框　　图 5-39　"文本导入向导－3 步骤之 2"对话框

第 16 步：在"分隔符号"区域选中"Tab 键"复选框，单击"下一步"按钮，进入"文本导入向导－3 步骤之 3"对话框，如图 5-40 所示。

第 17 步：在"列数据格式"区域选择"常规"单选按钮，单击"完成"按钮，打开"导入数据"对话框，如图 5-41 所示。

第 18 步：选择"现有工作表"，然后在当前工作表中选中一个单元格，单击"确定"按钮。

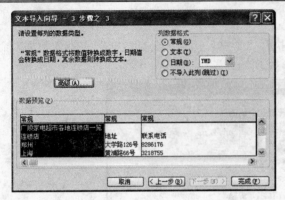

图 5-40   "文本导入向导－3 步骤之 3"对话框   图 5-41   "导入数据"对话框

5. 冻结窗格

第 19 步：切换到 Sheet2 工作表中，选中工作表的第二行，执行"窗口"|"冻结窗格"命令。

6. 工作簿的共享

第 20 步：在工作簿中执行"工具"|"共享工作簿"命令，打开"共享工作簿"对话框，选中"允许多用户同时编辑，同时允许工作簿合并"复选框。

第 21 步：单击"确定"按钮，打开是否保存文档提示框。单击"确定"按钮。

5.12   第 12 题解答

1. 数据透视表

第 1 步：在 Sheet1 工作表中单击数据区域的任一单元格，执行"数据"|"数据透视表和数据透视图"命令，打开"数据透视表和数据透视图向导—3 步骤之 1"对话框。

第 2 步：在"所需创建的报表类型"区域选中"数据透视表"单选按钮，单击"下一步"按钮，打开"数据透视表和数据透视图向导—3 步骤之 2"对话框。

第 3 步：观察"选定区域"中显示的数据区域是否正确，如果不正确，单击"选定区域"后的折叠按钮，在工作表中选定要建立数据透视表的数据源区域，单击"下一步"按钮，打开"数据透视表和数据透视图向导—3 步骤之 3"对话框。

第 4 步：选中"现有工作表"单选按钮，然后单击后面的折叠按钮，在工作表中选定 Sheet4 工作表中的任意单元格，再次单击折叠按钮返回向导。

第 5 步：单击"布局"按钮，打开"数据透视表和数据透视图向导—布局"对话框，将"书店名称"拖到页字段，将"地址"拖到行字段，将"销售量"拖到数据字段。

第 6 步：单击"确定"按钮，返回到"数据透视表和数据透视图向导—3 步骤之 3"对话框，单击"完成"按钮。

2. 数据有效性

第 7 步：在 Sheet1 工作表中选中 D5:D12 单元格区域，执行"数据"|"有效性"命令，打开"数据有效性"对话框。

第 8 步：选择"设置"选项卡，在"允许"下拉列表中选择"整数"，在"数据"下拉列表中选择"大于"，在"最小值"文本框中输入"0"。

第 9 步：选择"输入信息"选项卡，在"输入信息"文本框中输入"请输入大于 0 的整数"，单击"确定"按钮。

3. 合并计算

第 10 步：在 Sheet2 工作表中选定 C24 单元格，执行"数据"|"合并计算"命令，打开"合并计算"对话框。

第 11 步：在"函数"下拉列表中选择"求和"项，单击"引用位置"后面的折叠按钮，打开"合并计算-引用位置"对话框。在数据区域选定 C8:E11，单击折叠按钮，返回"合并计算"对话框，单击"添加"按钮。

第 12 步：再次单击"引用位置"后面的折叠按钮，打开"合并计算-引用位置"对话框，在数据区域选定 C16:E19，单击折叠按钮，返回"合并计算"对话框，单击"添加"按钮。最后单击"确定"按钮。

4. 导入数据

第 13 步：切换到 Sheet3 工作表中，执行"数据"|"导入外部数据"|"导入数据"命令，打开"选取数据源"对话框。

第 14 步：在查找范围列表中选择 C:\Win2008GJW\KSML1 文件夹，在文件列表中选择 KS5-12.txt 文件，单击"打开"按钮，打开"文本导入向导-3 步骤之 1"对话框。

第 15 步：选中"分隔符号"单选按钮，单击"下一步"按钮，进入"文本导入向导-3 步骤之 2"对话框。

第 16 步：在"分隔符号"区域选中"Tab 键"复选框，单击"下一步"按钮，进入"文本导入向导-3 步骤之 3"对话框。

第 17 步：在"列数据格式"区域选择"常规"单选按钮，单击"完成"按钮，打开"导入数据"对话框。

第 18 步：选择"现有工作表"，然后在当前工作表中选中一个单元格，单击"确定"按钮。

5. 冻结窗格

第 19 步：切换到 Sheet2 工作表中，选中工作表的第三行，执行"窗口"|"冻结窗格"命令。

6. 工作簿的共享

第 20 步：在工作簿中执行"工具"|"共享工作簿"命令，打开"共享工作簿"对话框，选中"允许多用户同时编辑，同时允许工作簿合并"复选框。

第 21 步：单击"确定"按钮，打开是否保存文档提示框。单击"确定"按钮。

5.13　第 13 题解答

1. 数据透视表

第 1 步：在 Sheet1 工作表中单击数据区域的任一单元格，执行"数据"|"数据透视表和数据透视图"命令，打开"数据透视表和数据透视图向导—3 步骤之 1"对话框。

第 2 步：在"所需创建的报表类型"区域选中"数据透视表"单选按钮，单击"下一步"按钮，打开"数据透视表和数据透视图向导—3 步骤之 2"对话框。

第 3 步：观察"选定区域"中显示的数据区域是否正确，如果不正确，单击"选定区域"后的折叠按钮，在工作表中选定要建立数据透视表的数据源区域，单击"下一步"按钮，打开"数据透视表和数据透视图向导—3 步骤之 3"对话框。

第 4 步：选中"现有工作表"单选按钮，然后单击后面的折叠按钮，在工作表中选定 Sheet4 工作表中的任意单元格，再次单击折叠按钮返回向导。

第 5 步：单击"布局"按钮，打开"数据透视表和数据透视图向导—布局"对话框，将"车间"拖到页字段，将"产品规格"拖到行字段，将"不合格产品"和"合格产品"拖到数据字段。

第 6 步：单击"确定"按钮，返回到"数据透视表和数据透视图向导—3 步骤之 3"对话框，单击"完成"按钮。

2. 数据有效性

第 7 步：在 Sheet1 工作表中选中 E5:G20 单元格区域，执行"数据"|"有效性"命令，打开"数据有效性"对话框。

第 8 步：选择"设置"选项卡，在"允许"下拉列表中选择"整数"，在"数据"下拉列表中选择"大于或等于"，在"最小值"文本框中输入"0"。

第 9 步：选择"输入信息"选项卡，在"输入信息"文本框中输入"请输入大于或等于 0 的整数"，单击"确定"按钮。

3. 合并计算

第 10 步：在 Sheet2 工作表中选定 D23 单元格，执行"数据"|"合并计算"命令，打开"合并计算"对话框。

第 11 步：在"函数"下拉列表中选择"平均值"项，单击"引用位置"后面的折叠按钮，打开"合并计算-引用位置"对话框。在数据区域选定 E7:F10，单击折叠按钮，返回"合并计算"对话框，单击"添加"按钮。

第 12 步：再次单击"引用位置"后面的折叠按钮，打开"合并计算-引用位置"对话框，在数据区域选定 E15:F18，单击折叠按钮，返回"合并计算"对话框，单击"添加"按钮。最后单击"确定"按钮。

4. 导入数据

第 13 步：切换到 Sheet3 工作表中，执行"数据"|"导入外部数据"|"导入数据"命令，打开"选取数据源"对话框。

第 14 步：在查找范围列表中选择 C:\Win2008GJW\KSML1 文件夹，在文件列表中选择 KS5-13.txt 文件，单击"打开"按钮，打开"文本导入向导-3 步骤之 1"对话框。

第 15 步：选中"分隔符号"单选按钮，单击"下一步"按钮，进入"文本导入向导-3 步骤之 2"对话框。

第 16 步：在"分隔符号"区域选中"Tab 键"复选框，单击"下一步"按钮，进入"文本导入向导-3 步骤之 3"对话框。

第 17 步：在"列数据格式"区域选择"常规"单选按钮，单击"完成"按钮，打开"导入数据"对话框。

第 18 步：选择"现有工作表"，然后在当前工作表中选中一个单元格，单击"确定"按钮。

5. 冻结窗格

第 19 步：切换到 Sheet2 工作表中，选中工作表的第三行，执行"窗口"|"冻结窗格"命令。

6. 工作簿的共享

第 20 步：在工作簿中执行"工具"|"共享工作簿"命令，打开"共享工作簿"对话框，选中"允许多用户同时编辑，同时允许工作簿合并"复选框。

第 21 步：单击"确定"按钮，打开是否保存文档提示框。单击"确定"按钮。

5.14 第 14 题解答

1. 数据透视表

第 1 步：在 Sheet1 工作表中单击数据区域的任一单元格，执行"数据"|"数据透视表和数据透视图"命令，打开"数据透视表和数据透视图向导—3 步骤之 1"对话框。

第 2 步：在"所需创建的报表类型"区域选中"数据透视表"单选按钮，单击"下一步"按钮，打开"数据透视表和数据透视图向导—3 步骤之 2"对话框。

第 3 步：观察"选定区域"中显示的数据区域是否正确，如果不正确，单击"选定区域"后的折叠按钮，在工作表中选定要建立数据透视表的数据源区域，单击"下一步"按钮，打开"数据透视表和数据透视图向导—3 步骤之 3"对话框。

第 4 步：选中"现有工作表"单选按钮，然后单击后面的折叠按钮，在工作表中选定 Sheet4 工作表中的任意单元格，再次单击折叠按钮返回向导。

第 5 步：单击"布局"按钮，打开"数据透视表和数据透视图向导—布局"对话框，将"姓名"拖到页字段，将"性别"拖到行字段，将"语文"、"数学"、"英语"、"化学"和"物理"拖到数据字段。

第 6 步：双击"数据"字段中的"求和项：语文"，打开"数据透视表字段"对话框。在"汇总方式"列表中选择"最大值"，单击"确定"按钮，返回布局对话框。按照相同的方法将其他各数据字段中的"汇总方式"也设置为"最大值"。

第 7 步：单击"确定"按钮，返回到"数据透视表和数据透视图向导—3 步骤之 3"对话框，单击"完成"按钮。

2. 数据有效性

第 8 步：在 Sheet1 工作表中选中 D6:H15 单元格区域，执行"数据"|"有效性"命令，打开"数据有效性"对话框。

第 9 步：选择"设置"选项卡，在"允许"下拉列表中选择"整数"，在"数据"下拉列表中选择"大于"，在"最小值"文本框中输入"0"。

第 10 步：选择"输入信息"选项卡，在"输入信息"文本框中输入"请输入大于 0 的整数"，单击"确定"按钮。

3. 合并计算

第 11 步：在 Sheet2 工作表中选定 C31 单元格，执行"数据"|"合并计算"命令，打开"合并计算"对话框。

第 12 步：在"函数"下拉列表中选择"求和"项，单击"引用位置"后面的折叠按钮，打开"合并计算-引用位置"对话框。在数据区域选定 C7:F13，单击折叠按钮，返回"合并计算"对话框，单击"添加"按钮。

第 13 步：再次单击"引用位置"后面的折叠按钮，打开"合并计算-引用位置"对话框，在数据区域选定 C19:F25，单击折叠按钮，返回"合并计算"对话框，单击"添加"按钮。最后单击"确定"按钮。

4. 导入数据

第 14 步：切换到 Sheet3 工作表中，执行"数据"|"导入外部数据"|"导入数据"命令，打开"选取数据源"对话框。

第 15 步：在查找范围列表中选择 C:\Win2008GJW\KSML1 文件夹，在文件列表中选择 KS5-14.txt 文件，单击"打开"按钮，打开"文本导入向导-3 步骤之 1"对话框。

第 16 步：选中"分隔符号"单选按钮，单击"下一步"按钮，进入"文本导入向导-3 步骤之 2"对话框。

第 17 步：在"分隔符号"区域选中"Tab 键"复选框，单击"下一步"按钮，进入"文本导入向导-3 步骤之 3"对话框。

第 18 步：在"列数据格式"区域选择"常规"单选按钮，单击"完成"按钮，打开"导入数据"对话框。

第 19 步：选择"现有工作表"，然后在当前工作表中选中一个单元格，单击"确定"按钮。

5. 冻结窗格

第 20 步：切换到 Sheet2 工作表中，选中工作表的第三行，执行"窗口"|"冻结窗格"命令。

6. 工作簿的共享

第 21 步：在工作簿中执行"工具"|"共享工作簿"命令，打开"共享工作簿"对话框，选中"允许多用户同时编辑，同时允许工作簿合并"复选框。

第 22 步：单击"确定"按钮，打开是否保存文档提示框。单击"确定"按钮。

5.15　第 15 题解答

1. 数据透视表

第 1 步：在 Sheet1 工作表中单击数据区域的任一单元格，执行"数据"|"数据透视表和数据透视图"命令，打开"数据透视表和数据透视图向导—3 步骤之 1"对话框。

第 2 步：在"所需创建的报表类型"区域选中"数据透视表"单选按钮，单击"下一步"按钮，打开"数据透视表和数据透视图向导—3 步骤之 2"对话框。

第 3 步：观察"选定区域"中显示的数据区域是否正确，如果不正确，单击"选定区域"后的折叠按钮，在工作表中选定要建立数据透视表的数据源区域，单击"下一步"按钮，打开"数据透视表和数据透视图向导—3 步骤之 3"对话框。

第 4 步：选中"现有工作表"单选按钮，然后单击后面的折叠按钮，在工作表中选定 Sheet4 工作表中的任意单元格，再次单击折叠按钮返回向导。

第 5 步：单击"布局"按钮，打开"数据透视表和数据透视图向导—布局"对话框，将"书籍名称"拖到页字段，将"类别"拖到行字段，将"总额"拖到数据字段。

第 6 步：单击"确定"按钮，返回到"数据透视表和数据透视图向导—3 步骤之 3"对话框，单击"完成"按钮。

2. 数据有效性

第 7 步：在 Sheet1 工作表中选中 D7:D16 单元格区域，执行"数据"|"有效性"命令，打开"数据有效性"对话框。

第 8 步：选择"设置"选项卡，在"允许"下拉列表中选择"整数"，在"数据"下拉列表中选择"大于或等于"，在"最小值"文本框中输入"0"。

第 9 步：选择"输入信息"选项卡，在"输入信息"文本框中输入"请输入大于或等于 0 的整数"，单击"确定"按钮。

3. 合并计算

第 10 步：在 Sheet2 工作表中选定 E37 单元格，执行"数据"|"合并计算"命令，打开"合并计算"对话框。

第 11 步：在"函数"下拉列表中选择"求和"项，单击"引用位置"后面的折叠按钮，打开"合并计算-引用位置"对话框。在数据区域选定 E8:F17，单击折叠按钮，返回"合并计算"对话框，单击"添加"按钮。

第 12 步：再次单击"引用位置"后面的折叠按钮，打开"合并计算-引用位置"对话框，在数据区域选定 E22:F31，单击折叠按钮，返回"合并计算"对话框，单击"添加"按钮。最后单击"确定"按钮。

4. 导入数据

第 13 步：切换到 Sheet3 工作表中，执行"数据"|"导入外部数据"|"导入数据"命令，打开"选取数据源"对话框。

第 14 步：在查找范围列表中选择 C:\Win2008GJW\KSML1 文件夹，在文件列表中选择

KS5-15.txt 文件，单击"打开"按钮，打开"文本导入向导-3 步骤之 1"对话框。

第 15 步：选中"分隔符号"单选按钮，单击"下一步"按钮，进入"文本导入向导-3 步骤之 2"对话框。

第 16 步：在"分隔符号"区域选中"Tab 键"复选框，单击"下一步"按钮，进入"文本导入向导-3 步骤之 3"对话框。

第 17 步：在"列数据格式"区域选择"常规"单选按钮，单击"完成"按钮，打开"导入数据"对话框。

第 18 步：选择"现有工作表"，然后在当前工作表中选中一个单元格，单击"确定"按钮。

5. 冻结窗格

第 19 步：切换到 Sheet2 工作表中，选中工作表的第三行，执行"窗口"|"冻结窗格"命令。

6. 工作簿的共享

第 20 步：在工作簿中执行"工具"|"共享工作簿"命令，打开"共享工作簿"对话框，选中"允许多用户同时编辑"复选框。

第 21 步：单击"确定"按钮，打开是否保存文档提示框。单击"确定"按钮。

5.16　第 16 题解答

1. 模拟运算

第 1 步：在 Sheet1 工作表上选中 E5 单元格，执行"插入"|"函数"命令，打开"插入函数"对话框。

第 2 步：在"或选择类别"下拉列表中选择"财务"，在"函数名"列表框中选择"FV"，单击"确定"按钮，打开"函数参数"对话框。

第 3 步：在"Rate"文本框中输入"C7/12"，在"Nper"文本框中输入"C8"，在"Pmt"文本框中输入"C6"，单击"确定"按钮，即可求出结果。

第 4 步：选中 D5:E9 单元格区域，执行"数据"|"模拟运算表"命令，打开"模拟运算表"对话框。

第 5 步：在"输入引用列的单元格"文本框中输入"C6"，单击"确定"按钮。

2. 创建、编辑、总结方案

第 6 步：执行"工具"|"方案"命令，打开"方案管理器"对话框，单击"添加"按钮，打开"编辑方案"对话框。

第 7 步：在"方案名"文本框中输入"KS5-16"，在"可变单元格"文本框中输入"D6:D9"，单击"确定"按钮，打开"方案变量值"对话框。

第 8 步：在"请输入每个可变单元格的值"下列文本框中分别输入"-5500、-6000、-6500、-7000"，单击"确定"按钮，返回到"方案管理器"对话框。

第 9 步：单击"摘要"按钮，打开"方案摘要"对话框。

第 10 步：在"结果单元格"文本框中输入"E6:E9"，单击"确定"按钮。

3. 导入数据

第 11 步：切换到 Sheet2 工作表中，执行"数据"|"导入外部数据"|"导入数据"命令，打开"选取数据源"对话框。

第 12 步：在查找范围列表中选择 C:\Win2008GJW\KSML1 文件夹，在文件列表中选择 KS5-16A.XLS 文件，单击"打开"按钮，打开"选择表格"对话框，如图 5-42 所示。

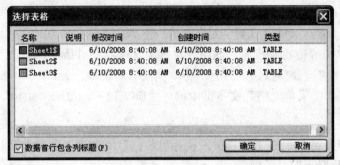

图 5-42 "导入数据"对话框

第 13 步：选中"Sheet1$"，单击"确定"按钮，打开"导入数据"对话框。

第 14 步：选择"现有工作表"，然后在当前工作表中选中一个单元格，单击"确定"按钮。

4. 冻结窗格

第 15 步：切换到 Sheet1 工作表中，选中工作表的第二行，执行"窗口"|"冻结窗格"命令。

5. 工作簿的共享

第 16 步：在工作簿中执行"工具"|"共享工作簿"命令，打开"共享工作簿"对话框，选中"允许多用户同时编辑，同时允许工作簿合并"复选框。

第 17 步：单击"确定"按钮，打开是否保存文档提示框。单击"确定"按钮。

5.17 第 17 题解答

1. 模拟运算

第 1 步：在 Sheet1 工作表上选中 E7 单元格，执行"插入"|"函数"命令，打开"插入函数"对话框。

第 2 步：在"或选择类别"下拉列表中选择"财务"，在"函数名"列表框中选择"PMT"，单击"确定"按钮，打开"函数参数"对话框。

第 3 步：在"Rate"文本框中输入"C9/12"，在"Nper"文本框中输入"C10"，在"Pv"文本框中输入"C8"，单击"确定"按钮，即可求出结果。

第 4 步：选中 D7:E12 单元格区域，执行"数据"|"模拟运算表"命令，打开"模拟运算表"对话框。

第 5 步：在"输入引用列的单元格"文本框中输入"C9"，单击"确定"按钮。

2. 创建、编辑、总结方案

第 6 步：执行"工具"|"方案"命令，打开"方案管理器"对话框，单击"添加"按钮，打开"编辑方案"对话框。

第 7 步：在"方案名"文本框中输入"KS5-17"，在"可变单元格"文本框中输入"D8:D12"，单击"确定"按钮，打开"方案变量值"对话框。

第 8 步：在"请输入每个可变单元格的值"下列文本框中分别输入"8%、9%、10%、11%、12%"，单击"确定"按钮，返回到"方案管理器"对话框。

第 9 步：单击"摘要"按钮，打开"方案摘要"对话框。

第 10 步：在"结果单元格"文本框中输入"E8:E12"，单击"确定"按钮。

3. 导入数据

第 11 步：切换到 Sheet2 工作表中，执行"数据"|"导入外部数据"|"导入数据"命令，打开"选取数据源"对话框。

第 12 步：在查找范围列表中选择 C:\Win2008GJW\KSML1 文件夹，在文件列表中选择 KS5-17A.XLS 文件，单击"打开"按钮，打开"选择表格"对话框。

第 13 步：选中"Sheet1$"，单击"确定"按钮，打开"导入数据"对话框。

第 14 步：选择"现有工作表"，然后在当前工作表中选中一个单元格，单击"确定"按钮。

4. 冻结窗格

第 15 步：切换到 Sheet1 工作表中，选中工作表的第二行，执行"窗口"|"冻结窗格"命令。

5. 工作簿的共享

第 16 步：在工作簿中执行"工具"|"共享工作簿"命令，打开"共享工作簿"对话框，选中"允许多用户同时编辑，同时允许工作簿合并"复选框。

第 17 步：单击"确定"按钮，打开是否保存文档提示框。单击"确定"按钮。

5.18　第 18 题解答

1. 模拟运算

第 1 步：在 Sheet1 工作表上选中 E9 单元格，执行"插入"|"函数"命令，打开"插入函数"对话框。

第 2 步：在"或选择类别"下拉列表中选择"财务"，在"函数名"列表框中选择"PMT"，单击"确定"按钮，打开"函数参数"对话框。

第 3 步：在"Rate"文本框中输入"C11/12"，在"Nper"文本框中输入"C12"，在

"Pv"文本框中输入"C10",单击"确定"按钮,即可求出结果。

第 4 步:选中 D9:E14 单元格区域,执行"数据"|"模拟运算表"命令,打开"模拟运算表"对话框。

第 5 步:在"输入引用列的单元格"文本框中输入"C11",单击"确定"按钮。

2. 创建、编辑、总结方案

第 6 步:执行"工具"|"方案"命令,打开"方案管理器"对话框,单击"添加"按钮,打开"编辑方案"对话框。

第 7 步:在"方案名"文本框中输入"KS5-18",在"可变单元格"文本框中输入"D10:D14",单击"确定"按钮,打开"方案变量值"对话框。

第 8 步:在"请输入每个可变单元格的值"下列文本框中分别输入"10%、11%、12%、13%、14%",单击"确定"按钮,返回到"方案管理器"对话框。

第 9 步:单击"摘要"按钮,打开"方案摘要"对话框。

第 10 步:在"结果单元格"文本框中输入"E10:E14",单击"确定"按钮。

3. 导入数据

第 11 步:切换到 Sheet2 工作表中,执行"数据"|"导入外部数据"|"导入数据"命令,打开"选取数据源"对话框。

第 12 步:在查找范围列表中选择 C:\Win2008GJW\KSML1 文件夹,在文件列表中选择 KS5-18A.XLS 文件,单击"打开"按钮,打开"选择表格"对话框。

第 13 步:选中"Sheet1$",单击"确定"按钮,打开"导入数据"对话框。

第 14 步:选择"现有工作表",然后在当前工作表中选中一个单元格,单击"确定"按钮。

4. 冻结窗格

第 15 步:切换到 Sheet1 工作表中,选中工作表的第二行,执行"窗口"|"冻结窗格"命令。

5. 工作簿的共享

第 16 步:在工作簿中执行"工具"|"共享工作簿"命令,打开"共享工作簿"对话框,选中"允许多用户同时编辑,同时允许工作簿合并"复选框。

第 17 步:单击"确定"按钮,打开是否保存文档提示框。单击"确定"按钮。

5.19 第 19 题解答

1. 模拟运算

第 1 步:在 Sheet1 工作表上选中 E7 单元格,执行"插入"|"函数"命令,打开"插入函数"对话框。

第 2 步:在"或选择类别"下拉列表中选择"财务",在"函数名"列表框中选择"FV",单击"确定"按钮,打开"函数参数"对话框。

第 3 步：在 "Rate" 文本框中输入 "C9/12"，在 "Nper" 文本框中输入 "C10"，在 "Pmt" 文本框中输入 "C8"，单击 "确定" 按钮，即可求出结果。

第 4 步：选中 D7:E11 单元格区域，执行 "数据" | "模拟运算表" 命令，打开 "模拟运算表" 对话框。

第 5 步：在 "输入引用列的单元格" 文本框中输入 "C8"，单击 "确定" 按钮。

2. 创建、编辑、总结方案

第 6 步：执行 "工具" | "方案" 命令，打开 "方案管理器" 对话框，单击 "添加" 按钮，打开 "编辑方案" 对话框。

第 7 步：在 "方案名" 文本框中输入 "KS5-19"，在 "可变单元格" 文本框中输入 "D8:D11"，单击 "确定" 按钮，打开 "方案变量值" 对话框。

第 8 步：在 "请输入每个可变单元格的值" 下列文本框中分别输入 "-4500、-5000、-5500、-6000"，单击 "确定" 按钮，返回到 "方案管理器" 对话框。

第 9 步：单击 "摘要" 按钮，打开 "方案摘要" 对话框。

第 10 步：在 "结果单元格" 文本框中输入 "E8:E11"，单击 "确定" 按钮。

3. 导入数据

第 11 步：切换到 Sheet2 工作表中，执行 "数据" | "导入外部数据" | "导入数据" 命令，打开 "选取数据源" 对话框。

第 12 步：在查找范围列表中选择 C:\Win2008GJW\KSML1 文件夹，在文件列表中选择 KS5-19A.XLS 文件，单击 "打开" 按钮，打开 "选择表格" 对话框。

第 13 步：选中 "Sheet1$"，单击 "确定" 按钮，打开 "导入数据" 对话框。

第 14 步：选择 "现有工作表"，然后在当前工作表中选中一个单元格，单击 "确定" 按钮。

4. 冻结窗格

第 15 步：切换到 Sheet1 工作表中，选中工作表的第二行，执行 "窗口" | "冻结窗格" 命令。

5. 工作簿的共享

第 16 步：在工作簿中执行 "工具" | "共享工作簿" 命令，打开 "共享工作簿" 对话框，选中 "允许多用户同时编辑，同时允许工作簿合并" 复选框。

第 17 步：单击 "确定" 按钮，打开是否保存文档提示框。单击 "确定" 按钮。

5.20　第 20 题解答

1. 模拟运算

第 1 步：在 Sheet1 工作表上选中 E9 单元格，执行 "插入" | "函数" 命令，打开 "插入函数" 对话框。

第 2 步：在 "或选择类别" 下拉列表中选择 "财务"，在 "函数名" 列表框中选择 "FV"，单击"确定"按钮，打开"函数参数"对话框。

第3步：在"Rate"文本框中输入"C11/12"，在"Nper"文本框中输入"C12"，在"Pmt"文本框中输入"C10"，单击"确定"按钮，即可求出结果。

第4步：选中 D9:E13 单元格区域，执行"数据"|"模拟运算表"命令，打开"模拟运算表"对话框。

第5步：在"输入引用列的单元格"文本框中输入"C10"，单击"确定"按钮。

2. 创建、编辑、总结方案

第6步：执行"工具"|"方案"命令，打开"方案管理器"对话框，单击"添加"按钮，打开"编辑方案"对话框。

第7步：在"方案名"文本框中输入"KS5-20"，在"可变单元格"文本框中输入"D10:D13"，单击"确定"按钮，打开"方案变量值"对话框。

第8步：在"请输入每个可变单元格的值"下列文本框中分别输入"-7000、-7500、-8000、-8500"，单击"确定"按钮，返回到"方案管理器"对话框。

第9步：单击"摘要"按钮，打开"方案摘要"对话框。

第10步：在"结果单元格"文本框中输入"E10:E13"，单击"确定"按钮。

3. 导入数据

第11步：切换到 Sheet2 工作表中，执行"数据"|"导入外部数据"|"导入数据"命令，打开"选取数据源"对话框。

第12步：在查找范围列表中选择 C:\Win2008GJW\KSML1 文件夹，在文件列表中选择 KS5-20A.XLS 文件，单击"打开"按钮，打开"选择表格"对话框。

第13步：选中"Sheet1$"，单击"确定"按钮，打开"导入数据"对话框。

第14步：选择"现有工作表"，然后在当前工作表中选中一个单元格，单击"确定"按钮。

4. 冻结窗格

第15步：切换到 Sheet1 工作表中，选中工作表的第二行，执行"窗口"|"冻结窗格"命令。

5. 工作簿的共享

第16步：在工作簿中执行"工具"|"共享工作簿"命令，打开"共享工作簿"对话框，选中"允许多用户同时编辑，同时允许工作簿合并"复选框。

第17步：单击"确定"按钮，打开是否保存文档提示框。单击"确定"按钮。

第六单元　演示文稿的制作

6.1　第 1 题解答

1. 设置页面格式

第 1 步：在演示文稿程序中打开 **A6.PPT**，执行"格式"|"幻灯片设计"命令，打开"幻灯片设计"任务窗格。

第 2 步：在"应用设计模板"列表中找到"诗情画意"设计模板，然后单击该设计模板后面的下三角箭头，在下拉列表中选择"应用于所有幻灯片"，如图 6-01 所示。

第 3 步：在第 1 张幻灯片中选中标题占位符，执行"格式"|"字体"命令，打开"字体"对话框，如图 6-02 所示。

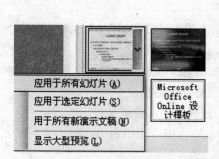
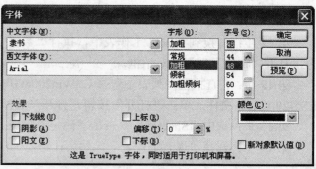

图 6-01　应用设计模板　　　　　　　　　图 6-02　"字体"对话框

第 4 步：在"中文字体"下拉列表中选择"隶书"，在"字形"列表框中选择"加粗"，在"字号"列表中选择"48"，单击"确定"按钮。

第 5 步：在"单击此处添加副标题"占位符内部单击鼠标，当插入点定位在副标题占位符内部后，输入文本"中国民族乐器"。

第 6 步：选中刚刚输入的副标题"中国民族乐器"，在"格式"工具栏的"字体"列表中选择"楷体"。

第 7 步：切换第 4 张幻灯片为当前幻灯片，执行"插入"|"图片"|"来自文件"命令，打开"插入图片"对话框，如图 6-03 所示。

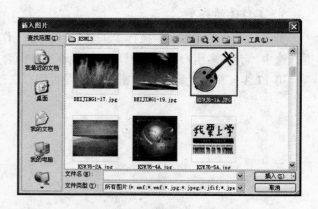

图 6-03　"插入图片"对话框

第 8 步：在"查找范围"下拉列表中选择 C:\Win2008GJW\KSML3 文件夹，在列表中选择 KSWJ6-1A.jpg，单击"插入"按钮，用鼠标将图片拖到样文 6-1B 所示位置。

2. 演示文稿插入设置

第 9 步：切换到第 1 张幻灯片，执行"插入"|"影片和声音"|"文件中的声音"命令，打开"插入声音"对话框，如图 6-04 所示。

第 10 步：在"查找范围"下拉列表中选择 C:\Win2008GJW\KSML3 文件夹，在列表中选择 KSWJ6-1B.MID，单击"插入"按钮，打开如图 6-05 所示的提示对话框。

图 6-04　"插入声音"对话框　　　　　图 6-05　是否自动播放提示框

第 11 步：单击"在单击时"按钮，用鼠标将图标拖到样文 6-1A 所示位置。

第 12 步：在插入的声音图标上右击，在快捷菜单中选择"编辑声音对象"命令，打开"声音选项"对话框，如图 6-06 所示。

第 13 步：选中"循环播放，直到停止"复选框，单击"确定"按钮。

3. 设置幻灯片放映

第 14 步：执行"视图"|"幻灯片浏览"命令，切换到幻灯片浏览视图。

第 15 步：按住 Ctrl 键，分别选中第 1、第 2、第 3、第 4、第 5 张幻灯片，执行"幻灯片放映"|"幻灯片切换"命令，打开"幻灯片切换"任务窗格。在"应用于所选幻灯片"列表中选择"垂直梳理"，在"速度"下拉列表中选择"中速"，在"声音"下拉列表中选择"鼓掌"，在"换片方式"区域选中"单击鼠标时"复选框，如图 6-07 所示。

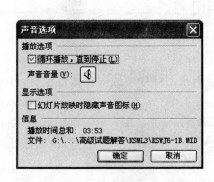

图 6-06　"声音选项"对话框　　　　　图 6-07　设置幻灯片切换效果

第 16 步：执行"视图"|"普通"命令，切换到幻灯片普通视图。

第 17 步：切换到第 2 张幻灯片，单击选中插入的图片，执行"幻灯片放映"|"自定义动画"命令，打开"自定义动画"任务窗格。

第 18 步：在"自定义动画"任务窗格中，单击"添加效果"按钮，然后选择"进入"下的"飞入"动画效果。在"方向"下拉列表中选择"自左上部"，在"速度"下拉列表中选择"快速"。

第 19 步：按照上面两步的方法，分别设置第 3、第 4 张幻灯片中的图片为"进入"下的"飞入"动画效果，方向为自左上部，速度为快速。

第 20 步：切换到第 5 张幻灯片，单击选中插入的图片，在"自定义动画"任务窗格中，单击"添加效果"按钮，然后选择"进入"下"轮子"动画效果。在"辐射状"下拉列表中选择"2 轮辐图案"，在"速度"下拉列表中选择"快速"，在"开始"下拉列表中选择"单击时"。

第 21 步：在效果列表中单击效果后面的下三角箭头，打开一个下拉列表，如图 6-08 所示。单击"效果选项"选项，打开"轮子"对话框，如图 6-09 所示。在"增强"区域的"声音"下拉列表中选择"风铃"，单击"确定"按钮。

第 22 步：按照上面两步的方法，设置第 6 张幻灯片中的图片为"进入"下"轮子"的动画效果，辐射状为 2，速度为快速，风铃的声音，单击鼠标时启动动画。

图 6-08　自定义动画设置选项

图 6-09　设置自定义动画效果

6.2　第 2 题解答

1. 设置页面格式

第 1 步：在演示文稿程序中打开 A6.PPT，在第 1 张幻灯片中选中标题占位符，执行"格式"|"字体"命令，打开"字体"对话框。

第 2 步：在"中文字体"下拉列表中选择"隶书"，在"字形"列表框中选择"加粗"，在"字号"列表框中选择"48"，在"颜色"下拉列表中单击"其他颜色"按钮，打开"颜色"对话框，单击"标准"选项卡，如图 6-10 所示。

第 3 步：在"颜色"区域单击"深蓝色"，依次单击"确定"按钮。

第 5 步：执行"插入"|"文本框"|"水平"命令，拖动鼠标在幻灯片标题的下方拖出一个文本框。在文本框中输入文本"绿色节能环保协会"。

第 6 步：选中刚刚输入的文本"绿色节能环保协会"，在"格式"工具栏的"字体"列表中选择"方正姚体"；在"字号"下拉列表中选择"32"；在"字体颜色"下拉列表中选择"其他颜色"按钮，打开"颜色"对话框，单击"标准"选项卡，在"颜色"区域选择"红色"，单击"确定"按钮。

第 7 步：在幻灯片上单击鼠标右键，在快捷菜单中选择"背景"命令，打开"背景"对话框，如图 6-11 所示。

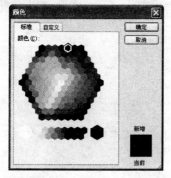

图 6-10　"颜色"对话框

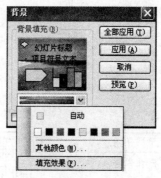

图 6-11　"背景"对话框

第 8 步：在"背景填充"下拉列表中选择"填充效果"命令，打开"填充效果"对话框，单击"图片"选项卡，如图 6-12 所示。

第 9 步：单击"选择图片"按钮，打开"选择图片"对话框，在"查找范围"下拉列表中选择 C:\Win2008GJW\KSML3 文件夹，在列表中选择 KSWJ6-2A.JPG，单击"插入"按钮，返回"填充效果"对话框。

第 10 步：单击"确定"按钮，返回"背景"对话框，单击"全部应用"按钮。

第 11 步：切换到第 4 张幻灯片，选中正文的所有段落，执行"格式"|"项目符号和编号"命令，打开"项目符号和编号"对话框，如图 6-13 所示。

第 12 步：在"项目符号"列表中选择 ◆ 项目符号，单击"确定"按钮。

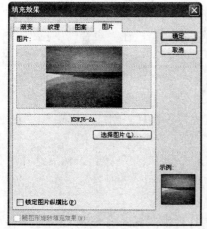

图 6-12　"填充效果"对话框

图 6-13　"项目符号和编号"对话框

2. 演示文稿插入设置

第 13 步：切换到第 4 张幻灯片，执行"幻灯片放映"|"动作按钮"命令，打开一个动作按钮列表，如图 6-14 所示。

第 14 步：在列表中选中"后退或前一项"动作按钮，然后拖动鼠标在幻灯片中绘制一个"后退或前一项"动作按钮，绘制结束，自动打开"动作设置"对话框，如图 6-15 所示。在"单击鼠标"选项卡中选中"超链接到"单选按钮，然后选择"上一张幻灯片"，单击"确定"按钮。

图 6-14　选择动作按钮　　　　图 6-15　"动作设置"对话框

第 15 步：执行"幻灯片放映"|"动作按钮"命令，打开一个动作按钮列表。在列表中选中"前进或下一项"动作按钮，然后拖动鼠标在幻灯片中绘制一个"前进或下一项"动作按钮，绘制结束，自动打开"动作设置"对话框。在"单击鼠标"选项卡中选中"超链接到"单选按钮，然后选择"下一张幻灯片"，单击"确定"按钮。

3. 设置幻灯片放映

第 16 步：执行"视图"|"幻灯片浏览"命令，切换到幻灯片浏览视图。

第 17 步：按住 Ctrl 键，分别选中第 1、第 2、第 3、第 4 张幻灯片，执行"幻灯片放映"|"幻灯片切换"命令，打开"幻灯片切换"任务窗格。在"应用于所选幻灯片"列表中选择"盒状展开"，在"速度"下拉列表中选择"慢速"，在"声音"下拉列表中选择"鼓掌"，选中"循环播放，到下一声音开始时"复选框，在"换片方式"区域选中"单击鼠标时"复选框。

第 18 步：执行"视图"|"普通"命令，切换到幻灯片普通视图。

第 19 步：切换到第 2 张幻灯片，选中标题占位符，执行"幻灯片放映"|"自定义动画"命令，打开"自定义动画"任务窗格。

第 20 步：在"自定义动画"任务窗格中，单击"添加效果"按钮，然后选择"强调"下的"陀螺旋"动画效果。在"数量"下拉列表中选择"360°顺时针"，在"速度"下拉列表中选择"快速"，在"开始"下拉列表中选择"单击时"。

第 21 步：按照上面两步的方法，设置第 3 张幻灯片中的标题为"强调"下的"陀螺旋"动画效果，数量为 360°顺时针，速度为快速，单击鼠标时启动动画。

第 22 步：切换到第 4 张幻灯片，选中幻灯片的标题占位符，在"自定义动画"任务窗格中单击"添加效果"按钮，然后选择"进入"下的"飞入"动画效果。在"方向"下拉列表中选择"自左侧"，在"速度"下拉列表中选择"快速"，在"开始"下拉列表中选择"单击时"。

第 23 步：在效果列表中单击效果后面的下三角箭头，打开一个下拉列表，单击"效果选项"选项，打开"飞入"对话框，如图 6-16 所示。

第 24 步：在"动画文本"下拉列表中选择"按字/词"，在下面的文本框中选择或输入"10"，单击"确定"按钮。

第 25 步：按照上面三步的方法，设置第 5 张幻灯片中的标题文本为"进入"下的"飞入"动画效果，方向为自左侧，速度为快速，按字/词发送，10%字/词之间延迟，单击鼠标时启动动画。

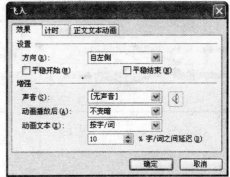

图 6-16 "飞入"对话框

6.3 第 3 题解答

1. 设置页面格式

第 1 步：在演示文稿程序中打开 A6.PPT，执行"格式"|"幻灯片设计"命令，打开"幻灯片设计"任务窗格。

第 2 步：在"应用设计模板"列表中找到"Glass Layers"设计模板，然后单击该设计模板后面的下三角箭头，在下拉列表中选择"应用于所有幻灯片"。

第 3 步：在第 1 张幻灯片中执行"插入"|"图片"|"艺术字"命令，打开"艺术字库"对话框，如图 6-17 所示。

第 4 步：选择第 1 行第 1 列艺术字样式，单击"确定"按钮，打开"编辑'艺术字'文字"对话框，如图 6-18 所示。在"字体"下拉列表中选择"方正姚体"选项，在"字号"下拉列表中选择"28"，在"文字"文本框中输入"网上数学实验室的使用"，单击"确定"按钮，即可将艺术字插入到演示文稿中。

第 5 步：在文档中单击插入的艺术字将其选中，同时打开"艺术字"工具栏。如选中艺术字时打不开"艺术字"工具栏，则执行"视图"|"工具栏"|"艺术字"命令，打开"艺术字"工具栏。

第 6 步：在工具栏中单击"艺术字形状"按钮 Abc，打开"艺术字形状"列表，如图 6-19 所示，在形状列表中单击"波形 1"样式。

第 7 步：在"艺术字"工具栏中单击"设置艺术字格式"按钮 ，打开"设置艺术字格式"对话框，单击"颜色和线条"选项卡，如图 6-20 所示。在"填充"区域的"颜色"列表中选择"黄色"，在"线条"区域的"颜色"下拉列表中选择"白色"，单击"确定"按钮。

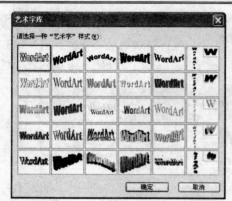

图 6-17 "艺术字库"对话框

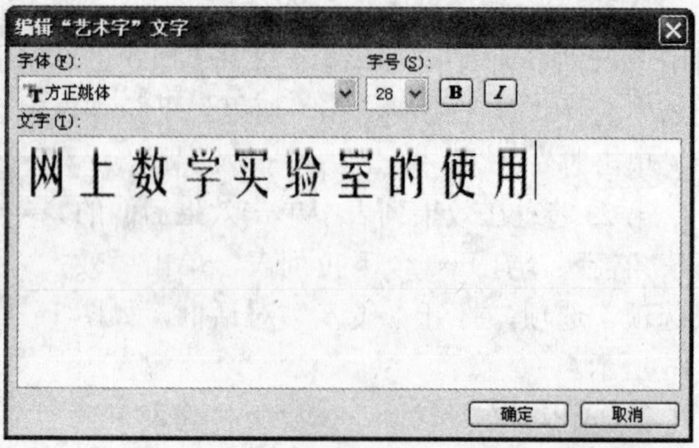

图 6-18 "编辑'艺术字'文字"对话框

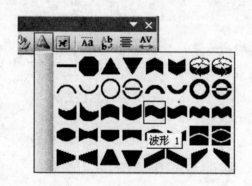

图 6-19 "艺术字形状"列表

图 6-20 "设置艺术字格式"对话框

第 8 步：切换到第 4 张幻灯片，选中文本占位符中的文本，执行"格式"|"项目符号和编号"命令，打开"项目符号和编号"对话框。

第 9 步：在"项目符号"列表中选择 ◆ 项目符号，在"大小"文本框中选择或者输入"120%"，单击"确定"按钮。

第 10 步：执行"视图"|"母版"|"幻灯片母版"命令，切换到幻灯片母版视图。

第 11 步：在"页脚"区输入文本"网上数学实验室"。选中输入的页脚，在"格式"工具栏的"字体"下拉列表中选择"楷体"。单击"幻灯片母版视图"工具栏上的"关闭母版视图"按钮，返回普通视图。

2. 演示文稿插入设置

第 12 步：切换到第 1 张幻灯片，执行"插入"|"影片和声音"|"文件中的声音"命令，打开"插入声音"对话框。

第 13 步：在"查找范围"下拉列表中选择 C:\Win2008GJW\KSML3 文件夹，在列表中选择 KSWJ6-3B.MID，单击"插入"按钮，打开提示对话框。

第 14 步：单击"在单击时"按钮，用鼠标将图标拖到样文 6-3A 所示位置。

第 15 步：在插入的声音图标上右击，在快捷菜单中选择"编辑声音对象"命令，打开"声音选项"对话框。选中"循环播放，直到停止"复选框，单击"确定"按钮。

3．设置幻灯片放映

第 16 步：执行"视图"|"幻灯片浏览"命令，切换到幻灯片浏览视图。

第 17 步：按住 Ctrl 键，分别选中第 1、第 2、第 3、第 4 张幻灯片，执行"幻灯片放映"|"幻灯片切换"命令，打开"幻灯片切换"任务窗格。在"应用于所选幻灯片"列表中选择"随机水平线条"，在"速度"下拉列表中选择"慢速"，在"换片方式"区域选中"单击鼠标时"复选框。

第 18 步：执行"视图"|"普通"命令，切换到幻灯片普通视图。

第 19 步：切换到第 1 张幻灯片，选中艺术字，执行"幻灯片放映"|"自定义动画"命令，打开"自定义动画"任务窗格。

第 20 步：在"自定义动画"任务窗格中，单击"添加效果"按钮，然后选择"进入"下的"弹跳"动画效果。在"速度"下拉列表中选择"中速"，在"开始"下拉列表中选择"单击时"。

第 21 步：切换到第 2 张幻灯片，选中幻灯片的标题占位符，在"自定义动画"任务窗格中，单击"添加效果"按钮，然后选择"进入"下的"飞入"动画效果。在"方向"下拉列表中选择"自顶部"，在"速度"下拉列表中选择"快速"，在"开始"下拉列表中选择"单击时"。

第 22 步：在效果列表中单击效果后面的下三角箭头，打开一个下拉列表，单击"效果选项"选项，打开"飞入"对话框。

第 23 步：在"动画文本"下拉列表中选择"按字/词"，在下面的文本框中选择或输入"10"，单击"确定"按钮。

第 24 步：按照上面三步的方法，设置第 3、第 4 张幻灯片中的标题文本为"进入"下的"飞入"动画效果，方向为自左侧，速度为快速，按字/词发送，10%字/词之间延迟，单击鼠标时启动动画。

6.4　第 4 题解答

1．设置页面格式

第 1 步：在演示文稿程序中打开 A6.PPT，执行"格式"|"幻灯片设计"命令，打开"幻灯片设计"任务窗格。

第 2 步：在"应用设计模板"列表中找到"Blends"设计模板，然后单击该设计模板后面的下三角箭头，在下拉列表中选择"应用于所有幻灯片"。

第 3 步：在第 1 张幻灯片中选中标题占位符，在"格式"工具栏的"字体"列表中选择"隶书"；在"字号"下拉列表中选择"66"；在字体颜色下拉列表中选择"其他颜色"按钮，打开"颜色"对话框，单击"标准"选项卡，在"颜色"区域选择"深红色"，依次单击"确定"按钮。

第 4 步：在"单击此处添加副标题"占位符内部单击鼠标，当插入点定位在副标题占位符内部后，输入文本"主讲：吴承志"。

第 5 步：选中刚刚输入的文本"主讲：吴承志"；在"格式"工具栏的"字体"列表中选择"楷体"；在"字号"下拉列表中选择"36"；单击"加粗"按钮；在"字体颜色"下拉列表中选择"其他颜色"按钮，打开"颜色"对话框，单击"标准"选项卡，在"颜色"区域选择"蓝色"，单击"确定"按钮。

第 6 步：切换第 4 张幻灯片为当前幻灯片，执行"插入"|"图片"|"来自文件"命令，打开"插入图片"对话框。

第 7 步：在"查找范围"下拉列表中选择 C:\Win2008GJW\KSML3 文件夹，在列表中选择 KSWJ6-4A.JPG，单击"插入"按钮，用鼠标将图片拖到样文 6-4B 所示位置。

2. 演示文稿插入设置

第 8 步：切换到第 1 张幻灯片，执行"插入"|"影片和声音"|"文件中的声音"命令，打开"插入声音"对话框。

第 9 步：在"查找范围"下拉列表中选择 C:\Win2008GJW\KSML3 文件夹，在列表中选择 KSWJ6-4B.MID，单击"插入"按钮，打开提示对话框。

第 10 步：单击"在单击时"按钮，用鼠标将图标拖到样文 6-4A 所示位置。

第 11 步：在插入的声音图标上右击，在快捷菜单中选择"编辑声音对象"命令，打开"声音选项"对话框。选中"循环播放，直到停止"复选框，单击"确定"按钮。

3. 设置幻灯片放映

第 12 步：执行"视图"|"幻灯片浏览"命令，切换到幻灯片浏览视图。

第 13 步：按住 Ctrl 键，分别选中第 1、第 2、第 3、第 4、第 5 张幻灯片，执行"幻灯片放映"|"幻灯片切换"命令，打开"幻灯片切换"任务窗格。在"应用于所选幻灯片"列表中选择"横向棋盘式"，在"速度"下拉列表中选择"中速"，在"换片方式"区域选中"单击鼠标时"复选框。

第 14 步：执行"视图"|"普通"命令，切换到幻灯片普通视图。

第 15 步：切换到第 1 张幻灯片，选中图片，执行"幻灯片放映"|"自定义动画"命令，打开"自定义动画"任务窗格。

第 16 步：在"自定义动画"任务窗格中，单击"添加效果"按钮，然后选择"进入"下的"飞入"动画效果。在"方向"下拉列表中选择"自右下部"，在"速度"下拉列表中选择"中速"，在"开始"下拉列表中选择"单击时"。

第 17 步：切换到第 3 张幻灯片，选中幻灯片的文本占位符，在"自定义动画"任务窗格中，单击"添加效果"按钮，然后选择"进入"下的"伸展"动画效果。在"方向"下拉列表中选择"自左侧"，在"速度"下拉列表中选择"慢速"，在"开始"下拉列表中选择"单击时"。

第 18 步：在效果列表中单击效果后面的下三角箭头，打开一个下拉列表，单击"效果选项"选项，打开"伸展"对话框。

第 19 步：在"声音"下拉列表中选择"打字机"，在"动画文本"下拉列表中选择"整批发送"，单击"确定"按钮。

6.5 第 5 题解答

1. 设置页面格式

第 1 步：在演示文稿程序中打开 A6.PPT，执行"格式"|"幻灯片设计"命令，打开"幻灯片设计"任务窗格。

第 2 步：在"应用设计模板"列表中找到"天坛月色"设计模板，然后单击该设计模板后面的下三角箭头，在下拉列表中选择"应用于所有幻灯片"。

第 3 步：在第 1 张幻灯片中选中标题占位符，在"格式"工具栏的"字体"列表中选择"幼圆"；在"字号"下拉列表中选择"66"；单击"加粗"按钮；单击"倾斜"按钮；在"字体颜色"下拉列表中选择"其他颜色"按钮，打开"颜色"对话框，单击"标准"选项卡，在"颜色"区域选择"黄色"，单击"确定"按钮。

第 4 步：在"单击此处添加副标题"占位符内部单击鼠标，当插入点定位在副标题占位符内部后，输入文本"——社会公益事业"。

第 5 步：选中刚刚输入的文本"——社会公益事业"，在"格式"工具栏的"字体"列表中选择"隶书"。

第 6 步：切换第 3 张幻灯片为当前幻灯片，执行"插入"|"图片"|"来自文件"命令，打开"插入图片"对话框。

第 7 步：在"查找范围"下拉列表中选择 C:\Win2008GJW\KSML3 文件夹，在列表中选择 KSWJ6-5A.JPG，单击"插入"按钮，用鼠标将图片拖到样文 6-5B 所示位置。

第 8 步：执行"插入"|"图片"|"来自文件"命令，打开"插入图片"对话框。在"查找范围"下拉列表中选择 C:\Win2008GJW\KSML3 文件夹，在列表中选择 KSWJ6-5B.JPG，单击"插入"按钮，用鼠标将图片拖到样文 6-5B 所示位置。

2. 演示文稿插入设置

第 9 步：在第 3 张幻灯片中，执行"幻灯片放映"|"动作按钮"命令，打开一个动作按钮列表。

第 10 步：在列表中选中"后退或前一项"动作按钮，然后拖动鼠标在幻灯片中绘制一个"后退或前一项"动作按钮，绘制结束，自动打开"动作设置"对话框。在"单击鼠标"选项卡中选中"超链接到"单选按钮，然后选择"上一张幻灯片"，单击"确定"按钮。

第 11 步：执行"幻灯片放映"|"动作按钮"命令，打开一个动作按钮列表。在列表中选中"前进或下一项"动作按钮，然后拖动鼠标在幻灯片中绘制一个"前进或下一项"动作按钮，绘制结束，自动打开"动作设置"对话框。在"单击鼠标"选项卡中选中"超链接到"单选按钮，然后选择"下一张幻灯片"，单击"确定"按钮。

3. 设置幻灯片放映

第 12 步：执行"视图"|"幻灯片浏览"命令，切换到幻灯片浏览视图。

第 13 步：选中所有幻灯片，执行"幻灯片放映"|"幻灯片切换"命令，打开"幻灯片切换"任务窗格。在"应用于所选幻灯片"列表中选择"扇形展开"，在"速度"下拉列表中选择"慢速"，在"换片方式"区域选择"单击鼠标时"。

第 14 步：执行"视图"|"普通"命令，切换到幻灯片普通视图。

第 15 步：在第 3 张幻灯片中，选中第一个图片，执行"幻灯片放映"|"自定义动画"命令，打开"自定义动画"任务窗格。

第 16 步：在"自定义动画"任务窗格中，单击"添加效果"按钮，然后选择"进入"下的"翻转式由远及近"的动画效果。在"速度"下拉列表中选择"中速"，在"开始"下拉列表中选择"单击时"。

第 17 步：按照相同的方法为第 3 张幻灯片中的第 2 张图片设置相同的效果。

第 18 步：切换到第 1 张幻灯片，选中幻灯片的标题占位符，在"自定义动画"任务窗格中，单击"添加效果"按钮，然后选择"进入"下的"飞入"动画效果。在"方向"下拉列表中选择"自右侧"，在"速度"下拉列表中选择"快速"，在"开始"下拉列表中选择"单击时"。

第 19 步：在效果列表中单击效果后面的下三角箭头，打开一个下拉列表，单击"效果选项"选项，打开"飞入"对话框。

第 20 步：在"声音"下拉列表中选择"打字机"，在"动画文本"下拉列表中选择"按字/词"，在下面的文本框中选择或输入"10"，单击"确定"按钮。

6.6　第 6 题解答

1. 设置页面格式

第 1 步：在演示文稿程序中打开 A6.PPT，在幻灯片上单击鼠标右键，在快捷菜单中选择"背景"命令，打开"背景"对话框。

第 2 步：在"背景填充"下拉列表中选择"填充效果"命令，打开"填充效果"对话框，单击"图片"选项卡。

第 3 步：单击"选择图片"按钮，打开"选择图片"对话框，在"查找范围"下拉列表中选择 C:\Win2008GJW\KSML3 文件夹，在列表中选择 KSWJ6-6A.JPG，单击"插入"按钮，返回"填充效果"对话框。

第 4 步：单击"确定"按钮，返回"背景"对话框，选中"忽略母版的背景图形"复选框，单击"全部应用"按钮。

第 5 步：在第 1 张幻灯片中选中标题占位符，在"格式"工具栏的"字体"列表中选择"楷体"；在"字号"下拉列表中选择"72"；在"字体颜色"下拉列表中选择"其他颜色"按钮，打开"颜色"对话框，单击"标准"选项卡，在"颜色"区域选择"粉红色"，单击"确定"按钮。

第 6 步：执行"插入"|"文本框"|"水平"命令，拖动鼠标在幻灯片标题的下方拖出一个文本框。在文本框中输入文本"——台湾必游的八大景点"。

第 7 步：选中刚刚输入文本"——台湾必游的八大景点"，在"格式"工具栏的"字体"列表中选择"隶书"；在"字号"下拉列表中选择"36"；在字体颜色下拉列表中选择"其他颜色"按钮，打开"颜色"对话框，选择"标准"选项卡，在"颜色"区域选择"蓝色"，单击"确定"按钮。

第 8 步：切换第 6 张幻灯片为当前幻灯片，执行"插入"|"图片"|"来自文件"命令，打开"插入图片"对话框。

第 9 步：在"查找范围"下拉列表中选择 C:\Win2008GJW\KSML3 文件夹，在列表中选择 KSWJ6-6B.JPG，单击"插入"按钮，用鼠标将图片拖到样文 6-6B 所示位置。

2. 演示文稿插入设置

第 10 步：切换到第 2 张幻灯片，执行"幻灯片放映"|"动作按钮"命令，打开一个动作按钮列表。

第 11 步：在列表中选中"后退或前一项"动作按钮，然后拖动鼠标在幻灯片中绘制一个"后退或前一项"动作按钮，绘制结束，自动打开"动作设置"对话框。在"单击鼠标"选项卡中选中"超链接到"单选按钮，然后选择"上一张幻灯片"，单击"确定"按钮。

第 12 步：执行"幻灯片放映"|"动作按钮"命令，打开一个动作按钮列表。在列表中选中"前进或下一项"动作按钮，然后拖动鼠标在幻灯片中绘制一个"前进或下一项"动作按钮，绘制结束，自动打开"动作设置"对话框。在"单击鼠标"选项卡中选中"超链接到"单选按钮，然后选择"下一张幻灯片"，单击"确定"按钮。

第 13 步：双击插入的动作按钮，打开"设置自选图形格式"对话框，如图 6-21 所示。在"填充"区域的"颜色"下拉列表中选择"紫罗兰"，在"线条"区域的"颜色"下拉列表中选择"黄色"，单击"确定"按钮。

图 6-21 "设置自选图形格式"对话框

3. 设置幻灯片放映

第 14 步：执行"视图"|"幻灯片浏览"命令，切换到幻灯片浏览视图。

第 15 步：选中所有幻灯片，执行"幻灯片放映"|"幻灯片切换"命令，打开"幻灯片切换"任务窗格。在"应用于所选幻灯片"列表中选择"盒状收缩"，在"速度"下拉列表中选择"中速"，在"换片方式"区域选中"单击鼠标时"复选框。

第 16 步：执行"视图"|"普通"命令，切换到幻灯片普通视图。

第 17 步：切换到第 3 张幻灯片，选中图片，执行"幻灯片放映"|"自定义动画"命令，打开"自定义动画"任务窗格。

第 18 步：在"自定义动画"任务窗格中，单击"添加效果"按钮，然后选择"进入"下的"翻转式由远及近"动画效果，在"开始"下拉列表中选择"单击时"。

第 19 步：按照相同的方法为第 4、第 5 张幻灯片中的图片设置为"进入"下的"翻转式由远及近"动画效果，单击鼠标时启动动画。

第 20 步：切换到第 1 张幻灯片，选中幻灯片的标题占位符，在"自定义动画"任务窗格中，单击"添加效果"按钮，然后选择"进入"下的"菱形"动画效果。在"速度"下拉列表中选择"中速"，在"开始"下拉列表中选择"单击时"。

第 21 步：在效果列表中单击效果后面的下三角箭头，打开一个下拉列表，单击"效果选项"选项，打开"菱形"对话框。

第 22 步：在"声音"下拉列表中选择"照相机"，单击"确定"按钮。

6.7　第 7 题解答

1. 设置页面格式

第 1 步：在演示文稿程序中打开 A6.PPT，在幻灯片上单击鼠标右键，在快捷菜单中选择"背景"命令，打开"背景"对话框。

第 2 步：在"背景填充"下拉列表中选择"填充效果"命令，打开"填充效果"对话框，单击"图片"选项卡。

第 3 步：单击"选择图片"按钮，打开"选择图片"对话框，在"查找范围"下拉列表中选择 C:\Win2008GJW\KSML3 文件夹，在列表中选择 KSWJ6-7A.JPG，单击"插入"按钮，返回"填充效果"对话框。

第 4 步：单击"确定"按钮，返回"背景"对话框，选中"忽略母版的背景图形"复选框，单击"全部应用"按钮。

第 5 步：在第 1 张幻灯片中首先将标题删除，然后执行"插入"|"图片"|"艺术字"命令，打开"艺术字库"对话框。

第 6 步：选择第 4 行第 4 列艺术字样式，单击"确定"按钮，打开"编辑'艺术字'文字"对话框。在"字体"下拉列表中选择"方正姚体"选项，在"字号"下拉列表中选择"60"，在"文字"文本框中输入"防震减灾基础知识"，单击"确定"按钮，即可将艺术字插入到演示文稿中。

第 7 步：执行"插入"|"文本框"|"水平"命令，拖动鼠标在幻灯片标题的下方拖出一个文本框。在文本框中输入样文所示文本。

第 8 步：选中刚刚输入的文本，在"格式"工具栏的"字体"列表中选择"幼圆"；在"字号"下拉列表中选择"26"；单击"加粗"按钮；在"字体颜色"下拉列表中选择"其他颜色"按钮，打开"颜色"对话框，单击"标准"选项卡，在"颜色"区域单击"紫色"，单击"确定"按钮。

第 9 步：切换第 3 张幻灯片为当前幻灯片，执行"插入"|"图片"|"来自文件"命令，打开"插入图片"对话框。

第 10 步：在"查找范围"下拉列表中选择 C:\Win2008GJW\KSML3 文件夹，在列表中选择 KSWJ6-7B.JPG，单击"插入"按钮，用鼠标将图片拖到样文 6-7B 所示位置。

2. 演示文稿插入设置

第 11 步：切换到第 1 张幻灯片，执行"插入"|"影片和声音"|"文件中的声音"命令，打开"插入声音"对话框。

第 12 步：在"查找范围"下拉列表中选择 C:\Win2008GJW\KSML3 文件夹，在列表中选择 KSWJ6-7C.MID，单击"插入"按钮，打开提示对话框。

第 13 步：单击"在单击时"按钮，用鼠标将图标拖到样文 6-7A 所示位置。

第 14 步：在插入的声音图标上右击，在快捷菜单中选择"编辑声音对象"命令，打开"声音选项"对话框。选中"循环播放，直到停止"复选框，单击"确定"按钮。

3. 设置幻灯片放映

第 15 步：执行"视图"|"幻灯片浏览"命令，切换到幻灯片浏览视图。

第 16 步：选中所有幻灯片，执行"幻灯片放映"|"幻灯片切换"命令，打开"幻灯片切换"任务窗格。在"应用于所选幻灯片"列表中选择"从全黑淡出"，在"速度"下拉列表中选择"中速"，在"换片方式"区域选中"单击鼠标时"复选框。

第 17 步：执行"视图"|"普通"命令，切换到幻灯片普通视图。

第 18 步：切换到第 1 张幻灯片，选中艺术字，执行"幻灯片放映"|"自定义动画"命令，打开"自定义动画"任务窗格。

第 19 步：在"自定义动画"任务窗格中，单击"添加效果"按钮，然后选择"强调"下的"放大/缩小"动画效果。在"速度"下拉列表中选择"中速"，在"开始"下拉列表中选择"单击时"。

第 20 步：切换到第 2 张幻灯片，选中幻灯片的标题占位符，在"自定义动画"任务窗格中，单击"添加效果"按钮，然后选择"进入"下的"飞入"动画效果。在"方向"下拉列表中选择"自左侧"，在"速度"下拉列表中选择"快速"，在"开始"下拉列表中选择"单击时"。

第 21 步：在效果列表中单击效果后面的下三角箭头，打开一个下拉列表，单击"效果选项"选项，打开"飞入"对话框。

第 22 步：在"声音"下拉列表中选择"打字机"，在"动画文本"下拉列表中选择"按字/词"，在下面的文本框中选择或输入"10"，单击"确定"按钮。

6.8 第 8 题解答

1. 设置页面格式

第 1 步：在演示文稿程序中打开 A6.PPT，在幻灯片上单击鼠标右键，在快捷菜单中选择"背景"命令，打开"背景"对话框。

第 2 步：在"背景填充"下拉列表中选择"填充效果"命令，打开"填充效果"对话框，单击"图片"选项卡。

第 3 步：单击"选择图片"按钮，打开"选择图片"对话框，在"查找范围"下拉列表中选择 C:\Win2008GJW\KSML3 文件夹，在列表中选择 KSWJ6-8A.JPG，单击"插入"按钮，返回"填充效果"对话框。

第 4 步：单击"确定"按钮，返回"背景"对话框，选中"忽略母版的背景图形"复选框，单击"全部应用"按钮。

第 5 步：在第 1 张幻灯片中首先将标题删除，然后执行"插入"|"图片"|"艺术字"命令，打开"艺术字库"对话框。

第 6 步：选择第 3 行第 4 列艺术字样式，单击"确定"按钮，打开"编辑'艺术字'

文字"对话框。在"字体"下拉列表中选择"隶书"，在"字号"下拉列表中选择"66"，单击"加粗"按钮，在"文字"文本框中输入"家居装修知识"，单击"确定"按钮，即可将艺术字插入到演示文稿中。

第 7 步：选中副标题义本，在"格式"工具栏的"字体"下拉列表中选择"幼圆"；在"字号"下拉列表中选择"40"；单击"加粗"按钮；在字体颜色下拉列表中选择"其他颜色"按钮，打开"颜色"对话框，单击"标准"选项卡，在"颜色"区域选择"黄色"，单击"确定"按钮。

第 8 步：切换到第 2 张幻灯片，选中正文文本中的五个应注意方面的文本，执行"格式"|"项目符号和编号"命令，打开"项目符号和编号"对话框。

第 9 步：在"项目符号"列表中选择 ■ 项目符号，在"字体颜色"下拉列表中选择"其他颜色"按钮，打开"颜色"对话框，单击"标准"选项卡，在"颜色"区域选择"蓝色"，依次单击"确定"按钮返回幻灯片。

2. 演示文稿插入设置

第 10 步：切换到第 2 张幻灯片，执行"幻灯片放映"|"动作按钮"命令，打开一个动作按钮列表。

第 11 步：在列表中选中"后退或前一项"动作按钮，然后拖动鼠标在幻灯片中绘制一个"后退或前一项"动作按钮，绘制结束，自动打开"动作设置"对话框。在"单击鼠标"选项卡中选中"超链接到"单选按钮，然后选择"上一张幻灯片"，单击"确定"按钮。

第 12 步：执行"幻灯片放映"|"动作按钮"命令，打开一个动作按钮列表。在列表中选中"前进或下一项"动作按钮，然后拖动鼠标在幻灯片中绘制一个"前进或下一项"动作按钮，绘制结束，自动打开"动作设置"对话框。在"单击鼠标"选项卡中选中"超链接到"单选按钮，然后选择"下一张幻灯片"，单击"确定"按钮。

第 13 步：双击插入的动作按钮，打开"设置自选图形格式"对话框。在"填充"区域的"颜色"下拉列表中选择"梅红"色，在"线条"区域的"颜色"下拉列表中选择"蓝色"，单击"确定"按钮。

3. 设置幻灯片放映

第 14 步：执行"视图"|"幻灯片浏览"命令，切换到幻灯片浏览视图。

第 15 步：选中所有幻灯片，执行"幻灯片放映"|"幻灯片切换"命令，打开"幻灯片切换"任务窗格。在"应用于所选幻灯片"列表中选择"盒状收缩"，在"速度"下拉列表中选择"慢速"，在"换片方式"区域选中"单击鼠标时"复选框。

第 16 步：执行"视图"|"普通"命令，切换到幻灯片普通视图。

第 17 步：切换到第 1 张幻灯片，选中艺术字，执行"幻灯片放映"|"自定义动画"命令，打开"自定义动画"任务窗格。

第 18 步：在"自定义动画"任务窗格中，单击"添加效果"按钮，然后选择"强调"下的"陀螺旋"动画效果。在"数量"下拉列表中选择"旋转两周"。

第 19 步：在效果列表中单击效果后面的下三角箭头，打开一个下拉列表，单击"效果选项"选项，打开"陀螺旋"对话框。

第 20 步：在"声音"下拉列表中选择"风铃"，在"播放动画后"下拉列表中选择"播放动画后隐藏", 单击"确定"按钮。

第 21 步: 切换到第 2 张幻灯片, 选中"饰品规格"文本, 执行"插入" | "超链接"命令, 打开"插入超链接"对话框, 如图 6-22 所示。

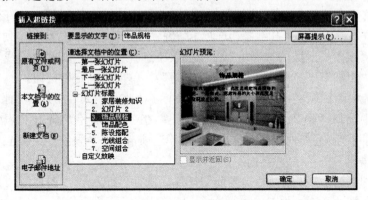

图 6-22 "插入超链接"对话框

第 22 步: 在"链接到"列表中选择"本文档中的位置", 在"请选择文档中的位置"列表中选择第 3 张幻灯片, 单击"确定"按钮。

第 23 步: 按照相同的方法将"饰品配色"链接到第 4 张幻灯片, 将"陈设搭配"链接到第 5 张幻灯片, 将"光线组合"链接到第 6 张幻灯片, 将"空间组合"链接到第 7 张幻灯片。

6.9 第 9 题解答

1. 设置页面格式

第 1 步: 在演示文稿程序中打开 A6.PPT, 在幻灯片上单击鼠标右键, 在快捷菜单中选择"背景"命令, 打开"背景"对话框。

第 2 步: 在"背景填充"下拉列表中选择"填充效果"命令, 打开"填充效果"对话框, 单击"图片"选项卡。

第 3 步: 单击"选择图片"按钮, 打开"选择图片"对话框, 在"查找范围"下拉列表中选择 C:\Win2008GJW\KSML3 文件夹, 在列表中选择 KSWJ6-9A.JPG, 单击"插入"按钮, 返回"填充效果"对话框。

第 4 步: 单击"确定"按钮, 返回"背景"对话框, 选中"忽略母版的背景图形"复选框, 单击"全部应用"按钮。

第 5 步: 在第 1 张幻灯片中首先将标题删除, 然后执行"插入" | "图片" | "艺术字"命令, 打开"艺术字库"对话框。

第 6 步: 选择第 2 行第 3 列艺术字样式, 单击"确定"按钮, 打开"编辑'艺术字'文字"对话框。在"字体"下拉列表中选择"楷体"选项, 在"字号"下拉列表中选择"60", 单击"加粗"按钮, 在"文字"文本框中输入"爱护地球, 共建美好家园", 单击"确定"按钮, 即可将艺术字插入到演示文稿中。

第 7 步：在文档中单击插入的艺术字将其选中，同时打开"艺术字"工具栏。如选中艺术字时打不开"艺术字"工具栏，则执行"视图"|"工具栏"|"艺术字"命令，打开"艺术字"工具栏。

第 8 步：在"艺术字"工具栏中单击"设置艺术字格式"按钮　，打开"设置艺术字格式"对话框，单击"颜色和线条"选项卡。在"填充"区域的"颜色"列表中选择"白色"命令，在"线条"区域的"颜色"下拉列表中选择"白色"，在"虚线"下拉列表中选择实线，在"粗细"下拉列表中选择"1.75 磅"，单击"确定"按钮。

第 9 步：选中副标题文本，在"格式"工具栏的"字体"列表中选择"隶书"；在"字号"下拉列表中选择"40"；单击"加粗"按钮；在"字体颜色"下拉列表中选择"其他颜色"按钮，打开"颜色"对话框，单击"标准"选项卡，在"颜色"区域选择"鲜绿色"，单击"确定"按钮。

第 10 步：切换第 3 张幻灯片为当前幻灯片，执行"插入"|"图片"|"来自文件"命令，打开"插入图片"对话框。

第 11 步：在"查找范围"下拉列表中选择 C:\Win2008GJW\KSML3 文件夹，在列表中选择 KSWJ6-9B.wmf，单击"插入"按钮，用鼠标将图片拖到样文 6-9B 所示位置。

2. 演示文稿插入设置

第 12 步：切换到第 1 张幻灯片，执行"插入"|"影片和声音"|"文件中的声音"命令，打开"插入声音"对话框。

第 13 步：在"查找范围"下拉列表中选择 C:\Win2008GJW\KSML3 文件夹，在列表中选择 KSWJ6-9C.MID，单击"插入"按钮，打开提示对话框。

第 14 步：单击"在单击时"按钮，用鼠标将图标拖到样文 6-9A 所示位置。

第 15 步：在插入的声音图标上右击，在快捷菜单中选择"编辑声音对象"命令，打开"声音选项"对话框。选中"循环播放，直到停止"复选框，单击"确定"按钮。

3. 设置幻灯片放映

第 16 步：执行"视图"|"幻灯片浏览"命令，切换到幻灯片浏览视图。

第 17 步：选中所有幻灯片，执行"幻灯片放映"|"幻灯片切换"命令，打开"幻灯片切换"任务窗格。在"应用于所选幻灯片"列表中选择"溶解"，在"速度"下拉列表中选择"中速"，在"换片方式"区域选中"单击鼠标时"复选框。

第 18 步：执行"视图"|"普通"命令，切换到幻灯片普通视图。

第 19 步：切换到第 1 张幻灯片，选中艺术字，执行"幻灯片放映"|"自定义动画"命令，打开"自定义动画"任务窗格。

第 20 步：在"自定义动画"任务窗格中，单击"添加效果"按钮，然后选择"动作路径"下的"向下"动画效果。在"速度"下拉列表中选择"中速"，在"开始"下拉列表中选择"单击时"。

第 21 步：切换到第 2 张幻灯片，选中幻灯片的标题占位符，在"自定义动画"任务窗格中，单击"添加效果"按钮，然后选择"强调"下的"放大/缩小"动画效果。在"速度"下拉列表中选择"中速"，在"开始"下拉列表中选择"单击时"。

第 22 步：在效果列表中单击效果后面的下三角箭头，打开一个下拉列表，单击"效果选项"选项，打开"放大/缩小"对话框。在"声音"下拉列表中选择"打字机"，在"动画文本"下拉列表中选择"整批发送"，单击"确定"按钮。

第 23 步：按照相同的方法，将第 3、第 4 张幻灯片中的标题文本设置为"强调"下的"放大/缩小"的动画效果，速度为中速，打字机的声音，动画文本整批发送，单击鼠标时启动动画。

6.10　第 10 题解答

1. 设置页面格式

第 1 步：在演示文稿程序中打开 A6.PPT，执行"格式"|"幻灯片设计"命令，打开"幻灯片设计"任务窗格。

第 2 步：在"应用设计模板"列表中找到"Textured"设计模板，然后单击该设计模板后面的下三角箭头，在下拉列表中选择"应用于所有幻灯片"。

第 3 步：在第 1 张幻灯片中首先将标题删除，然后执行"插入"|"图片"|"艺术字"命令，打开"艺术字库"对话框。

第 4 步：选择第 2 行第 2 列艺术字样式，单击"确定"按钮，打开"编辑'艺术字'文字"对话框。在"字号"下拉列表中选择"60"，在"文字"文本框中输入"高等数学电子教案"，单击"确定"按钮，即可将艺术字插入到演示文稿中。

第 5 步：在文档中单击插入的艺术字将其选中，同时打开"艺术字"工具栏。如选中艺术字时打不开"艺术字"工具栏，则执行"视图"|"工具栏"|"艺术字"命令，打开"艺术字"工具栏。

第 6 步：在"艺术字"工具栏中单击"设置艺术字格式"按钮 ，打开"设置艺术字格式"对话框，单击"颜色和线条"选项卡。在"填充"区域的"颜色"列表中选择"天蓝"色，在"线条"区域的"颜色"下拉列表中选择"粉红"色，在"虚线"下拉列表中选择"实线"，在"粗细"下拉列表中选择"1 磅"，单击"确定"按钮。

第 7 步：选中副标题文本，在"格式"工具栏的"字体"列表中选择"幼圆"；在"字号"下拉列表中选择"40"；在"字体颜色"下拉列表中选择"其他颜色"按钮，打开"颜色"对话框，单击"标准"选项卡，在"颜色"区域单击"黄色"，单击"确定"按钮。

第 8 步：切换到第 2 张幻灯片，选中文本占位符中的文本，执行"格式"|"项目符号和编号"命令，打开"项目符号和编号"对话框。

第 9 步：在"项目符号"列表中选择 项目符号，在"大小"文本框中选择或者输入"140"，单击"确定"按钮。

2. 演示文稿插入设置

第 10 步：切换到第 1 张幻灯片，执行"插入"|"影片和声音"|"文件中的声音"命令，打开"插入声音"对话框。

第 11 步：在"查找范围"下拉列表中选择 C:\Win2008GJW\KSML3 文件夹，在列表中选择 KSWJ6-10B.MID，单击"插入"按钮，打开提示对话框。

第 12 步：单击"在单击时"按钮，用鼠标将图标拖到样文 6-10A 所示位置。

第 13 步：在插入的声音图标上右击，在快捷菜单中选择"编辑声音对象"命令，打开"声音选项"对话框。选中"循环播放，直到停止"复选框，单击"确定"按钮。

3. 设置幻灯片放映

第 14 步：执行"视图"|"幻灯片浏览"命令，切换到幻灯片浏览视图。

第 15 步：选中所有幻灯片，执行"幻灯片放映"|"幻灯片切换"命令，打开"幻灯片切换"任务窗格。在"应用于所选幻灯片"列表中选择"盒状展开"，在"速度"下拉列表中选择"中速"，在"换片方式"区域选中"单击鼠标时"复选框。

第 16 步：执行"视图"|"普通"命令，切换到幻灯片普通视图。

第 17 步：切换到第 1 张幻灯片，选中副标题占位符中的文本，执行"幻灯片放映"|"自定义动画"命令，打开"自定义动画"任务窗格。

第 18 步：在"自定义动画"任务窗格中单击"添加效果"按钮，然后选择"进入"下的"菱形"动画效果。在"方向"下拉列表中选择"外"，在"速度"下拉列表中选择"中速"。

第 19 步：在效果列表中单击效果后面的下三角箭头，打开一个下拉列表，单击"效果选项"选项，打开"菱形"对话框。

第 20 步：在"声音"下拉列表中选择"鼓掌"，在"动画文本"下拉列表中选择"按字/词"发送，单击"确定"按钮。

第 21 步：切换到第 2 张幻灯片，选中"基本概念"文本，执行"插入"|"超链接"命令，打开"插入超链接"对话框。

第 22 步：在"链接到"列表中选择"本文档中的位置"，在"请选择文档中的位置"列表中选择第 3 张幻灯片，单击"确定"按钮。

第 23 步：按照相同的方法将"函数的特性"链接到第 5 张幻灯片，将"反函数"链接到第 7 张幻灯片，将"本课小结"链接到第 8 张幻灯片，将"思考与练习"链接到第 9 张幻灯片。

6.11   第 11 题解答

1. 设置页面格式

第 1 步：在演示文稿程序中打开 A6.PPT，在第 1 张幻灯片中选中标题文本，在"格式"工具栏的"字体"列表中选择"华文行楷"；在"字号"下拉列表中选择"72"；单击"加粗"按钮；在"字体颜色"下拉列表中选择"其他颜色"按钮，打开"颜色"对话框，单击"标准"选项卡，在"颜色"区域选择"黄色"，单击"确定"按钮。

第 2 步：执行"视图"|"母版"|"幻灯片母版"命令，切换到幻灯片母版视图。

第 3 步：选中"单击此处编辑母版标题样式"占位符，在"格式"工具栏的"字体"列表中选择"幼圆"；在"字号"下拉列表中选择"40"；在"字体颜色"下拉列表中选择"其他颜色"按钮，打开"颜色"对话框，单击"标准"选项卡，在"颜色"区域选择"鲜绿色"，单击"确定"按钮。

第 4 步：选中"单击此处编辑母版文本样式"占位符，在"格式"工具栏的"字体"列表中选择"楷体"；在"字号"下拉列表中选择"32"；单击"加粗"按钮；在"字体颜色"下拉列表中选择"其他颜色"按钮，打开"颜色"对话框，单击"标准"选项卡，在"颜色"区域选择"黄色"，单击"确定"按钮。

第 5 步：单击"幻灯片母版视图"工具栏上的"关闭母版视图"按钮，返回普通视图。

第 6 步：切换第 3 张幻灯片为当前幻灯片，执行"插入"|"图片"|"来自文件"命令，打开"插入图片"对话框。

第 7 步：在"查找范围"下拉列表中选择 C:\Win2008GJW\KSML3 文件夹，在列表中选择 KSWJ6-11A.jpg，单击"插入"按钮，用鼠标将图片拖到样文 6-11B 所示位置。

第 8 步：执行"插入"|"时间和日期"命令，打开"页眉和页脚"对话框，如图 6-23 所示。选中"日期和时间"复选框，选中"固定"单选按钮，然后输入"May 28, 2008"，单击"全部应用"按钮。

2. 演示文稿插入设置

第 9 步：切换到第 1 张幻灯片，执行"插入"|"影片和声音"|"文件中的声音"命令，打开"插入声音"对话框。

第 10 步：在"查找范围"下拉列表中选择 C:\Win2008GJW\KSML3 文件夹，在列表中选择 KSWJ6-11 B.MID，单击"插入"按钮，打开提示对话框。

图 6-23　"页眉和页脚"对话框

第 11 步：单击"在单击时"按钮，用鼠标将图标拖到样文 6-11A 所示位置。

第 12 步：在插入的声音图标上右击，在快捷菜单中选择"编辑声音对象"命令，打开"声音选项"对话框。选中"循环播放，直到停止"复选框，单击"确定"按钮。

3. 设置幻灯片放映

第 13 步：执行"视图"|"幻灯片浏览"命令，切换到幻灯片浏览视图。

第 14 步：选中所有幻灯片，执行"幻灯片放映"|"幻灯片切换"命令，打开"幻灯片切换"任务窗格。在"应用于所选幻灯片"列表中选择"盒状展开"，在"速度"下拉列表中选择"慢速"，在"换片方式"区域选中"单击鼠标时"复选框。

第 15 步：执行"视图"|"普通"命令，切换到幻灯片普通视图。

第 16 步：切换到第 2 张幻灯片，选中标题占位符，执行"幻灯片放映"|"自定义动画"命令，打开"自定义动画"任务窗格。

第 17 步：在"自定义动画"任务窗格中，单击"添加效果"按钮，然后选择"进入"下的"盒状"动画效果。在"速度"下拉列表中选择"中速"，在"方向"下拉列表中选择"内"，在"开始"下拉列表中选择"单击时"。

第 18 步：按照相同的方法为第 3、第 4 张幻灯片中标题设置"进入"下的"盒状"动画效果，速度为中速，方向为内。

第 19 步：切换到第 1 张幻灯片，选中幻灯片的标题占位符，在"自定义动画"任务窗格中单击"添加效果"按钮，然后选择"进入"下的"弹跳"动画效果。在"速度"下拉列表中选择"中速"。

第 20 步：在效果列表中单击效果后面的下三角箭头，打开一个下拉列表，单击"效果选项"选项，打开"弹跳"对话框。在"声音"下拉列表中选择"爆炸"，在"动画文本"下拉列表中选择"按字/词"，单击"确定"按钮。

6.12　第 12 题解答

1. 设置页面格式

第 1 步：在演示文稿程序中打开 A6.PPT，执行"格式"|"幻灯片设计"命令，打开"幻灯片设计"任务窗格。

第 2 步：在"应用设计模板"列表中找到"Fireworks"设计模板，然后单击该设计模板后面的下三角箭头，在下拉列表中选择"应用于所有幻灯片"。

第 3 步：在第 1 张幻灯片中选中副标题文本，在"格式"工具栏的"字体"列表中选择"方正姚体"；在"字号"下拉列表中选择"30"；单击"加粗"按钮；在"字体颜色"下拉列表中选择"其他颜色"按钮，打开"颜色"对话框，单击"标准"选项卡，在"颜色"区域选择"白色"，单击"确定"按钮。

第 4 步：在第 2 张幻灯片中选中标题文本，在"格式"工具栏的"字体"列表中选择"楷体"；在"字号"下拉列表中选择"32"；在"字体颜色"下拉列表中选择"其他颜色"按钮，打开"颜色"对话框，单击"标准"选项卡，在"颜色"区域选择"白色"，单击"确定"按钮。

第 5 步：在第 3 张幻灯片中选中标题文本，在"格式"工具栏的"字体"列表中选择"楷体"；在"字体颜色"下拉列表中选择"其他颜色"按钮，打开"颜色"对话框，单击"标准"选项卡，在"颜色"区域选择"白色"，单击"确定"按钮。

第 6 步：在第 4 张幻灯片中选中标题文本，在"格式"工具栏的"字体"列表中选择"楷体"；在"字体颜色"下拉列表中选择"其他颜色"按钮，打开"颜色"对话框，单击"标准"选项卡，在"颜色"区域选择"白色"，单击"确定"按钮。

第 7 步：在第 5 张幻灯片中选中标题文本，在"格式"工具栏的"字体"列表中选择"楷体"；在"字体颜色"下拉列表中选择"其他颜色"按钮，打开"颜色"对话框，单击"标准"选项卡，在"颜色"区域选择"白色"，单击"确定"按钮。

第 8 步：切换第 1 张幻灯片为当前幻灯片，执行"插入"|"图片"|"来自文件"命令，打开"插入图片"对话框。

第 9 步：在"查找范围"下拉列表中选择 C:\Win2008GJW\KSML3 文件夹，在列表中选择 KSWJ6-12A.jpg，单击"插入"按钮，用鼠标将图片拖到样文 6-12B 所示位置。

2. 演示文稿插入设置

第 10 步：切换到最后一张幻灯片，执行"幻灯片放映"|"动作按钮"命令，打开一个动作按钮列表。

第 11 步：在列表中选中"第一张"动作按钮，然后拖动鼠标在幻灯片中绘制一个"第一张"动作按钮，绘制结束自动打开"动作设置"对话框。在"单击鼠标"选项卡中选中"超链接到"单选按钮，然后选择"第一张幻灯片"，单击"确定"按钮。

第 12 步：执行"幻灯片放映"|"动作按钮"命令，打开一个动作按钮列表。在列表中选中"后退或前一项"动作按钮，然后拖动鼠标在幻灯片中绘制一个"后退或前一项"动作按钮，绘制结束，自动打开"动作设置"对话框。在"单击鼠标"选项卡中选中"超链接到"单选按钮，然后选择"上一张幻灯片"，单击"确定"按钮。

3. 设置幻灯片放映

第 13 步：执行"视图"|"幻灯片浏览"命令，切换到幻灯片浏览视图。

第 14 步：选中所有幻灯片，执行"幻灯片放映"|"幻灯片切换"命令，打开"幻灯片切换"任务窗格。在"应用于所选幻灯片"列表中选择"纵向棋盘式"，在"速度"下拉列表中选择"慢速"，在"换片方式"区域选中"单击鼠标时"复选框。

第 15 步：执行"视图"|"普通"命令，切换到幻灯片普通视图。

第 16 步：切换到第 1 张幻灯片，选中标题艺术字，执行"幻灯片放映"|"自定义动画"命令，打开"自定义动画"任务窗格。

第 17 步：在"自定义动画"任务窗格中，单击"添加效果"按钮，然后选择"进入"下的"盒状"动画效果。在"速度"下拉列表中选择"中速"，在"方向"下拉列表中选择"外"。

第 18 步：切换到第 2 张幻灯片，选中正文文本，在"自定义动画"任务窗格中单击"添加效果"按钮，然后选择"进入"下的"飞入"动画效果。在"方向"下拉列表中选择"自左上部"，在"速度"下拉列表中选择"快速"，在"开始"下拉列表中选择"单击时"。

第 19 步：在效果列表中单击效果后面的下三角箭头，打开一个下拉列表，单击"效果选项"选项，打开"飞入"对话框。在"声音"下拉列表中选择"打字机"，在"动画文本"下拉列表中选择"按字/词"，在下面的文本框中选择或输入"10"，单击"确定"按钮。

第 20 步：按照相同的方法为第 3、第 4、第 5 张幻灯片中正文文本设置相同的动画效果。

6.13　第 13 题解答

1. 设置页面格式

第 1 步：在演示文稿程序中打开 A6.PPT，执行"格式"|"幻灯片设计"命令，打开"幻灯片设计"任务窗格。

第 2 步：在"应用设计模板"列表中找到"Kimono"设计模板，然后单击该设计模板后面的下三角箭头，在下拉列表中选择"应用于所有幻灯片"。

第 3 步：在第 1 张幻灯片中选中标题文本，在"格式"工具栏的"字体"列表中选择"幼圆"；在"字号"下拉列表中选择"60"。

第 4 步：在第 1 张幻灯片中首先将副标题删除，然后执行"插入"|"图片"|"艺术字"命令，打开"艺术字库"对话框。

第 5 步：选择第 2 行第 3 列艺术字样式，单击"确定"按钮，打开"编辑'艺术字'文字"对话框。在"字体"下拉列表中选择"楷体"，在"字号"下拉列表中选择"40"，在"文字"文本框中输入"设计师：Happy and Sad"，单击"确定"按钮，即可将艺术字插入到演示文稿中。

第 6 步：在文档中单击插入的艺术字将其选中，同时打开"艺术字"工具栏。如选中艺术字时打不开"艺术字"工具栏，则执行"视图"|"工具栏"|"艺术字"命令，打开"艺术字"工具栏。

第 7 步：在"艺术字"工具栏中单击"艺术字形状"按钮，打开"艺术字形状"列表，选择"波形 1"。

第 8 步：切换第 3 张幻灯片为当前幻灯片，执行"插入"|"图示"命令，打开"图示库"对话框，如图 6-24 所示。

第 9 步：在对话框中选中"组织结构图"，单击"确定"按钮，在幻灯片中插入组织结构图，同时打开"组织结构图"工具栏，在"显示比例"下拉列表中选择"50%"。

第 10 步：首先删除三个分支中的一个分支，然后在最顶端的图例中输入"董事会"，在两个分支中依次输入"总经理"和"党委书记"。

第 11 步：选中"总经理"图示，在"组织结构图"工具栏中单击"插入形状"右侧的下三角箭头，打开一个下拉列表，如图 6-25 所示。在列表中选择"下属"，在插入的"下属"图示中输入"各职能部门"。

图 6-24 "图示库"对话框　　　　　图 6-25 在组织结构图中插入形状

第 12 步：选中"各职能部门"图示，在"组织结构图"工具栏中，单击"插入形状"右侧的下三角箭头，然后在列表中选择"下属"，在插入的"下属"图示中输入"综合部"。

第 13 步：选中"综合部"图示，在"组织结构图"工具栏中，单击"插入形状"右侧的下三角箭头，然后在列表中选择"同事"，在插入的"同事"图示中输入"财务部"。

第 14 步：选中"财务部"图示，在"组织结构图"工具栏中，单击"插入形状"右侧的下三角箭头，然后在列表中选择"同事"，在插入的"同事"图示中输入"市场部"。

第 15 步：按照相同的方法，根据样文为组织结构图添加其他的图示。

2. 演示文稿插入设置

第 16 步：切换到第 2 张幻灯片，执行"插入"|"影片和声音"|"文件中的声音"命

令，打开"插入声音"对话框。

第 17 步：在"查找范围"下拉列表中选择 C:\Win2008GJW\KSML3 文件夹，在列表中选择 KSWJ6-13B.MID，单击"确定"按钮，打开提示对话框。

第 18 步：单击"在单击时"按钮。在插入的声音图标上右击，在快捷菜单中选择"编辑声音对象"命令，打开"声音选项"对话框。选中"循环播放，直到停止"复选框，单击"确定"按钮。

3. 设置幻灯片放映

第 19 步：执行"视图"|"幻灯片浏览"命令，切换到幻灯片浏览视图。

第 20 步：选中所有幻灯片，执行"幻灯片放映"|"幻灯片切换"命令，打开"幻灯片切换"任务窗格。在"应用于所选幻灯片"列表中选择"盒状展开"，在"速度"下拉列表中选择"慢速"，在"换片方式"区域选中"单击鼠标时"复选框。

第 21 步：执行"视图"|"普通"命令，切换到幻灯片普通视图。

第 22 步：切换到第 1 张幻灯片，选中标题占位符，执行"幻灯片放映"|"自定义动画"命令，打开"自定义动画"任务窗格。

第 23 步：在"自定义动画"任务窗格中，单击"添加效果"按钮，然后选择"进入"下的"飞入"动画效果。在"速度"下拉列表中选择"快速"，在"方向"下拉列表中选择"自顶部"，在"开始"下拉列表中选择"单击时"。

第 24 步：切换到第 3 张幻灯片，选中组织结构图，在"自定义动画"任务窗格中单击"添加效果"按钮，然后选择"进入"下的"飞入"动画效果。在"方向"下拉列表中选择"自左侧"。

第 25 步：在效果列表中单击效果后面的下三角箭头，打开一个下拉列表，单击"效果选项"选项，打开"飞入"对话框，单击"图示动画"选项卡，如图 6-26 所示。

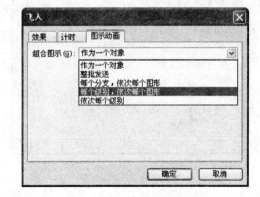

图 6-26 设置图示动画

第 26 步：在"组合图示"下拉列表中选择"每个级别，依次每个图形"选项，单击"确定"按钮。

6.14 第 14 题解答

1. 设置页面格式

第 1 步：在演示文稿程序中打开 A6.PPT，在第 1 张幻灯片上单击鼠标右键，在快捷菜单中选择"背景"命令，打开"背景"对话框。

第 2 步：在"背景填充"下拉列表中选择"填充效果"命令，打开"填充效果"对话框，单击"图片"选项卡。

第 3 步：单击"选择图片"按钮，打开"选择图片"对话框，在"查找范围"下拉列表中选择 C:\Win2008GJW\KSML3 文件夹，在列表中选择 KSWJ6-14A.JPG，单击"插入"按钮，返回"填充效果"对话框。

第 4 步：单击"确定"按钮，返回"背景"对话框，选中"忽略母版的背景图形"复选框，单击"应用"按钮。

第 5 步：选中标题占位符，执行"格式"|"占位符"命令，打开"设置自选图形格式"对话框，单击"颜色和线条"选项卡，如图 6-27 所示。

第 6 步：在"填充"区域的"颜色"列表中选择"填充效果"命令，打开"填充效果"对话框，单击"渐变"选项卡，如图 6-28 所示。

第 7 步：在"颜色"区域选择"双色"，在颜色 1 下拉列表中选择"红色"，在颜色 2 下拉列表中选择"黄色"，在"底纹样式"区域选择"水平"，依次单击"确定"按钮，返回到幻灯片中。

图 6-27 "设置自选图形格式"对话框

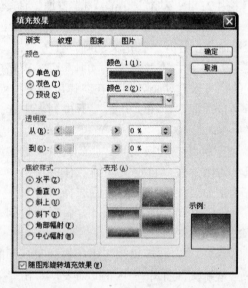

图 6-28 "填充效果"对话框

第 8 步：在第 1 张幻灯片中选中标题占位符，在"格式"工具栏的"字体"列表中选择"隶书"；在"字号"下拉列表中选择"54"；单击"加粗"按钮；单击"倾斜"按钮；在"字体颜色"下拉列表中选择"其他颜色"按钮，打开"颜色"对话框，单击"标准"选项卡，在"颜色"区域选择"粉红色"，单击"确定"按钮。

第 9 步：切换第 4 张幻灯片为当前幻灯片，执行"插入"|"图片"|"来自文件"命令，打开"插入图片"对话框。

第 10 步：在"查找范围"下拉列表中选择 C:\Win2008GJW\KSML3 文件夹，在列表中选择 KSWJ6-14B.JPG，单击"插入"按钮，用鼠标将图片拖到样文 6-14B 所示位置。

2. 演示文稿插入设置

第 11 步：切换到第 4 张幻灯片，执行"幻灯片放映"|"动作按钮"命令，打开一个动作按钮列表。

第 12 步：在列表中选中"上一张"动作按钮，然后拖动鼠标在幻灯片中绘制一个"上一张"动作按钮，绘制结束，自动打开"动作设置"对话框。在"单击鼠标"选项卡中选中"超链接到"单选按钮，然后选择"上一张幻灯片"，单击"确定"按钮。

第 13 步：执行"幻灯片放映"|"动作按钮"命令，打开一个动作按钮列表。在列表中选中"前进或下一项"动作按钮，然后拖动鼠标在幻灯片中绘制一个"前进或下一项"动作按钮，绘制结束，自动打开"动作设置"对话框。在"单击鼠标"选项卡中选中"超链接到"单选按钮，然后选择"下一张幻灯片"，单击"确定"按钮。

3. 设置幻灯片放映

第 14 步：执行"视图"|"幻灯片浏览"命令，切换到幻灯片浏览视图。

第 15 步：选中所有幻灯片，执行"幻灯片放映"|"幻灯片切换"命令，打开"幻灯片切换"任务窗格。在"应用于所选幻灯片"列表中选择"垂直百叶窗"，在"速度"下拉列表中选择"慢速"，在"换片方式"区域选中"单击鼠标时"复选框。

第 16 步：执行"视图"|"普通"命令，切换到幻灯片普通视图。

第 17 步：切换到第 4 张幻灯片，选中图片，执行"幻灯片放映"|"自定义动画"命令，打开"自定义动画"任务窗格。

第 18 步：在"自定义动画"任务窗格中，单击"添加效果"按钮，然后选择"进入"下的"阶梯状"动画效果。在"速度"下拉列表中选择"中速"，在"方向"下拉列表中选择"右上"，在"开始"下拉列表中选择"单击时"。

第 19 步：按照相同的方法，为第 5、第 6 张幻灯片中的图片设置阶梯状的动画效果。

第 20 步：切换到第 1 张幻灯片，选中标题文本，在"自定义动画"任务窗格中单击"添加效果"按钮，然后选择"进入"下的"飞入"动画效果。在"方向"下拉列表中选择"自底部"，在"速度"下拉列表中选择"快速"，在"开始"下拉列表中选择"单击时"。

第 21 步：在效果列表中单击效果后面的下三角箭头，打开一个下拉列表，单击"效果选项"选项，打开"飞入"对话框。在"动画文本"下拉列表中选择"按字/词"，在下面的文本框中选择或输入"20"，单击"确定"按钮。

6.15 第 15 题解答

1. 设置页面格式

第 1 步：切换第 1 张幻灯片为当前幻灯片，执行"插入"|"图片"|"来自文件"命令，打开"插入图片"对话框。

第 2 步：在"查找范围"下拉列表中选择 C:\Win2008GJW\KSML3 文件夹，在列表中选择 KSWJ6-15A.jpg，单击"插入"按钮。

第 3 步：在插入的图片上单击鼠标右键，在快捷菜单中选择"叠放次序"|"置于底层"命令。

第 4 步：在第 1 张幻灯片中选中标题文本，在"格式"工具栏的"字体"列表中选择"楷体"；在"字号"列表中选择"60"；单击"加粗"按钮；在"字体颜色"下拉列表中选择"其他颜色"按钮，打开"颜色"对话框，单击"标准"选项卡，在"颜色"区域选择"酸橙色"，单击"确定"按钮。

第 5 步：切换第 2 张幻灯片为当前幻灯片，执行"格式"|"幻灯片设计"命令，打开"幻灯片设计"任务窗格。在"应用设计模板"列表中找到"Maple"设计模板，然后单击该设计模板后面的下三角箭头，在下拉列表中选择"应用于选定幻灯片"。

第 6 步：切换第 3 张幻灯片为当前幻灯片，执行"格式"|"幻灯片设计"命令，打开"幻灯片设计"任务窗格。在"应用设计模板"列表中找到"Maple"设计模板，然后单击该设计模板后面的下三角箭头，在下拉列表中选择"应用于选定幻灯片"。

第 7 步：切换第 4 张幻灯片为当前幻灯片，执行"格式"|"幻灯片设计"命令，打开"幻灯片设计"任务窗格。在"应用设计模板"列表中找到"Maple"设计模板，然后单击该设计模板后面的下三角箭头，在下拉列表中选择"应用于选定幻灯片"。

第 8 步：切换第 3 张幻灯片为当前幻灯片，首先将标题删除，然后执行"插入"|"图片"|"艺术字"命令，打开"艺术字库"对话框。

第 9 步：选择第 4 行第 4 列艺术字样式，单击"确定"按钮，打开"编辑'艺术字'文字"对话框。在"字体"下拉列表中选择"隶书"选项，在"字号"下拉列表中选择"44"，在"文字"文本框中输入"不同引导词引导的宾语从句"，单击"确定"按钮，即可将艺术字插入到演示文稿中。

2. 演示文稿插入设置

第 10 步：切换到第 1 张幻灯片，执行"插入"|"影片和声音"|"文件中的声音"命令，打开"插入声音"对话框。

第 11 步：在"查找范围"下拉列表中选择 C:\Win2008GJW\KSML3 文件夹，在列表中选择 KSWJ6-15B.MID，单击"插入"按钮，打开提示对话框。

第 12 步：单击"在单击时"按钮，用鼠标将图标拖到适当位置。

第 13 步：在插入的声音图标上右击，在快捷菜单中选择"编辑声音对象"命令，打开"声音选项"对话框。选中"循环播放，直到停止"复选框，单击"确定"按钮。

3. 设置幻灯片放映

第 14 步：执行"视图"|"幻灯片浏览"命令，切换到幻灯片浏览视图。

第 15 步：选中所有幻灯片，执行"幻灯片放映"|"幻灯片切换"命令，打开"幻灯片切换"任务窗格。在"应用于所选幻灯片"列表中选择"平滑淡出"，在"速度"下拉列表中选择"中速"，在"换片方式"区域选中"单击鼠标时"复选框。

第 16 步：执行"视图"|"普通"命令，切换到幻灯片普通视图。

第 17 步：切换到第 1 张幻灯片，选中图片，执行"幻灯片放映"|"自定义动画"命令，打开"自定义动画"任务窗格。

第 18 步：在"自定义动画"任务窗格中，单击"添加效果"按钮，然后选择"进入"下的"飞入"动画效果。在"速度"下拉列表中选择"中速"，在"方向"下拉列表中选择"自底部"，在"开始"下拉列表中选择"单击时"。

第 19 步：在第 1 张幻灯片中选中幻灯片的标题占位符，在"自定义动画"任务窗格中，单击"添加效果"按钮，然后选择"进入"下的"飞入"动画效果。在"方向"下拉列表中选择"自底部"，在"速度"下拉列表中选择"慢速"，在"开始"下拉列表中选择"单击时"。

第 20 步：在效果列表中单击效果后面的下三角箭头，打开一个下拉列表，单击"效果选项"选项，打开"飞入"对话框。

第 21 步：在"声音"下拉列表中选择"打字机"，在"动画文本"下拉列表中选择"按字/词"，单击"确定"按钮。

第 22 步：按照相同的方法，为第 1 张幻灯片中副标题文本设置相同的动画效果。

6.16 第 16 题解答

1. 设置页面格式

第 1 步：在演示文稿程序中打开 A6.PPT，执行"格式"|"幻灯片设计"命令，打开"幻灯片设计"任务窗格。

第 2 步：在"应用设计模板"列表中找到"古瓶荷花"设计模板，然后单击该设计模板后面的下三角箭头，在下拉列表中选择"应用于所有幻灯片"。

第 3 步：切换第 1 张幻灯片为当前幻灯片，首先将标题删除，然后执行"插入"|"图片"|"艺术字"命令，打开"艺术字库"对话框。

第 4 步：选择第 2 行第 4 列艺术字样式，单击"确定"按钮，打开"编辑'艺术字'文字"对话框。在"字体"下拉列表中选择"黑体"选项，在"字号"下拉列表中选择"66"，在"文字"文本框中输入"伏安法测电阻"，单击"确定"按钮，即可将艺术字插入到演示文稿中。

第 5 步：在第 1 张幻灯片中选中副标题文本，在"格式"工具栏的"字体"列表中选择"幼圆"；在"字号"下拉列表中选择"44"；单击"加粗"按钮。

第 6 步：执行"视图"|"工具栏"|"绘图"命令，显示出绘图工具栏，在第 2 张幻灯片中利用绘图工具栏中的"直线"、"矩形"和"椭圆"工具首先绘制出"电流表内接法"图形的大概形状。

第 7 步：选中绘制的圆形，在"绘图"工具栏中的"填充颜色"按钮下拉列表中选择"无填充颜色"。选中绘制的矩形，在"绘图"工具栏中的"填充颜色"按钮下拉列表中选择"无填充颜色"。

第 8 步：在绘制的圆形图形上单击鼠标右键，在快捷菜单中选择"添加文本"命令，此时用户可以在圆形图形中输入相应的文本。

2. 演示文稿插入设置

第 9 步：切换到第 2 张幻灯片，执行"幻灯片放映"|"动作按钮"命令，打开一个动作按钮列表。

第 10 步：在列表中选中"后退或前一项"动作按钮，然后拖动鼠标在幻灯片中绘制一个"后退或前一项"动作按钮，绘制结束，自动打开"动作设置"对话框。在"单击鼠标"选项卡中选中"超链接到"单选按钮，然后选择"上一张幻灯片"，单击"确定"按钮。

第 11 步：执行"幻灯片放映"|"动作按钮"命令，打开一个动作按钮列表。在列表

中选中"前进或下一项"动作按钮，然后拖动鼠标在幻灯片中绘制一个"前进或下一项"动作按钮，绘制结束，自动打开"动作设置"对话框。在"单击鼠标"选项卡中选中"超链接到"单选按钮，然后选择"下一张幻灯片"，单击"确定"按钮。

第 12 步：双击插入的动作按钮，打开"设置自选图形格式"对话框。在"填充"区域的"颜色"下拉列表中选择"浅橙色"，在"线条"区域的"颜色"下拉列表中选择"蓝色"，单击"确定"按钮。

3. 设置幻灯片放映

第 13 步：执行"视图"|"幻灯片浏览"命令，切换到幻灯片浏览视图。

第 14 步：选中所有幻灯片，执行"幻灯片放映"|"幻灯片切换"命令，打开"幻灯片切换"任务窗格。在"应用于所选幻灯片"列表中选择"向下插入"，在"速度"下拉列表中选择"慢速"，在"换片方式"区域选中"单击鼠标时"复选框。

第 15 步：执行"视图"|"普通"命令，切换到幻灯片普通视图。

第 16 步：切换到第 1 张幻灯片，选中标题艺术字，执行"幻灯片放映"|"自定义动画"命令，打开"自定义动画"任务窗格。

第 17 步：在"自定义动画"任务窗格中，单击"添加效果"按钮，然后选择"进入"下的"棋盘"动画效果，在"方向"下拉列表中选择"跨越"，在"速度"下拉列表中选择"中速"。

第 18 步：在第 1 张幻灯片中选中幻灯片的副标题占位符，在"自定义动画"任务窗格中，单击"添加效果"按钮，然后选择"进入"下的"飞入"动画效果。在"方向"下拉列表中选择"自底部"，在"速度"下拉列表中选择"快速"，在"开始"下拉列表中选择"单击时"。

第 19 步：在效果列表中单击效果后面的下三角箭头，打开一个下拉列表，单击"效果选项"选项，打开"飞入"对话框。在"声音"下拉列表中选择"打字机"，在"动画文本"下拉列表中选择"按字/词"发送，在下面的文本框中选择或输入"20"，单击"确定"按钮。

6.17　第 17 题解答

1. 设置页面格式

第 1 步：在演示文稿程序中打开 A6.PPT，执行"格式"|"幻灯片设计"命令，打开"幻灯片设计"任务窗格。

第 2 步：在"应用设计模板"列表中找到"Balance"设计模板，然后单击该设计模板后面的下三角箭头，在下拉列表中选择"应用于所有幻灯片"。

第 3 步：在第 1 张幻灯片中选中标题文本，在"格式"工具栏的"字体"列表中选择"方正姚体"；在"字号"列表中选择"46"；在"字体颜色"下拉列表中选择"其他颜色"按钮，打开"颜色"对话框，单击"标准"选项卡，在"颜色"区域选择"鲜绿色"，单击"确定"按钮。

第 4 步：切换第 2 张幻灯片为当前幻灯片，执行"插入"|"图片"|"来自文件"命令，打开"插入图片"对话框。

第 5 步：在"查找范围"下拉列表中选择 C:\Win2008GJW\KSML3 文件夹，在列表中选择 6-17A.wmf，单击"插入"按钮，用鼠标将图片拖到样文 6-17B 所示位置。

第 6 步：切换到第 4 张幻灯片，选中文本占位符中的文本，执行"格式"|"项目符号和编号"命令，打开"项目符号和编号"对话框。

第 7 步：在"项目符号"列表中选择 ❑ 项目符号，在"大小"文本框中选择或者输入"135"，单击"确定"按钮。

2. 演示文稿插入设置

第 8 步：切换到第 1 张幻灯片，执行"插入"|"影片和声音"|"文件中的声音"命令，打开"插入声音"对话框。

第 9 步：在"查找范围"下拉列表中选择 C:\Win2008GJW\KSML3 文件夹，在列表中选择 KSWJ6-17B.MID，单击"插入"按钮，打开提示对话框。

第 10 步：单击"在单击时"按钮，用鼠标将图标拖到合适位置。

第 11 步：在插入的声音图标上右击，在快捷菜单中选择"编辑声音对象"命令，打开"声音选项"对话框。选中"循环播放，直到停止"复选框，单击"确定"按钮。

3. 设置幻灯片放映

第 12 步：执行"视图"|"幻灯片浏览"命令，切换到幻灯片浏览视图。

第 13 步：选中所有幻灯片，执行"幻灯片放映"|"幻灯片切换"命令，打开"幻灯片切换"任务窗格。在"应用于所选幻灯片"列表中选择"盒状收缩"，在"速度"下拉列表中选择"中速"，在"换片方式"区域选中"单击鼠标时"复选框。

第 14 步：执行"视图"|"普通"命令，切换到幻灯片普通视图。

第 15 步：切换到第 1 张幻灯片，选中标题占位符，执行"幻灯片放映"|"自定义动画"命令，打开"自定义动画"任务窗格。

第 16 步：在"自定义动画"任务窗格中，单击"添加效果"按钮，然后选择"进入"下的"菱形"动画效果。在"速度"下拉列表中选择"中速"，在"方向"下拉列表中选择"内"，在"开始"下拉列表中选择"单击时"。

第 17 步：在第 1 张幻灯片中选中幻灯片的副标题占位符，在"自定义动画"任务窗格中，单击"添加效果"按钮，然后选择"进入"下的"飞入"动画效果。在"方向"下拉列表中选择"自底部"，在"速度"下拉列表中选择"快速"，在"开始"下拉列表中选择"单击时"。

第 18 步：在效果列表中单击效果后面的下三角箭头，打开一个下拉列表，单击"效果选项"选项，打开"飞入"对话框。在"动画文本"下拉列表中选择"按字/词"发送，在下面的文本框中选择或输入"20"，单击"确定"按钮。

6.18　第 18 题解答

1. 设置页面格式

第 1 步：在演示文稿程序中打开 A6.PPT，在幻灯片上单击鼠标右键，在快捷菜单中选择"背景"命令，打开"背景"对话框。

第 2 步：在"背景填充"下拉列表中选择"填充效果"命令，打开"填充效果"对话框，单击"图片"选项卡。

第 3 步：单击"选择图片"按钮，打开"选择图片"对话框，在"查找范围"下拉列表中选择 C:\Win2008GJW\KSML3 文件夹，在列表中选择 KSWJ6-18A.JPG，单击"插入"按钮，返回"填充效果"对话框。

第 4 步：单击"确定"按钮，返回"背景"对话框，单击"全部应用"按钮。

第 5 步：在第 1 张幻灯片中首先删除幻灯片标题，执行"插入"|"图片"|"艺术字"命令，打开"艺术字库"对话框。

第 6 步：选择第 1 行第 1 列艺术字样式，单击"确定"按钮，打开"编辑'艺术字'文字"对话框。在"字体"下拉列表中选择"黑体"选项，在"字号"下拉列表中选择"60"，在"文字"文本框中输入"关注、关爱农村留守儿童"，单击"确定"按钮，即可将艺术字插入到演示文稿中。

第 7 步：在文档中单击插入的艺术字将其选中，同时打开"艺术字"工具栏。如选中艺术字时打不开"艺术字"工具栏，则执行"视图"|"工具栏"|"艺术字"命令，打开"艺术字"工具栏。

第 8 步：在"艺术字"工具栏中单击"艺术字形状"按钮 ，打开"艺术字形状"列表，在形状列表中单击"山形"样式。

第 9 步：在"艺术字"工具栏中单击"设置艺术字格式"按钮 ，打开"设置艺术字格式"对话框，单击"颜色和线条"选项卡。在"填充"区域的"颜色"列表中选择"填充颜色"命令，打开"填充效果"对话框，单击"渐变"选项卡。在"颜色"区域选择"预设"，在"预设颜色"下拉列表中选择"孔雀开屏"，依次单击"确定"按钮。

第 10 步：执行"视图"|"母版"|"幻灯片母版"命令，切换到幻灯片母版视图。

第 11 步：选中"单击此处编辑母版标题样式"占位符，在"格式"工具栏的"字体"列表中选择"幼圆"；在"字号"下拉列表中选择"48"；在"字体颜色"下拉列表中选择"其他颜色"按钮，打开"颜色"对话框，单击"标准"选项卡，在"颜色"区域选择"蓝色"，单击"确定"按钮。

第 12 步：单击"幻灯片母版视图"工具栏上的"关闭母版视图"按钮，返回普通视图。

第 13 步：切换到第 3 张幻灯片，选中文本占位符中的文本，执行"格式"|"项目符号和编号"命令，打开"项目符号和编号"对话框。

第 14 步：在"项目符号"列表中选择 ● 项目符号，在"大小"下拉列表中选择或者输入"135"，在"字体颜色"下拉列表中选择"其他颜色"按钮，打开"颜色"对话框，单击"标准"选项卡，在"颜色"区域选择"青色"，依次单击"确定"按钮返回幻灯片。

2. 演示文稿插入设置

第 15 步：切换到第 1 张幻灯片，执行"插入"|"影片和声音"|"文件中的声音"命令，打开"插入声音"对话框。

第 16 步：在"查找范围"下拉列表中选择 C:\Win2008GJW\KSML3 文件夹，在列表中选择 KSWJ6-18B.MID，单击"插入"按钮，打开提示对话框。

第 17 步：单击"在单击时"按钮，用鼠标将图标拖到合适位置。

第 18 步：在插入的声音图标上右击，在快捷菜单中选择"编辑声音对象"命令，打开"声音选项"对话框。选中"循环播放，直到停止"复选框，单击"确定"按钮。

3．设置幻灯片放映

第 19 步：执行"视图"|"幻灯片浏览"命令，切换到幻灯片浏览视图。

第 20 步：选中所有幻灯片，执行"幻灯片放映"|"幻灯片切换"命令，打开"幻灯片切换"任务窗格。在"应用于所选幻灯片"列表中选择"新闻快报"，在"速度"下拉列表中选择"慢速"，在"换片方式"区域选择"单击鼠标时"。

第 21 步：执行"视图"|"普通"命令，切换到幻灯片普通视图。

第 22 步：切换到第 1 张幻灯片，选中艺术字，执行"幻灯片放映"|"自定义动画"命令，打开"自定义动画"任务窗格。

第 23 步：在"自定义动画"任务窗格中，单击"添加效果"按钮，然后选择"强调"下的"垂直突出显示"动画效果。在"速度"下拉列表中选择"慢速"，在"开始"下拉列表中选择"单击时"。

第 24 步：在第 1 张幻灯片中选中幻灯片的副标题占位符，在"自定义动画"任务窗格中，单击"添加效果"按钮，然后选择"动作路径"下的"向上"动画效果。在"速度"下拉列表中选择"快速"，在"开始"下拉列表中选择"单击时"。

第 25 步：在效果列表中单击效果后面的下三角箭头，打开一个下拉列表，单击"效果选项"选项，打开"向上"对话框。在"动画文本"下拉列表中选择"按字/词"发送，在下面的文本框中选择或输入"20"，单击"确定"按钮。

6.19　第 19 题解答

1．设置页面格式

第 1 步：在演示文稿程序中打开 A6.PPT，在幻灯片上单击鼠标右键，在快捷菜单中选择"背景"命令，打开"背景"对话框。

第 2 步：在"背景填充"下拉列表中选择"填充效果"命令，打开"填充效果"对话框，单击"图片"选项卡。

第 3 步：单击"选择图片"按钮，打开"选择图片"对话框，在"查找范围"下拉列表中选择 C:\Win2008GJW\KSML3 文件夹，在列表中选择 KSWJ6-19A.JPG，单击"插入"按钮，返回"填充效果"对话框。

第 4 步：单击"确定"按钮，返回"背景"对话框，选中"忽略母版的背景图形"复选框，单击"全部应用"按钮。

第 5 步：执行"视图"|"母版"|"幻灯片母版"命令，切换到幻灯片母版视图。

第 6 步：选中"单击此处编辑母版标题样式"占位符，在"格式"工具栏的"字体"列表中选择"幼圆"；在"字号"下拉列表中选择"48"；在"字体颜色"下拉列表中选择"其他颜色"按钮，打开"颜色"对话框，单击"标准"选项卡，在"颜色"区域选择"红色"，单击"确定"按钮。

第 7 步：单击"幻灯片母版视图"工具栏上的"关闭母版视图"按钮，返回普通视图。

第 8 步：在第 2 张幻灯片中选中正文文本，在"格式"工具栏的"字体"列表中选择"楷体"；在"字号"下拉列表中选择"32"；单击"加粗"按钮；在"字体颜色"下拉列表中选择"其他颜色"按钮，打开"颜色"对话框，单击"标准"选项卡，在"颜色"区域单击"鲜绿色"，选择"确定"按钮。

第 9 步：切换第 3 张幻灯片为当前幻灯片，执行"插入"|"图片"|"来自文件"命令，打开"插入图片"对话框。在"查找范围"下拉列表中选择 C:\Win2008GJW\KSML3 文件夹，在列表中选择 KSWJ6-19B.wmf，单击"插入"按钮，用鼠标将图片拖到样文 6-19B 所示位置。

2. 演示文稿插入设置

第 10 步：切换到第 2 张幻灯片，执行"插入"|"影片和声音"|"文件中的声音"命令，打开"插入声音"对话框。

第 11 步：在"查找范围"下拉列表中选择 C:\Win2008GJW\KSML3 文件夹，在列表中选择 KSWJ6-19C.MID，单击"插入"按钮，打开提示对话框。

第 12 步：单击"在单击时"按钮，用鼠标将图标拖到适当位置。

第 13 步：在插入的声音图标上右击，在快捷菜单中选择"编辑声音对象"命令，打开"声音选项"对话框。选中"循环播放，直到停止"复选框，单击"确定"按钮。

3. 设置幻灯片放映

第 14 步：执行"视图"|"幻灯片浏览"命令，切换到幻灯片浏览视图。

第 15 步：选中所有幻灯片，执行"幻灯片放映"|"幻灯片切换"命令，打开"幻灯片切换"任务窗格。在"应用于所选幻灯片"列表中选择"随机水平线条"，在"速度"下拉列表中选择"中速"，在"换片方式"区域选中"单击鼠标时"复选框。

第 16 步：执行"视图"|"普通"命令，切换到幻灯片普通视图。

第 17 步：切换到第 1 张幻灯片，选中标题文字，执行"幻灯片放映"|"自定义动画"命令，打开"自定义动画"任务窗格。

第 18 步：在"自定义动画"任务窗格中，单击"添加效果"按钮，然后选择"强调"下的"更改字号"动画效果。在"速度"下拉列表中选择"中速"，在"字号"下拉列表中选择"150%"，在"开始"下拉列表中选择"单击时"。

第 19 步：在第 2 张幻灯片中选中幻灯片的文本占位符，在"自定义动画"任务窗格中，单击"添加效果"按钮，然后选择"进入"下的"盒状"动画效果。在"方向"下拉列表中选择"外"，在"开始"下拉列表中选择"单击时"。

第 20 步：在效果列表中单击效果后面的下三角箭头，打开一个下拉列表，单击"效果选项"选项，打开"盒状"对话框。在"声音"下拉列表中选择"打字机"，在"动画文本"下拉列表中选择"按字/词"发送，单击"确定"按钮。

6.20 第 20 题解答

1. 设置演示文稿页面格式

第 1 步：切换第 1 张幻灯片为当前幻灯片，执行"插入"|"图片"|"来自文件"命令，打开"插入图片"对话框。

第 2 步：在"查找范围"下拉列表中选择 C:\Win2008GJW\KSML3 文件夹，在列表中选择 KSWJ6-20A.jpg，单击"插入"按钮。

第 3 步：在插入的图片上单击鼠标右键，在快捷菜单中选择"叠放次序"|"置于底层"命令。

第 4 步：在第 1 张幻灯片中首先删除幻灯片标题，执行"插入"|"图片"|"艺术字"命令，打开"艺术字库"对话框。

第 5 步：选择第 4 行第 4 列艺术字样式，单击"确定"按钮，打开"编辑'艺术字'文字"对话框。在"字体"下拉列表中选择"隶书"选项，在"字号"下拉列表中选择"66"，在"文字"文本框中输入"四川汶川强烈地震"，单击"确定"按钮，即可将艺术字插入到演示文稿中。

第 6 步：在第 1 张幻灯片中选中副标题占位符，在"格式"工具栏的"字体"列表中选择"幼圆"；在"字号"下拉列表中选择"36"；单击"加粗"按钮；在"字体颜色"下拉列表中选择"其他颜色"按钮，打开"颜色"对话框，单击"标准"选项卡，在"颜色"区域选择"白色"，单击"确定"按钮。

第 7 步：切换第 2 张幻灯片为当前幻灯片，执行"格式"|"幻灯片设计"命令，打开"幻灯片设计"任务窗格。在"应用设计模板"列表中找到"Proposal"设计模板，然后单击该设计模板后面的下三角箭头，在下拉列表中选择"应用于选定幻灯片"。

第 8 步：切换第 3 张幻灯片为当前幻灯片，执行"格式"|"幻灯片设计"命令，打开"幻灯片设计"任务窗格。在"应用设计模板"列表中找到"Proposal"设计模板，然后单击该设计模板后面的下三角箭头，在下拉列表中选择"应用于选定幻灯片"。

第 9 步：切换第 4 张幻灯片为当前幻灯片，执行"格式"|"幻灯片设计"命令，打开"幻灯片设计"任务窗格。在"应用设计模板"列表中找到"Proposal"设计模板，然后单击该设计模板后面的下三角箭头，在下拉列表中选择"应用于选定幻灯片"。

2. 演示文稿插入设置

第 10 步：切换到第 2 张幻灯片，执行"插入"|"影片和声音"|"文件中的声音"命令，打开"插入声音"对话框。

第 11 步：在"查找范围"下拉列表中选择 C:\Win2008GJW\KSML3 文件夹，在列表中选择 KSWJ6-20B.MID，单击"插入"按钮，打开提示对话框。

第 12 步：单击"在单击时"按钮，用鼠标将图标拖到合适位置。

第 13 步：在插入的声音图标上右击，在快捷菜单中选择"编辑声音对象"命令，打开"声音选项"对话框。选中"循环播放，直到停止"复选框，单击"确定"按钮。

3. 设置幻灯片放映

第 19 步：执行"视图"|"幻灯片浏览"命令，切换到幻灯片浏览视图。

第 20 步：选中所有幻灯片，执行"幻灯片放映"|"幻灯片切换"命令，打开"幻灯片切换"任务窗格。在"应用于所选幻灯片"列表中选择"新闻快报"，在"速度"下拉列表中选择"慢速"，在"换片方式"区域选择"单击鼠标时"复选框。

第 21 步：执行"视图"|"普通"命令，切换到幻灯片普通视图。

第 22 步：切换到第 1 张幻灯片，选中艺术字，执行"幻灯片放映"|"自定义动画"命令，打开"自定义动画"任务窗格。

第 23 步：在"自定义动画"任务窗格中，单击"添加效果"按钮，然后选择"强调"下"垂直突出显示"动画效果。在"速度"下拉列表中选择"慢速"，在"开始"下拉列表中选择"单击时"。

第 24 步：在第 1 张幻灯片中选中幻灯片的副标题占位符，在"自定义动画"任务窗格中，单击"添加效果"按钮，然后选择"进入"下的"飞入"动画效果。在"方向"下拉列表中选择"自右侧"，在"速度"下拉列表中选择"快速"，在"开始"下拉列表中选择"单击时"。

第 25 步：在效果列表中单击效果后面的下三角箭头，打开一个下拉列表，单击"效果选项"选项，打开"飞入"对话框。在"声音"下拉列表中选择"打字机"，在"动画文本"下拉列表中选择"按字/词"发送，单击"确定"按钮。

第七单元　办公软件的联合应用

7.1　第 1 题解答

1. 利用文档大纲创建演示文稿

第 1 步：打开文档 A7.DOC，执行"文件"|"发送"|"Microsoft Office PowerPoint"命令，启动"Microsoft PowerPoint"程序，即可将该文档转换成演示文稿。

第 2 步：在演示文稿中执行"格式"|"幻灯片设计"命令，打开"幻灯片设计"任务窗格。在"应用设计模板"列表中找到"天坛月色"设计模板，然后单击该设计模板后面的下三角箭头，在下拉列表中选择"应用于所有幻灯片"。

第 3 步：执行"幻灯片放映"|"动画方案"命令，切换到"幻灯片设计"任务窗格的"动画方案"列表。在"应用于所选幻灯片"列表中选中"玩具风车"动画方案，然后单击"应用于所有幻灯片"按钮。

第 4 步：执行"文件"|"另存为"命令，打开"另存为"对话框，在"保存位置"下拉列表中选择考生文件夹，在"文件名"文本框中输入"A7.ppt"，单击"保存"按钮。

2. 在演示文稿中插入声音文件

第 5 步：在创建的演示文稿中切换到第 3 张幻灯片，执行"插入"|"对象"命令，打开"插入对象"对话框，单击"由文件创建"单选按钮，如图 7-01 所示。

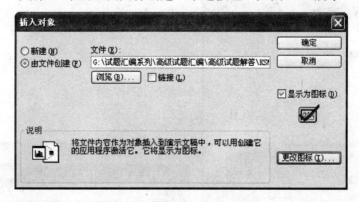

图 7-01　"插入对象"对话框

第 6 步：单击"浏览"按钮，打开"浏览"对话框，如图 7-02 所示。在"查找范围"下拉列表中选择 C:\Win2008GJW\KSML3 文件夹，在列表中选择 KSWAV7-1.mid，单击"确定"按钮，返回"插入对象"对话框。

第 7 步：选中"显示为图标"复选框，然后单击"更改图标"按钮，打开"更改图标"对话框，如图 7-03 所示。

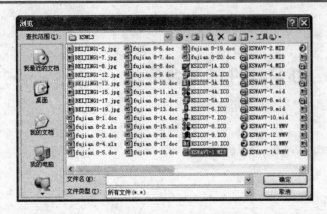

图 7-02　"浏览"对话框　　　　　　　　　图 7-03　"更改图标"对话框

第 8 步：首先将"标题"文本框中的内容删除，然后单击"浏览"按钮，打开"浏览"对话框，在"查找范围"下拉列表中选择 C:\Win2008GJW\KSML3 文件夹，在列表中选择 KSICO7-1A.ICO，单击"打开"按钮返回到"更改图标"对话框，依次单击"确定"按钮。

第 9 步：选中插入的声音图标，执行"格式"|"对象"命令，打开"设置对象格式"对话框，单击"尺寸"选项卡，如图 7-04 所示。

第 10 步：取消"锁定纵横比"复选框的选中状态，在"尺寸和旋转"区域的"高度"文本框中选择或输入"4.92 厘米"，在"宽度"文本框中选择或输入"6.56 厘米"，单击"确定"按钮。

第 11 步：利用鼠标将声音图标拖动到幻灯片的适当位置。

第 12 步：双击插入的声音图标，如果图 7-05 所示的播放声音工具栏被打开，证明对象已经被激活。

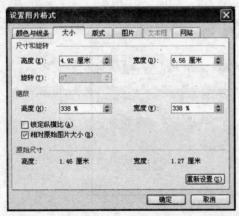

图 7-04　"设置对象格式"对话框　　　　　图 7-05　播放工具栏

3. 在文档中插入另一文档

第 13 步：将光标定位在 A7.DOC 文档文本"气象科普小知识"后面，执行"插入"|"对象"命令，打开"对象"对话框，单击"由文件创建"选项卡，如图 7-06 所示。

第 14 步：单击"浏览"按钮，打开"浏览"对话框，在"查找范围"下拉列表中选择 C:\Win2008GJW\KSML1 文件夹，在列表中选择 KSPPT7-1.PPT，单击"插入"按钮，返回"对象"对话框。

第 15 步：选中"显示为图标"复选框，单击"更改图标"按钮，打开"更改图标"对话框。在"题注"文本框中输入"KSPPT7-1.PPT"，依次单击"确定"按钮返回文档。

4. 文档中插入水印

第 16 步：将光标定位在 A7.DOC 文档中的任意位置，执行"格式"|"背景"|"水印"命令，打开"水印"对话框，如图 7-07 所示。

第 17 步：选中"文字水印"单选按钮，在"文字"文本框中输入"气象科普小知识"，在"字体"下拉列表中选择"宋体"，在"尺寸"下拉列表中选择"48"，在"颜色"下拉列表中选择"红色"，选中"半透明"复选框，在"版式"区域选中"斜式"单选按钮，单击"确定"按钮。

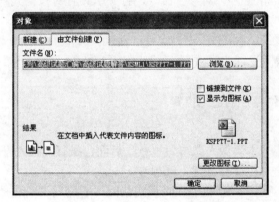
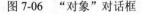
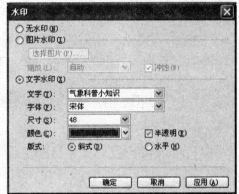

图 7-06 "对象"对话框　　　　　　　图 7-07 "水印"对话框

7.2 第 2 题解答

1. 利用文档大纲创建演示文稿

第 1 步：打开文档 A7.DOC，执行"文件"|"发送"|"Microsoft Office PowerPoint"命令，启动"Microsoft PowerPoint"程序，即可将该文档转换成演示文稿。

第 2 步：在演示文稿中执行"格式"|"幻灯片设计"命令，打开"幻灯片设计"任务窗格。在"应用设计模板"列表中找到"Capsules.pot"设计模板，然后单击该设计模板后面的下三角箭头，在下拉列表中选择"应用于所有幻灯片"。

第 3 步：执行"幻灯片放映"|"动画方案"命令，切换到"幻灯片设计"任务窗格的"动画方案"列表。在"应用于所选幻灯片"列表中选中"回旋"动画方案，然后单击"应用于所有幻灯片"按钮。

第 4 步：执行"文件"|"另存为"命令，打开"另存为"对话框，在"保存位置"下拉列表中选择考生文件夹，在"文件名"文本框中输入"A7.ppt"，单击"保存"按钮。

2. 在演示文稿中插入声音文件

第 5 步：在创建的演示文稿中切换到第 2 张幻灯片，执行"插入"|"对象"命令，打开"插入对象"对话框，单击"由文件创建"单选按钮。

第 6 步：单击"浏览"按钮，打开"浏览"对话框。在"查找范围"下拉列表中选择 C:\Win2008GJW\KSML3 文件夹，在列表中选择 KSWAV7-2.mid，单击"确定"按钮，返回"插入对象"对话框。

第 7 步：选中"显示为图标"复选框，然后单击"更改图标"按钮，打开"更改图标"对话框。

第 8 步：在"标题"文本框中输入"KSWAV7-2.MID"，然后单击"浏览"按钮，打开"浏览"对话框，在"查找范围"下拉列表中选择 C:\Win2008GJW\KSML3 文件夹，在列表中选择 KSICO7-2A.ICO，单击"打开"按钮返回到"更改图标"对话框，依次单击"确定"按钮。

第 9 步：选中插入的声音图标，执行"格式"|"对象"命令，打开"设置对象格式"对话框，单击"尺寸"选项卡。

第 10 步：取消"锁定纵横比"复选框的选中状态，在"尺寸和旋转"区域的"高度"文本框中选择或输入"4.49 厘米"，在"宽度"文本框中选择或输入"5.98 厘米"，单击"确定"按钮。

第 11 步：利用鼠标将声音图标拖动到幻灯片的适当位置。

3. 在文档中插入另一文档

第 12 步：将光标定位在 A7.DOC 文档文本"做人做事做生意"后面，执行"插入"|"对象"命令，打开"对象"对话框，单击"由文件创建"选项卡。

第 13 步：单击"浏览"按钮，打开"浏览"对话框，在"查找范围"下拉列表中选择 C:\Win2008GJW\KSML1 文件夹，在列表中选择 KSPPT7-2.PPT，单击"插入"按钮，返回"对象"对话框。

第 14 步：选中"显示为图标"复选框，单击"更改图标"按钮，打开"更改图标"对话框。在"题注"文本框中输入"KSPPT7-2.PPT"，依次单击"确定"按钮返回文档。

4. 文档中插入水印

第 15 步：将光标定位在 A7.DOC 文档中的任意位置，执行"格式"|"背景"|"水印"命令，打开"水印"对话框。

第 16 步：选中"文字水印"单选按钮，在"文字"文本框中输入"做生意"，在"字体"下拉列表中选择"宋体"，在"尺寸"下拉列表中选择"自动"，在"颜色"下拉列表中选择"灰度-40%"，选中"半透明"复选框，在"版式"区域选中"斜式"单选按钮，单击"确定"按钮。

7.3　第 3 题解答

1. 利用文档大纲创建演示文稿

第 1 步：打开文档 A7.DOC，执行"文件"|"发送"|"Microsoft Office PowerPoint"

命令，启动"Microsoft PowerPoint"程序，即可将该文档转换成演示文稿。

第2步：在演示文稿中执行"格式"|"幻灯片设计"命令，打开"幻灯片设计"任务窗格。在"应用设计模板"列表中找到"诗情画意"设计模板，然后单击该设计模板后面的下三角箭头，在下拉列表中选择"应用于所有幻灯片"。

第3步：执行"幻灯片放映"|"动画方案"命令，切换到"幻灯片设计"任务窗格的"动画方案"列表。在"应用于所选幻灯片"列表中选中"浮动"动画方案，然后单击"应用于所有幻灯片"按钮。

第4步：执行"文件"|"另存为"命令，打开"另存为"对话框，在"保存位置"下拉列表中选择考生文件夹，在"文件名"文本框中输入"A7.ppt"，单击"保存"按钮。

2．在演示文稿中插入声音文件

第5步：在创建的演示文稿中切换到第1张幻灯片，执行"插入"|"对象"命令，打开"插入对象"对话框，单击"由文件创建"单选按钮。

第6步：单击"浏览"按钮，打开"浏览"对话框。在"查找范围"下拉列表中选择C:\Win2008GJW\KSML3 文件夹，在列表中选择 KSWAV7-3.mid，单击"确定"按钮，返回"插入对象"对话框。

第7步：选中"显示为图标"复选框，然后单击"更改图标"按钮，打开"更改图标"对话框。

第8步：在"标题"文本框中输入"KSWAV7-3.MID"，然后单击"浏览"按钮，打开"浏览"对话框，在"查找范围"下拉列表中选择 C:\Win2008GJW\KSML3 文件夹，在列表中选择 KSICO7-3A.ICO，单击"打开"按钮返回到"更改图标"对话框，依次单击"确定"按钮。

第9步：选中插入的声音图标，执行"格式"|"对象"命令，打开"设置对象格式"对话框，单击"尺寸"选项卡。

第10步：取消"锁定纵横比"复选框的选中状态，在"尺寸和旋转"区域的"高度"文本框中选择或输入"4.59 厘米"，在"宽度"文本框中选择或输入"6.12 厘米"，单击"确定"按钮。

第11步：利用鼠标将声音图标拖动到幻灯片的适当位置。

3．在文档中插入另一文档

第12步：将光标定位在 A7.DOC 文档的末尾，执行"插入"|"对象"命令，打开"对象"对话框，单击"由文件创建"选项卡。

第13步：单击"浏览"按钮，打开"浏览"对话框，在"查找范围"下拉列表中选择C:\Win2008GJW\KSML1 文件夹，在列表中选择 KSPPT7-3.PPT，单击"插入"按钮，返回"对象"对话框。

第14步：选中"显示为图标"复选框，单击"更改图标"按钮，打开"更改图标"对话框。在"题注"文本框中输入"KSPPT7-3.PPT"，依次单击"确定"按钮返回文档。

4．文档中插入水印

第15步：将光标定位在 A7.DOC 文档中的任意位置，执行"格式"|"背景"|"水印"

命令，打开"水印"对话框。

第 16 步：选中"文字水印"单选按钮，在"文字"下面的文本框中输入"教学指导方案"，在"字体"下拉列表中选择"华文行楷"，在"尺寸"下拉列表中选择"54"，在"颜色"下拉列表中选择"红色"，选中"半透明"复选框，在"版式"区域选中"水平"单选按钮，单击"确定"按钮。

7.4 第 4 题解答

1. 利用文档大纲创建演示文稿

第 1 步：打开文档 A7.DOC，执行"文件"|"发送"|"Microsoft Office PowerPoint"命令，启动"Microsoft PowerPoint"程序，即可将该文档转换成演示文稿。

第 2 步：在演示文稿中执行"格式"|"幻灯片设计"命令，打开"幻灯片设计"任务窗格。在"应用设计模板"列表中找到"Textured.pot"设计模板，然后单击该设计模板后面的下三角箭头，在下拉列表中选择"应用于所有幻灯片"。

第 3 步：执行"幻灯片放映"|"动画方案"命令，切换到"幻灯片设计"任务窗格的"动画方案"列表。在"应用于所选幻灯片"列表中选中"随机线条"动画方案，然后单击"应用于所有幻灯片"按钮。

第 4 步：执行"文件"|"另存为"命令，打开"另存为"对话框，在"保存位置"下拉列表中选择考生文件夹，在"文件名"文本框中输入"A7.ppt"，单击"保存"按钮。

2. 在演示文稿中插入声音文件

第 5 步：在创建的演示文稿中切换到第 4 张幻灯片，执行"插入"|"对象"命令，打开"插入对象"对话框，单击"由文件创建"单选按钮。

第 6 步：单击"浏览"按钮，打开"浏览"对话框。在"查找范围"下拉列表中选择 C:\Win2008GJW\KSML3 文件夹，在列表中选择 KSWAV7-4.mid，单击"确定"按钮，返回"插入对象"对话框。

第 7 步：选中"显示为图标"复选框，然后单击"更改图标"按钮，打开"更改图标"对话框。

第 8 步：在"标题"文本框中输入"KSWAV7-4.MID"，然后单击"浏览"按钮，打开"浏览"对话框，在"查找范围"下拉列表中选择 C:\Win2008GJW\KSML3 文件夹，在列表中选择 KSICO7-4A.ICO，单击"打开"按钮返回到"更改图标"对话框，依次单击"确定"按钮。

第 9 步：选中插入的声音图标，执行"格式"|"对象"命令，打开"设置对象格式"对话框，单击"尺寸"选项卡。

第 10 步：取消"锁定纵横比"复选框的选中状态，在"尺寸和旋转"区域的"高度"文本框中选择或输入"5.59 厘米"，在"宽度"文本框中选择或输入"7.45 厘米"，单击"确定"按钮。

第 11 步：利用鼠标将声音图标拖动到幻灯片的适当位置。

3．在文档中插入另一文档

第12步：将光标定位在 A7.DOC 文档的末尾，执行"插入"|"对象"命令，打开"对象"对话框，单击"由文件创建"选项卡。

第13步：单击"浏览"按钮，打开"浏览"对话框，在"查找范围"下拉列表中选择 C:\Win2008GJW\KSML1 文件夹，在列表中选择 KSPPT7-4.PPT，单击"插入"按钮，返回"对象"对话框。

第14步：选中"显示为图标"复选框，单击"更改图标"按钮，打开"更改图标"对话框。在"题注"文本框中输入"KSPPT7-4.PPT"，依次单击"确定"按钮返回文档。

4．文档中插入水印

第15步：将光标定位在 A7.DOC 文档中的任意位置，执行"格式"|"背景"|"水印"命令，打开"水印"对话框。

第16步：选中"文字水印"单选按钮，在"文字"文本框中输入"养生之道"，在"字体"下拉列表中选择"幼圆"，在"尺寸"下拉列表中选择"自动"，在"颜色"下拉列表中选择"灰度-25%"，选中"半透明"复选框，在"版式"区域选中"斜式"单选按钮，单击"确定"按钮。

7.5　第 5 题解答

1．利用文档大纲创建演示文稿

第1步：打开文档 A7.DOC，执行"文件"|"发送"|"Microsoft Office PowerPoint"命令，启动"Microsoft PowerPoint"程序，即可将该文档转换成演示文稿。

第2步：在演示文稿中执行"格式"|"幻灯片设计"命令，打开"幻灯片设计"任务窗格。在"应用设计模板"列表中找到"Profile.pot"设计模板，然后单击该设计模板后面的下三角箭头，在下拉列表中选择"应用于所有幻灯片"。

第3步：执行"幻灯片放映"|"动画方案"命令，切换到"幻灯片设计"任务窗格的"动画方案"列表。在"应用于所选幻灯片"列表中选中"典雅"动画方案，然后单击"应用于所有幻灯片"按钮。

第4步：执行"文件"|"另存为"命令，打开"另存为"对话框，在"保存位置"下拉列表中选择考生文件夹，在"文件名"文本框中输入"A7.ppt"，单击"保存"按钮。

2．在演示文稿中插入声音文件

第5步：在创建的演示文稿中切换到第 3 张幻灯片，执行"插入"|"对象"命令，打开"插入对象"对话框，单击"由文件创建"单选按钮。

第6步：单击"浏览"按钮，打开"浏览"对话框。在"查找范围"下拉列表中选择 C:\Win2008GJW\KSML3 文件夹，在列表中选择 KSWAV7-5.mid，单击"确定"按钮，返回"插入对象"对话框。

第7步：选中"显示为图标"复选框，然后单击"更改图标"按钮，打开"更改图标"对话框。

第 8 步：在"标题"文本框中输入"KSWAV7-5.MID"，然后单击"浏览"按钮，打开"浏览"对话框，在"查找范围"下拉列表中选择 C:\Win2008GJW\KSML3 文件夹，在列表中选择 KSICO7-5A.ICO，单击"打开"按钮返回到"更改图标"对话框，依次单击"确定"按钮。

第 9 步：选中插入的声音图标，执行"格式"|"对象"命令，打开"设置对象格式"对话框，单击"尺寸"选项卡。

第 10 步：取消"锁定纵横比"复选框的选中状态，在"尺寸和旋转"区域的"高度"文本框中选择或输入"5 厘米"，在"宽度"文本框中选择或输入"6.67 厘米"，单击"确定"按钮。

第 11 步：利用鼠标将声音图标拖动到幻灯片的适当位置。

3．在文档中插入另一文档

第 12 步：将光标定位在 A7.DOC 文档的末尾，执行"插入"|"对象"命令，打开"对象"对话框，单击"由文件创建"选项卡。

第 13 步：单击"浏览"按钮，打开"浏览"对话框，在"查找范围"下拉列表中选择 C:\Win2008GJW\KSML1 文件夹，在列表中选择 KSPPT7-5.PPT，单击"插入"按钮，返回"对象"对话框。

第 14 步：选中"显示为图标"复选框，单击"更改图标"按钮，打开"更改图标"对话框。在"题注"文本框中输入"KSPPT7-5.PPT"，依次单击"确定"按钮返回文档。

4．文档中插入水印

第 15 步：将光标定位在 A7.DOC 文档中的任意位置，执行"格式"|"背景"|"水印"命令，打开"水印"对话框。

第 16 步：选中"文字水印"单选按钮，在"文字"文本框中输入"幻灯片制作"，在"字体"下拉列表中选择"黑体"，在"尺寸"下拉列表中选择"54"，在"颜色"下拉列表中选择"灰度-40%"，选中"半透明"复选框，在"版式"区域选中"斜式"单选按钮，单击"确定"按钮。

7.6　第 6 题解答

1．文档中插入声音文件

第 1 步：打开文档 A7.DOC，将光标定位在文档末尾，执行"插入"|"对象"命令，打开"对象"对话框，单击"由文件创建"选项卡，如图 7-08 所示。

第 2 步：单击"浏览"按钮，打开"浏览"对话框，如图 7-09 所示。在"查找范围"下拉列表中选择 C:\Win2008GJW\KSML3 文件夹，在列表中选择 KSWAV7-6.mid，单击"插入"按钮，返回"对象"对话框。

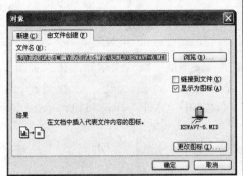

图 7-08　"对象"对话框　　　图 7-09　"浏览"对话框

第 3 步：选中"显示为图标"复选框，单击"更改图标"按钮，打开"更改图标"对话框，如图 7-10 所示。

第 4 步：在"题注"文本框中输入"KSWAV7-6.MID"，然后单击"浏览"按钮，打开"浏览"对话框，在"查找范围"下拉列表中选择 C:\Win2008GJW\KSML3 文件夹，在文件列表中选择 KSICO7-6.ICO，单击"打开"按钮，返回到"更改图标"对话框，依次单击"确定"按钮。

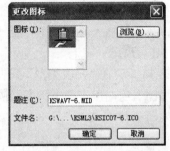

图 7-10　"更改图标"对话框

第 5 步：选中插入的声音图标，执行"格式"|"对象"命令，打开"设置对象格式"对话框，单击"大小"选项卡，如图 7-11 所示。

第 6 步：取消"锁定纵横比"复选框的选中状态，在"尺寸和旋转"区域的"高度"文本框中选择或输入"2.54 厘米"，在"宽度"文本框中选择或输入"4.15 厘米"。

第 7 步：单击"版式"选项卡，如图 7-12 所示。在"环绕方式"区域选中"浮于文字上方"，单击"确定"按钮。

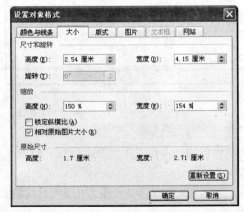
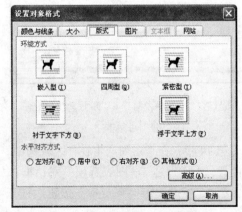

图 7-11　设置对象的大小　　　图 7-12　设置对象版式

2. 文档中插入水印

第 8 步：将光标定位在 A7.DOC 文档中的任意位置，执行"格式"|"背景"|"水印"命令，打开"水印"对话框。

第 9 步：选中"文字水印"单选按钮，在"文字"文本框中输入"路"，在"字体"下拉列表中选择"宋体"，在"尺寸"下拉列表中选择"105"，在"颜色"下拉列表中选择"红色"，选中"半透明"复选框，在"版式"区域选中"水平"单选按钮，单击"确定"按钮。

3. 使用外部数据

第 10 步：将光标定位在当前文档下方，执行"插入"|"对象"命令，打开"对象"对话框，单击"由文件创建"选项卡，单击"浏览"按钮，打开"浏览"对话框。

第 11 步：在"查找范围"下拉列表中选择 C:\Win2008GJW\KSML1 文件夹，在列表中选择 KSSJB7-6.XLS，单击"插入"按钮，返回"对象"对话框。单击"确定"按钮。

第 12 步：双击插入的工作表，激活"Microsoft Excel"应用程序，选中 B4:G12 单元格区域，执行"插入"|"图表"命令，打开"图表向导 - 4 步骤之 1 - 图表类型"对话框，如图 7-13 所示。

第 13 步：在"图表类型"列表框中选择"柱形图"，在"子图表类型"列表中选择"簇状柱形图"项，单击"下一步"按钮，打开"图表向导 - 4 步骤之 2 - 图表源数据"对话框，如图 7-14 所示。

图 7-13 "图表向导 - 4 步骤之 1 - 图表类型"对话框

图 7-14 "图表向导 - 4 步骤之 2 - 图表源数据"对话框

第 14 步：在"系列产生在"区域选中"行"单选按钮，单击"下一步"按钮，打开"图表向导 - 4 步骤之 3 - 图表选项"对话框，如图 7-15 所示。

第 15 步：单击"下一步"按钮，打开"图表向导 - 4 步骤之 4 - 图表位置"对话框，如图 7-16 所示。

第 16 步：选中"作为新工作表插入"单选按钮，单击"完成"按钮，返回到文档中。

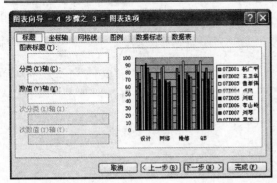

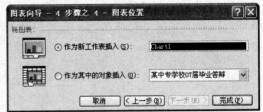

图 7-15　"图表向导 – 4 步骤之 3 – 图表　　　　图 7-16　"图表向导 – 4 步骤之 4 – 图表
　　　　　　选项"对话框　　　　　　　　　　　　　　位置"对话框

第 17 步：在文档中选中图表，执行
"编辑"|"复制"命令，将光标定位在
文档第二页的起始处，执行"编辑"|"选
择性粘贴"命令，打开"选择性粘贴"对
话框，如图 7-17 所示。

第 18 步：选中"粘贴"单选按钮，
在"形式"列表框中选择"Microsoft Excel
工作表对象"，单击"确定"按钮返回到
文档中。

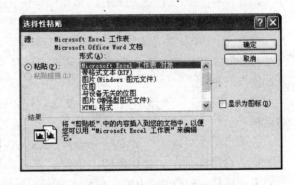

图 7-17　"选择性粘贴"对话框

第 19 步：双击复制后的图表将其激
活，在选中的图表上右击，在打开的快捷菜单中选择"图表类型"命令，打开"图表类
型"对话框，单击"标准类型"选项卡，如图 7-18 所示。

第 20 步：在"图表类型"列表框中选择"柱形图"，在"子图表类型"列表中选择"三
维簇状柱形图"，单击"确定"按钮。

第 21 步：在选中的图表上右击，在打开的快捷菜单中选择"图表选项"命令，打开"图
表选项"对话框，单击"标题"选项卡，如图 7-19 所示。

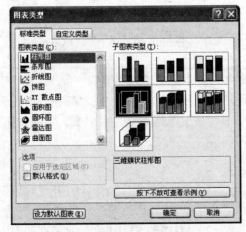

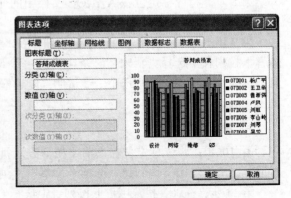

图 7-18　更改图表类型　　　　　　　　　　　图 7-19　更改图表标题

第 22 步：在"图表标题"文本框中输入"答辩成绩表"，单击"确定"按钮。

4．在各种办公软件间转换文件格式

第 23 步：执行"文件"|"保存"命令，即可保存当前文档．执行"文件"|"另存为"命令，打开"另存为"对话框，在"保存类型"下拉列表中选择"RTF"，单击"保存"按钮。

7.7　第 7 题解答

1．文档中插入声音文件

第 1 步：打开文档 A7.DOC，将光标定位在文件末尾，执行"插入"|"对象"命令，打开"对象"对话框，单击"由文件创建"选项卡。

第 2 步：单击"浏览"按钮，打开"浏览"对话框。在"查找范围"下拉列表中选择 C:\Win2008GJW\KSML3 文件夹，在列表中选择 KSWAV7-7.mid，单击"插入"按钮，返回"对象"对话框。

第 3 步：选中"显示为图标"复选框，单击"更改图标"按钮，打开"更改图标"对话框。

第 4 步：在"题注"文本框中输入"KSWAV7-7.mid"，然后单击"浏览"按钮，打开"浏览"对话框，在"查找范围"下拉列表中选择 C:\Win2008GJW\KSML3 文件夹，在文件列表中选择 KSICO7-7.ICO，单击"打开"按钮，返回到"更改图标"对话框，依次单击"确定"按钮。

第 5 步：选中插入的声音图标，执行"格式"|"对象"命令，打开"设置对象格式"对话框，单击"大小"选项卡。

第 6 步：取消"锁定纵横比"复选框的选中状态，在"尺寸和旋转"区域的"高度"文本框中选择或输入"2.98 厘米"，在"宽度"文本框中选择或输入"4.75 厘米"。

第 7 步：单击"版式"选项卡，在"环绕方式"区域选中"浮于文字上方"，单击"确定"按钮。

2．文档中插入水印

第 8 步：将光标定位在 A7.DOC 文档中的任意位置，执行"格式"|"背景"|"水印"命令，打开"水印"对话框。

第 9 步：选中"文字水印"单选按钮，在"文字"文本框中输入"寻找宁静"，在"字体"下拉列表中选择"新宋体"，在"尺寸"下拉列表中选择"60"，在"颜色"下拉列表中选择"灰色-40%"，选中"半透明"复选框，在"版式"区域选中"斜式"单选按钮，单击"确定"按钮。

3．使用外部数据

第 10 步：将光标定位在当前文档下方，执行"插入"|"对象"命令，打开"对象"对话框，单击"由文件创建"选项卡，单击"浏览"按钮，打开"浏览"对话框。

第 11 步：在"查找范围"下拉列表中选择 C:\Win2008GJW\KSML1 文件夹，在列表中选择 KSSJB7-7.XLS，单击"插入"按钮，返回"对象"对话框。单击"确定"按钮。

第 12 步：双击插入的工作表，激活"Microsoft Excel"应用程序，选中 B4:F10 单元格区域，执行"插入"|"图表"命令，打开"图表向导 - 4 步骤之 1 - 图表类型"对话框。

第 13 步：在"图表类型"列表框中选择"柱形图"，在"子图表类型"列表中选择"三维簇状柱形图"项，单击"下一步"按钮，打开"图表向导 - 4 步骤之 2 - 图表源数据"对话框。

第 14 步：在"系列产生在"区域选中"行"单选按钮，单击"下一步"按钮，打开"图表向导 - 4 步骤之 3 - 图表选项"对话框。单击"下一步"按钮，打开"图表向导 - 4 步骤之 4 - 图表位置"对话框。选中"作为新工作表插入"单选按钮，单击"完成"按钮，返回到文档中。

第 15 步：在文档中选中图表，执行"编辑"|"复制"命令，将光标定位在文档第二页的起始处，执行"编辑"|"选择性粘贴"命令，打开"选择性粘贴"对话框。

第 16 步：选中"粘贴"单选按钮，在"形式"列表框中选择"Microsoft Excel 工作表对象"，单击"确定"按钮返回到文档中。

第 17 步：双击复制后的图表将其激活，在选中的图表上右击，在打开的快捷菜单中选择"图表类型"命令，打开"图表类型"对话框，单击"标准类型"选项卡。在"图表类型"列表框中选择"条形图"，在"子图表类型"列表中选择"簇状条形图"，单击"确定"按钮。

第 18 步：在选中的图表上右击，在打开的快捷菜单中选择"图表选项"命令，打开"图表选项"对话框，单击"标题"选项卡。在"图表标题"文本框中输入"销售表"，单击"确定"按钮。

4. 在各种办公软件间转换文件格式

第 19 步：执行"文件"|"保存"命令，即可保存当前文档。执行"文件"|"另存为"命令，打开"另存为"对话框，在"保存类型"下拉列表中选择"RTF"，单击"保存"按钮。

7.8　第 8 题解答

1. 文档中插入声音文件

第 1 步：打开文档 A7.DOC，将光标定位在文件末尾，执行"插入"|"对象"命令，打开"对象"对话框，单击"由文件创建"选项卡。

第 2 步：单击"浏览"按钮，打开"浏览"对话框。在"查找范围"下拉列表中选择 C:\Win2008GJW\KSML3 文件夹，在列表中选择 KSWAV7-8.mid，单击"插入"按钮，返回"对象"对话框。

第 3 步：选中"显示为图标"复选框，单击"更改图标"按钮，打开"更改图标"对话框。

第 4 步：在"题注"文本框中输入"KSWAV7-8.mid"，然后单击"浏览"按钮，打开"浏览"对话框，在"查找范围"下拉列表中选择 C:\Win2008GJW\KSML3 文件夹，在文件列表中选择 KSICO7-8.ICO，单击"打开"按钮，返回到"更改图标"对话框，依次单击"确定"按钮。

第 5 步：选中插入的声音图标，执行"格式"|"对象"命令，打开"设置对象格式"对话框，单击"大小"选项卡。

第 6 步：取消"锁定纵横比"复选框的选中状态，在"尺寸和旋转"区域的"高度"文本框中选择或输入"2.86 厘米"，在"宽度"文本框中选择或输入"4.55 厘米"。

第 7 步：单击"版式"选项卡，在"环绕方式"区域选中"浮于文字上方"，单击"确定"按钮。

2．文档中插入水印

第 8 步：将光标定位在 A7.DOC 文档中的任意位置，执行"格式"|"背景"|"水印"命令，打开"水印"对话框。

第 9 步：选中"文字水印"单选按钮，在"文字"文本框中输入"高考改革"，在"字体"下拉列表中选择"华文新魏"，在"尺寸"下拉列表中选择"66"，在"颜色"下拉列表中选择"红色"，选中"半透明"复选框，在"版式"区域选中"斜式"单选按钮，单击"确定"按钮。

3．使用外部数据

第 10 步：将光标定位在当前文档下方，执行"插入"|"对象"命令，打开"对象"对话框，单击"由文件创建"选项卡，单击"浏览"按钮，打开"浏览"对话框。

第 11 步：在"查找范围"下拉列表中选择 C:\Win2008GJW\KSML1 文件夹，在列表中选择 KSSJB7-8.XLS，单击"插入"按钮，返回"对象"对话框。单击"确定"按钮。

第 12 步：双击插入的工作表，激活"Microsoft Excel"应用程序，选中 B3:G9 单元格区域，执行"插入"|"图表"命令，打开"图表向导－4 步骤之 1－图表类型"对话框。

第 13 步：在"图表类型"列表框中选择"柱形图"，在"子图表类型"列表中选择"簇状柱形图"项，单击"下一步"按钮，打开"图表向导－4 步骤之 2－图表源数据"对话框。

第 14 步：在"系列产生在"区域选中"列"单选按钮，单击"下一步"按钮，打开"图表向导－4 步骤之 3－图表选项"对话框，在"图表标题"文本框中输入"图书销售统计表"。单击"下一步"按钮，打开"图表向导－4 步骤之 4－图表位置"对话框。选中"作为新工作表插入"单选按钮，单击"完成"按钮，返回到文档中。

第 15 步：在文档中选中图表，执行"编辑"|"复制"命令，将光标定位在文档第二页的起始处，执行"编辑"|"选择性粘贴"命令，打开"选择性粘贴"对话框。

第 16 步：选中"粘贴"单选按钮，在"形式"列表框中选择"Microsoft Excel 工作表对象"，单击"确定"按钮返回到文档中。

第 17 步：双击复制后的图表将其激活，选中图表的绘图区，执行"格式"|"绘图区"命令，打开"绘图区格式"对话框。在"区域"区域单击"填充效果"按钮，打开"填充效果"对话框，单击"纹理"选项卡。

第 18 步：在"纹理"列表中选中"水滴"，依次单击"确定"按钮返回文档。

4．在各种办公软件间转换文件格式

第 19 步：执行"文件"|"保存"命令，即可保存当前文档。执行"文件"|"另存为"命令，打开"另存为"对话框，在"保存类型"下拉列表中选择"RTF"，单击"保存"按钮。

7.9 第9题解答

1. 文档中插入声音文件

第1步：打开文档 A7.DOC，将光标定位在文件末尾，执行"插入"|"对象"命令，打开"对象"对话框，单击"由文件创建"选项卡。

第2步：单击"浏览"按钮，打开"浏览"对话框。在"查找范围"下拉列表中选择 C:\Win2008GJW\KSML3 文件夹，在列表中选择 KSWAV7-9.mid，单击"插入"按钮，返回"对象"对话框。

第3步：选中"显示为图标"复选框，单击"更改图标"按钮，打开"更改图标"对话框。

第4步：在"题注"文本框中输入"KSWAV7-9.mid"，然后单击"浏览"按钮，打开"浏览"对话框，在"查找范围"下拉列表中选择 C:\Win2008GJW\KSML3 文件夹，在文件列表中选择 KSICO7-9.ICO，单击"打开"按钮，返回到"更改图标"对话框，依次单击"确定"按钮。

第5步：选中插入的声音图标，执行"格式"|"对象"命令，打开"设置对象格式"对话框，单击"大小"选项卡。

第6步：取消"锁定纵横比"复选框的选中状态，在"尺寸和旋转"区域的"高度"文本框中选择或输入"2.94 厘米"，在"宽度"文本框中选择或输入"4.68 厘米"。

第7步：单击"版式"选项卡，在"环绕方式"区域选中"四周型"，单击"确定"按钮。

2. 文档中插入水印

第8步：将光标定位在 A7.DOC 文档中的任意位置，执行"格式"|"背景"|"水印"命令，打开"水印"对话框。

第9步：选中"文字水印"单选按钮，在"文字"文本框中输入"拯救自己"，在"字体"下拉列表中选择"方正姚体"，在"尺寸"下拉列表中选择"72"，在"颜色"下拉列表中选择"灰色-50%"，在"版式"区域选中"水平"单选按钮，单击"确定"按钮。

3. 使用外部数据

第10步：将光标定位在当前文档下方，执行"插入"|"对象"命令，打开"对象"对话框，单击"由文件创建"选项卡，单击"浏览"按钮，打开"浏览"对话框。

第11步：在"查找范围"下拉列表中选择 C:\Win2008GJW\KSML1 文件夹，在列表中选择 KSSJB7-9.XLS，单击"插入"按钮，返回"对象"对话框。单击"确定"按钮。

第12步：双击插入的工作表，激活"Microsoft Excel"应用程序，选中 B3:F9 单元格区域，执行"插入"|"图表"命令，打开"图表向导－4步骤之1－图表类型"对话框。

第13步：在"图表类型"列表框中选择"柱形图"，在"子图表类型"列表中选择"簇状柱形图"项，单击"下一步"按钮，打开"图表向导－4步骤之2－图表源数据"对话框。

第14步：在"系列产生在"区域选中"列"单选按钮，单击"下一步"按钮，打开"图表向导－4步骤之3－图表选项"对话框。单击"下一步"按钮，打开"图表向导－4步骤之 4 - 图表位置" 对话框。选中 "作为新工作表插入" 单选按钮，单击 "完成" 按钮，返回到文档中。

第 15 步：在文档中选中图表，执行 "编辑" | "复制" 命令，将光标定位在文档第二页的起始处，执行 "编辑" | "选择性粘贴" 命令，打开 "选择性粘贴" 对话框。

第 16 步：选中 "粘贴" 单选按钮，在 "形式" 列表框中选择 "Microsoft Excel 工作表对象"，单击 "确定" 按钮返回到文档中。

第 17 步：双击复制后的图表将其激活，在选中的图表上右击，在打开的快捷菜单中选择 "图表类型" 命令，打开 "图表类型" 对话框，单击 "标准类型" 选项卡。在 "图表类型" 列表框中选择 "圆柱图"，在 "子图表类型" 列表中选择 "柱形圆柱图"，单击 "确定" 按钮。

第 18 步：在选中的图表上右击，在打开的快捷菜单中选择 "图表选项" 命令，打开 "图表选项" 对话框，单击 "标题" 选项卡。在 "图表标题" 文本框中输入 "消费类型调查表"，单击 "确定" 按钮。

4. 在各种办公软件间转换文件格式

第 19 步：执行 "文件" | "保存" 命令，即可保存当前文档。执行 "文件" | "另存为" 命令，打开 "另存为" 对话框，在 "保存类型" 下拉列表中选择 "RTF"，单击 "保存" 按钮。

7.10　第 10 题解答

1. 文档中插入声音文件

第 1 步：打开文档 A7.DOC，将光标定位在文件末尾，执行 "插入" | "对象" 命令，打开 "对象" 对话框，单击 "由文件创建" 选项卡。

第 2 步：单击 "浏览" 按钮，打开 "浏览" 对话框。在 "查找范围" 下拉列表中选择 C:\Win2008GJW\KSML3 文件夹，在列表中选择 KSWAV7-10.mid，单击 "插入" 按钮，返回 "对象" 对话框。

第 3 步：选中 "显示为图标" 复选框，单击 "更改图标" 按钮，打开 "更改图标" 对话框。

第 4 步：在 "题注" 文本框中输入 "KSWAV7-10.mid"，然后单击 "浏览" 按钮，打开 "浏览" 对话框，在 "查找范围" 下拉列表中选择 C:\Win2008GJW\KSML3 文件夹，在文件列表中选择 KSICO7-10.ICO，单击 "打开" 按钮，返回到 "更改图标" 对话框，依次单击 "确定" 按钮。

第 5 步：选中插入的声音图标，执行 "格式" | "对象" 命令，打开 "设置对象格式" 对话框，单击 "大小" 选项卡。

第 6 步：取消 "锁定纵横比" 复选框的选中状态，在 "尺寸和旋转" 区域的 "高度" 文本框中选择或输入 "3.21 厘米"，在 "宽度" 文本框中选择或输入 "5.12 厘米"。

第 7 步：单击 "版式" 选项卡，在 "环绕方式" 区域选中 "四周型"，单击 "确定" 按钮。

2. 文档中插入水印

第8步：将光标定位在 A7.DOC 文档中的任意位置，执行"格式"|"背景"|"水印"命令，打开"水印"对话框。

第9步：选中"文字水印"单选按钮，在"文字"文本框中输入"什么时候回家"，在"字体"下拉列表中选择"黑体"，在"尺寸"下拉列表中选择"66"，在"颜色"下拉列表中选择"灰色-80%"，在"版式"区域选中"斜式"单选按钮，单击"确定"按钮。

3. 使用外部数据

第10步：将光标定位在当前文档下方，执行"插入"|"对象"命令，打开"对象"对话框，单击"由文件创建"选项卡，单击"浏览"按钮，打开"浏览"对话框。

第11步：在"查找范围"下拉列表中选择 C:\Win2008GJW\KSML1 文件夹，在列表中选择 KSSJB7-10.XLS，单击"插入"按钮，返回"对象"对话框。单击"确定"按钮。

第12步：双击插入的工作表，激活"Microsoft Excel"应用程序，选中 B3:E10 单元格区域，执行"插入"|"图表"命令，打开"图表向导－4 步骤之 1－图表类型"对话框。

第13步：在"图表类型"列表框中选择"柱形图"，在"子图表类型"列表中选择"三维簇状柱形图"项，单击"下一步"按钮，打开"图表向导－4 步骤之 2－图表源数据"对话框。

第14步：在"系列产生在"区域选中"行"单选按钮，单击"下一步"按钮，打开"图表向导－4 步骤之 3－图表选项"对话框，在"图表标题"文本框中输入"家电销售表"，在"分类（X）轴"文本框中输入"月份"。单击"下一步"按钮，打开"图表向导－4 步骤之 4－图表位置"对话框。选中"作为新工作表插入"单选按钮，单击"完成"按钮，返回到文档中。

第15步：在文档中选中图表，执行"编辑"|"复制"命令，将光标定位在文档第二页的起始处，执行"编辑"|"选择性粘贴"命令，打开"选择性粘贴"对话框。

第16步：选中"粘贴"单选按钮，在"形式"列表框中选择"Microsoft Excel 工作表对象"，单击"确定"按钮返回到文档中。

第17步：双击复制后的图表将其激活，选中图表的背景墙，执行"格式"|"背景墙"命令，打开"背景墙格式"对话框。在"区域"区域单击"填充效果"按钮，打开"填充效果"对话框，单击"渐变"选项卡。

第18步：在"颜色"列表中选中"预设"单选按钮，在"预设颜色"下拉列表中选择"红木"，依次单击"确定"按钮返回文档。

4. 在各种办公软件间转换文件格式

第19步：执行"文件"|"保存"命令，即可保存当前文档。执行"文件"|"另存为"命令，打开"另存为"对话框，在"保存类型"下拉列表中选择"RTF"，单击"保存"按钮。

7.11　第 11 题解答

1. 文档中创建编辑宏

第1步：打开文档 A7.DOC，将鼠标定位在文档的第 1 段中，执行"工具"|"宏"|"录

制新宏"命令，打开"录制宏"对话框，如图 7-20 所示。

第 2 步：在"宏名"文本框中输入"KSMACRO1"，在"将宏保存在"下拉列表中选择"A7.doc"，单击"确定"按钮，打开"录制宏"工具栏，如图 7-21 所示。

第 3 步：执行"格式"|"字体"命令，打开"字体"对话框，单击"字体"选项卡。

图 7-20 "录制宏"对话框   图 7-21 "录制宏"工具栏

第 4 步：在"中文字体"下拉列表中选择"楷体"，在"字形"列表框中选择"加粗"，在"字号"列表框中选择"小四"，在"字体颜色"列表中选择"蓝色"，单击"确定"按钮。

第 5 步：执行"格式"|"段落"命令，打开"段落"对话框，在"间距"区域的"行距"下拉列表中选择"固定值"，并在其后的文本框中输入"18 磅"，单击"确定"按钮，单击"停止录制"按钮。

第 6 步：选中文档的第 1、第 2 段，执行"工具"|"宏"|"宏"命令，打开"宏"对话框，如图 7-22 所示。

第 7 步：在"宏名"列表中选择"KSMACRO1"，单击"运行"按钮。

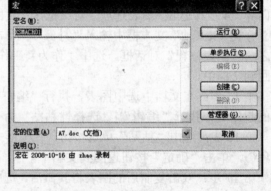

图 7-22 "宏"对话框

2. 文档中插入视频文件

第 8 步：将光标定位在文档第 3 段，执行"插入"|"对象"命令，打开"对象"对话框，单击"由文件创建"选项卡。

第 9 步：单击"浏览"按钮，打开"浏览"对话框。在"查找范围"下拉列表中选择 C:\Win2008GJW\KSML3 文件夹，在列表中选择 KSWAV7-11.WMV，单击"插入"按钮，返回"对象"对话框。

第 10 步：选中"显示为图标"复选框，单击"更改图标"按钮，打开"更改图标"对话框。在"题注"文本框中输入"KSWAV7-11.WMV"，依次单击"确定"按钮。

第 11 步：选中插入的声音图标，执行"格式"|"对象"命令，打开"设置对象格式"对话框，单击"大小"选项卡。

第 12 步：取消"锁定纵横比"复选框的选中状态，在"尺寸和旋转"区域的"高度"文本框中选择或输入"1.93 厘米"，在"宽度"文本框中选择或输入"3.08 厘米"。

第 13 步：单击"版式"选项卡，在"环绕方式"区域选中"四周型"，单击"确定"按钮。利用鼠标将对象拖动到样文所示位置。

3. 使用外部数据

第 14 步：将光标定位在当前文档下方，执行"插入"|"对象"命令，打开"对象"对话框，单击"由文件创建"选项卡，单击"浏览"按钮，打开"浏览"对话框。

第 15 步：在"查找范围"下拉列表中选择 C:\Win2008GJW\KSML1 文件夹，在列表中选择 KSSJB7-11.XLS，单击"插入"按钮，返回"对象"对话框，单击"确定"按钮。

第 16 步：双击插入的工作表，激活"Microsoft Excel"应用程序，选中 B3:B9 和 D3:D9 单元格区域，执行"插入"|"图表"命令，打开"图表向导 - 4 步骤之 1 - 图表类型"对话框。

第 17 步：在"图表类型"列表框中选择"柱形图"，在"子图表类型"列表中选择"簇状柱形图"项，单击"下一步"按钮，打开"图表向导 - 4 步骤之 2 - 图表源数据"对话框。

第 18 步：在"系列产生在"区域选中"列"单选按钮，单击"下一步"按钮，打开"图表向导 - 4 步骤之 3 - 图表选项"对话框。单击"下一步"按钮，打开"图表向导 - 4 步骤之 4 - 图表位置"对话框。选中"作为新工作表插入"单选按钮，单击"完成"按钮，返回到文档中。

第 19 步：在文档中选中图表，执行"编辑"|"复制"命令，将光标定位在文档第二页的起始处，执行"编辑"|"选择性粘贴"命令，打开"选择性粘贴"对话框。

第 20 步：选中"粘贴"单选按钮，在"形式"列表框中选择"Microsoft Excel 工作表对象"，单击"确定"按钮返回到文档中。

第 21 步：双击复制后的图表将其激活，在选中的图表上右击，在打开的快捷菜单中选择"图表类型"命令，打开"图表类型"对话框，单击"标准类型"选项卡。在"图表类型"列表框中选择"饼图"，在"子图表类型"列表中选择"分离型三维饼图"，单击"确定"按钮。

第 22 步：在选中的图表上右击，在打开的快捷菜单中选择"图表选项"命令，打开"图表选项"对话框，单击"数据标志"选项卡。在"数据标签包括"区域选中"值"复选框，单击"确定"按钮。

4. 在各种办公软件间转换文件格式

第 23 步：执行"文件"|"保存"命令，即可保存当前文档。执行"文件"|"另存为"命令，打开"另存为"对话框，在"保存类型"下拉列表中选择"网页"，在对话框中出现一个"更改标题"按钮，如图 7-23 所示。

第 24 步：单击"更改标题"按钮，打开"设置页标题"对话框，如图 7-24 所示。

第 25 步：在"页标题"文本框中输入"人类为何总要寻求刺激""，单击"确定"按钮返回到"另存为"对话框，单击"保存"按钮。

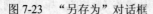

图 7-23　"另存为"对话框　　　　　　图 7-24　"设置页标题"对话框

7.12　第 12 题解答

1.　文档中创建编辑宏

第 1 步：打开文档 A7.DOC，将鼠标定位在文档的第 1 段中，执行"工具"|"宏"|"录制新宏"命令，打开"录制宏"对话框。

第 2 步：在"宏名"文本框中输入"KSMACRO2"，在"将宏保存在"下拉列表中选择"A7.doc"，单击"确定"按钮，打开"录制宏"工具栏。

第 3 步：执行"格式"|"边框和底纹"命令，打开"边框和底纹"对话框，单击"边框"选项卡。在"设置"区域选择"方框"，在"线形"列表框中选择"实线"，在"颜色"下拉列表中选择"淡紫色"，在"宽度"下拉列表中选择"1 1/2 磅"，在"应用于"下拉列表中选择"段落"。

第 4 步：单击"底纹"选项卡，在"填充"区域的颜色列表中选择"茶色"，在"应用于"下拉列表中选择"段落"，单击"确定"按钮，单击"停止录制"按钮。

第 5 步：选中文档的第 1、第 2 段，执行"工具"|"宏"|"宏"命令，打开"宏"对话框。在"宏名"列表中选择"KSMACRO2"，单击"运行"按钮。

2.　文档中插入视频文件

第 6 步：将光标定位在文档末尾，执行"插入"|"对象"命令，打开"对象"对话框，单击"由文件创建"选项卡。

第 7 步：单击"浏览"按钮，打开"浏览"对话框。在"查找范围"下拉列表中选择 C:\Win2008GJW\KSML3 文件夹，在列表中选择 KSWAV7-12.WMV，单击"插入"按钮，返回"对象"对话框。

第 8 步：选中"显示为图标"复选框，单击"更改图标"按钮，打开"更改图标"对话框。在"题注"文本框中输入"KSWAV7-12.WMV"，依次单击"确定"按钮。

第 9 步：选中插入的声音图标，执行"格式"|"对象"命令，打开"设置对象格式"对话框，单击"大小"选项卡。

第 10 步：取消"锁定纵横比"复选框的选中状态，在"尺寸和旋转"区域的"高度"文本框中选择或输入"2.04 厘米"，在"宽度"文本框中选择或输入"3.25 厘米"。

第 11 步：单击"版式"选项卡，在"环绕方式"区域选中"四周型"，单击"确定"按钮。利用鼠标将对象拖动到样文所示位置。

3. 使用外部数据

第 12 步：将光标定位在当前文档下方，执行"插入"|"对象"命令，打开"对象"对话框，单击"由文件创建"选项卡，单击"浏览"按钮，打开"浏览"对话框。

第 13 步：在"查找范围"下拉列表中选择 C:\Win2008GJW\KSML1 文件夹，在列表中选择 KSSJB7-12.XLS，单击"插入"按钮，返回"对象"对话框。单击"确定"按钮。

第 14 步：双击插入的工作表，激活"Microsoft Excel"应用程序，选中"姓名"和"实发工资"数据区域，执行"插入"|"图表"命令，打开"图表向导－4 步骤之 1－图表类型"对话框。

第 15 步：在"图表类型"列表框中选择"条形图"，在"子图表类型"列表中选择"簇状条形图"项，单击"下一步"按钮，打开"图表向导－4 步骤之 2－图表源数据"对话框。

第 16 步：在"系列产生在"区域选中"列"单选按钮，单击"下一步"按钮，打开"图表向导－4 步骤之 3－图表选项"对话框，单击"数据标志"选项卡，在"数据标签包括"区域选中"值"复选框。单击"下一步"按钮，打开"图表向导－4 步骤之 4－图表位置"对话框。选中"作为新工作表插入"单选按钮，单击"完成"按钮，返回到文档中。

第 17 步：在文档中选中图表，执行"编辑"|"复制"命令，将光标定位在文档第二页的起始处，执行"编辑"|"选择性粘贴"命令，打开"选择性粘贴"对话框。

第 18 步：选中"粘贴"单选按钮，在"形式"列表框中选择"Microsoft Excel 工作表对象"，单击"确定"按钮返回到文档中。

第 19 步：双击复制后的图表将其激活，在选中的图表上右击，在打开的快捷菜单中选择"图表类型"命令，打开"图表类型"对话框，单击"标准类型"选项卡。在"图表类型"列表框中选择"圆环图"，在"子图表类型"列表中选择"圆环图"，单击"确定"按钮。

4. 在各种办公软件间转换文件格式

第 20 步：执行"文件"|"保存"命令，即可保存当前文档。执行"文件"|"另存为"命令，打开"另存为"对话框，在"保存类型"下拉列表中选择"网页"，在对话框中出现一个"更改标题"按钮。

第 21 步：单击"更改标题"按钮，打开"设置页标题"对话框，在"页标题"文本框中输入"挪动的帐篷"，单击"确定"按钮回到"另存为"对话框，单击"保存"按钮。

7.13　第 13 题解答

1. 文档中创建编辑宏

第 1 步：打开文档 A7.DOC，将鼠标定位在文档的第 1 段中，执行"工具"|"宏"|"录制新宏"命令，打开"录制宏"对话框。

第 2 步：在"宏名"文本框中输入"KSMACRO3"，在"将宏保存在"下拉列表中选择"A7.doc"，单击"确定"按钮，打开"录制宏"工具栏。

第 3 步：执行"格式"|"字体"命令，打开"字体"对话框，单击"字体"选项卡。在"中文字体"列表中选择"隶书"，在"字号"列表框中选择"小四"，在"字体颜色"列表中选择"玫瑰红"，在"下划线线型"列表中选择"波浪线"，单击"确定"按钮，单击"停止录制"按钮。

第 4 步：选中文档的第 1、第 2 段，执行"工具"|"宏"|"宏"命令，打开"宏"对话框。在"宏名"列表中选择"KSMACRO3"，单击"运行"按钮。

2. 文档中插入视频文件

第 5 步：将光标定位在文档末尾，执行"插入"|"对象"命令，打开"对象"对话框，单击"由文件创建"选项卡。

第 6 步：单击"浏览"按钮，打开"浏览"对话框。在"查找范围"下拉列表中选择 C:\Win2008GJW\KSML3 文件夹，在列表中选择 KSWAV7-13.WMV，单击"插入"按钮，返回"对象"对话框。

第 7 步：选中"显示为图标"复选框，单击"更改图标"按钮，打开"更改图标"对话框。在"题注"文本框中输入"KSWAV7-13.WMV"，依次单击"确定"按钮。

第 8 步：选中插入的声音图标，执行"格式"|"对象"命令，打开"设置对象格式"对话框，单击"大小"选项卡。

第 9 步：取消"锁定纵横比"复选框的选中状态，在"尺寸和旋转"区域的"高度"文本框中，选择或输入"1.96 厘米"，在"宽度"文本框中选择或输入"3.12 厘米"。

第 10 步：单击"版式"选项卡，在"环绕方式"区域选中"四周型"，单击"确定"按钮。利用鼠标将对象拖动到样文所示位置。

3. 使用外部数据

第 11 步：将光标定位在当前文档下方，执行"插入"|"对象"命令，打开"对象"对话框，单击"由文件创建"选项卡，单击"浏览"按钮，打开"浏览"对话框。

第 12 步：在"查找范围"下拉列表中选择 C:\Win2008GJW\KSML1 文件夹，在列表中选择 KSSJB7-13.XLS，单击"插入"按钮，返回"对象"对话框。单击"确定"按钮。

第 13 步：双击插入的工作表，激活"Microsoft Excel"应用程序，选中 B3:B10 和 D3:G10 数据区域，执行"插入"|"图表"命令，打开"图表向导－4 步骤之 1－图表类型"对话框。

第 14 步：在"图表类型"列表框中选择"柱形图"，在"子图表类型"列表中选择"簇状柱形图"项，单击"下一步"按钮，打开"图表向导－4 步骤之 2－图表源数据"对话框。

第 15 步：在"系列产生在"区域选中"行"单选按钮，单击"下一步"按钮，打开"图表向导－4 步骤之 3－图表选项"对话框。单击"下一步"按钮，打开"图表向导－4 步骤之 4－图表位置"对话框。选中"作为新工作表插入"单选按钮，单击"完成"按钮，返回到文档中。

第 16 步：在文档中选中图表，执行"编辑"|"复制"命令，将光标定位在文档第二页的起始处，执行"编辑"|"选择性粘贴"命令，打开"选择性粘贴"对话框。

第 17 步：选中"粘贴"单选按钮，在"形式"列表框中选择"Microsoft Excel 工作表对象"，单击"确定"按钮返回到文档中。

第18步：双击复制后的图表将其激活，在选中的图表上右击，在打开的快捷菜单中选择"图表选项"命令，打开"图表选项"对话框，单击"标题"选项卡。在"图表标题"文本框中输入"物业费用统计"，单击"确定"按钮。

第19步：选中图表的绘图区，执行"格式"|"绘图区"命令，打开"绘图区格式"对话框。在"区域"区域单击"填充效果"按钮，打开"填充效果"对话框，单击"纹理"选项卡。

第20步：在"纹理"列表中选中"花束"，依次单击"确定"按钮返回文档。

第21步：选中图表的标题文字，在"格式"工具栏中的"字号"下拉列表中选择"9"，在"字体颜色"下拉列表中选择"红色"。

4. 在各种办公软件间转换文件格式

第22步：执行"文件"|"保存"命令，即可保存当前文档。执行"文件"|"另存为"命令，打开"另存为"对话框，在"保存类型"下拉列表中选择"网页"，在对话框中出现一个"更改标题"按钮。

第23步：单击"更改标题"按钮，打开"设置页标题"对话框，在"页标题"文本框中输入"尊重小人物"，单击"确定"按钮返回到"另存为"对话框，单击"保存"按钮。

7.14　第14题解答

1. 文档中创建编辑宏

第1步：打开文档A7.DOC，将鼠标定位在文档的第1段中，执行"工具"|"宏"|"录制新宏"命令，打开"录制宏"对话框。

第2步：在"宏名"文本框中输入"KSMACRO4"，在"将宏保存在"下拉列表中选择"A7.doc"，单击"确定"按钮，打开"录制宏"工具栏。

第3步：执行"格式"|"字体"命令，打开"字体"对话框，单击"字体"选项卡。在"中文字体"下拉列表中选择"黑体"，在"字号"列表框中选择"小四"，在"字体颜色"列表中选择"灰色-40%"，单击"确定"按钮。

第4步：执行"格式"|"段落"命令，打开"段落"对话框，在"间距"区域的"段前"和"段后"文本框中选择或者输入"0.5行"，在"行距"下拉列表中选择"固定值"，并在其后的文本框中输入"18磅"，单击"确定"按钮，单击"停止录制"按钮。

第5步：选中文档的所有段落，执行"工具"|"宏"|"宏"命令，打开"宏"对话框，在"宏名"列表中选择"KSMACRO4"，单击"运行"按钮。

2. 文档中插入视频文件

第6步：将光标定位在文档末尾，执行"插入"|"对象"命令，打开"对象"对话框，单击"由文件创建"选项卡。

第7步：单击"浏览"按钮，打开"浏览"对话框。在"查找范围"下拉列表中选择C:\Win2008GJW\KSML3文件夹，在列表中选择KSWAV7-14.WMV，单击"插入"按钮，返回"对象"对话框。

第 8 步：选中"显示为图标"复选框，单击"更改图标"按钮，打开"更改图标"对话框。在"题注"文本框中输入"KSWAV7-14.WMV"，依次单击"确定"按钮。

第 9 步：选中插入的声音图标，执行"格式"|"对象"命令，打开"设置对象格式"对话框，单击"大小"选项卡。

第 10 步：取消"锁定纵横比"复选框的选中状态，在"尺寸和旋转"区域的"高度"文本框中，选择或输入"2.63 厘米"，在"宽度"文本框中选择或输入"4.19 厘米"。

第 11 步：单击"版式"选项卡，在"环绕方式"区域选中"四周型"，单击"确定"按钮。利用鼠标将对象拖动到样文所示位置。

3. 使用外部数据

第 12 步：将光标定位在当前文档下方，执行"插入"|"对象"命令，打开"对象"对话框，单击"由文件创建"选项卡，单击"浏览"按钮，打开"浏览"对话框。

第 13 步：在"查找范围"下拉列表中选择 C:\Win2008GJW\KSML1 文件夹，在列表中选择 KSSJB7-14.XLS，单击"插入"按钮，返回"对象"对话框。单击"确定"按钮。

第 14 步：双击插入的工作表，激活"Microsoft Excel"应用程序，选中 B5:C12 数据区域，执行"插入"|"图表"命令，打开"图表向导 - 4 步骤之 1 - 图表类型"对话框。

第 15 步：在"图表类型"列表框中选择"饼图"，在"子图表类型"列表中选择"分离型三维饼图"，单击"下一步"按钮，打开"图表向导 - 4 步骤之 2 - 图表源数据"对话框。

第 16 步：在"系列产生在"区域选中"列"单选按钮，单击"下一步"按钮，打开"图表向导 - 4 步骤之 3 - 图表选项"对话框。单击"标题"选项卡，删除"图表标题"文本框中的文本，单击"数据标志"选项卡，在"数据标签包括"区域选中"值"复选框。

第 17 步：单击"下一步"按钮，打开"图表向导 - 4 步骤之 4 - 图表位置"对话框。选中"作为新工作表插入"单选按钮，单击"完成"按钮，返回到文档中。

第 18 步：在文档中选中图表，执行"编辑"|"复制"命令，将光标定位在文档第二页的起始处，执行"编辑"|"选择性粘贴"命令，打开"选择性粘贴"对话框。

第 19 步：选中"粘贴"单选按钮，在"形式"列表框中选择"Microsoft Excel 工作表对象"，单击"确定"按钮返回到文档中。

第 20 步：双击复制后的图表将其激活，在选中的图表上右击，在打开的快捷菜单中选择"图表类型"命令，打开"图表类型"对话框，单击"标准类型"选项卡。在"图表类型"列表框中选择"饼图"，在"子图表类型"列表中选择"三维饼图"，单击"确定"按钮。

第 21 步：在选中的图表上右击，在打开的快捷菜单中选择"图表选项"命令，打开"图表选项"对话框，单击"标题"选项卡。在"图表标题"文本框中输入"车辆销售统计表"，单击"确定"按钮。

4. 在各种办公软件间转换文件格式

第 22 步：执行"文件"|"保存"命令，即可保存当前文档。执行"文件"|"另存为"命令，打开"另存为"对话框，在"保存类型"下拉列表中选择"网页"，在对话框中出现一个"更改标题"按钮。

第 23 步：单击"更改标题"按钮，打开"设置页标题"对话框，在"页标题"文本框中输入"知止"，单击"确定"按钮，返回到"另存为"对话框，单击"保存"按钮。

7.15　第 15 题解答

1. 文档中创建编辑宏

第 1 步：打开文档 A7.DOC，将鼠标定位在文档的第 1 段中，执行"工具"|"宏"|"录制新宏"命令，打开"录制宏"对话框。

第 2 步：在"宏名"文本框中输入"KSMACRO5"，在"将宏保存在"下拉列表中选择"A7.doc"，单击"确定"按钮，打开"录制宏"工具栏。

第 3 步：执行"格式"|"字体"命令，打开"字体"对话框，单击"字体"选项卡。在"中文字体"下拉列表中选择"仿宋"，在"字号"列表框中选择"小四"，在"字体颜色"列表中选择"橙色"，在"着重号"下拉列表中选择"着重号"，在"效果"区域选择"空心"复选框，单击"确定"按钮。

第 4 步：选中文档的第 1、第 2 段，执行"工具"|"宏"|"宏"命令，打开"宏"对话框，在"宏名"列表中选择"KSMACRO5"，单击"运行"按钮。

2. 文档中插入视频文件

第 5 步：将光标定位在文档末尾，执行"插入"|"对象"命令，打开"对象"对话框，单击"由文件创建"选项卡。

第 6 步：单击"浏览"按钮，打开"浏览"对话框。在"查找范围"下拉列表中选择 C:\Win2008GJW\KSML3 文件夹，在列表中选择 KSWAV7-15.WMV，单击"插入"按钮，返回"对象"对话框。

第 7 步：选中"显示为图标"复选框，单击"更改图标"按钮，打开"更改图标"对话框。在"题注"文本框中输入"KSWAV7-15.WMV"，依次单击"确定"按钮。

第 8 步：选中插入的声音图标，执行"格式"|"对象"命令，打开"设置对象格式"对话框，单击"大小"选项卡。

第 9 步：取消"锁定纵横比"复选框的选中状态，在"尺寸和旋转"区域的"高度"文本框中，选择或输入"2.53 厘米"，在"宽度"文本框中选择或输入"4.03 厘米"。

第 10 步：单击"版式"选项卡，在"环绕方式"区域选中"四周型"，单击"确定"按钮。利用鼠标将对象拖动到样文所示位置。

3. 使用外部数据

第 11 步：将光标定位在当前文档下方，执行"插入"|"对象"命令，打开"对象"对话框，单击"由文件创建"选项卡，单击"浏览"按钮，打开"浏览"对话框。

第 12 步：在"查找范围"下拉列表中选择 C:\Win2008GJW\KSML1 文件夹，在列表中选择 KSSJB7-15.XLS，单击"插入"按钮，返回"对象"对话框。单击"确定"按钮。

第 13 步：双击插入的工作表，激活"Microsoft Excel"应用程序，选中"姓名"和"基本工资"数据区域，执行"插入"|"图表"命令，打开"图表向导 - 4 步骤之 1 - 图表类型"对话框。

第 14 步：在"图表类型"列表框中选择"圆环图"，在"子图表类型"列表中选择"圆环图"，单击"下一步"按钮，打开"图表向导 - 4 步骤之 2 - 图表源数据"对话框。

第 15 步：在"系列产生在"区域选中"列"单选按钮，单击"下一步"按钮，打开"图表向导－4 步骤之 3－图表选项"对话框。单击"数据标志"选项卡，在"数据标签包括"区域选中"值"复选框。

第 16 步：单击"下一步"按钮，打开"图表向导－4 步骤之 4－图表位置"对话框。选中"作为新工作表插入"单选按钮，单击"完成"按钮，返回到文档中。

第 17 步：在文档中选中图表，执行"编辑"|"复制"命令，将光标定位在文档第二页的起始处，执行"编辑"|"选择性粘贴"命令，打开"选择性粘贴"对话框。

第 18 步：选中"粘贴"单选按钮，在"形式"列表框中选择"Microsoft Excel 工作表对象"，单击"确定"按钮返回到文档中。

第 19 步：双击复制后的图表将其激活，在选中的图表上右击，在打开的快捷菜单中选择"图表类型"命令，打开"图表类型"对话框，单击"标准类型"选项卡。在"图表类型"列表框中选择"圆环图"，在"子图表类型"列表中选择"分离型圆环图"，单击"确定"按钮。

第 20 步：选中图表标题，然后在"格式"工具栏的"颜色"下拉列表中选择"红色"。

4. 在各种办公软件间转换文件格式

第 21 步：执行"文件"|"保存"命令，即可保存当前文档。执行"文件"|"另存为"命令，打开"另存为"对话框，在"保存类型"下拉列表中选择"网页"，在对话框中出现一个"更改标题"按钮。

第 22 步：单击"更改标题"按钮，打开"设置页标题"对话框，在"页标题"文本框中输入"不让世界改变自己"，单击"确定"按钮，返回到"另存为"对话框，单击"保存"按钮。

7.16　第 16 题解答

1. 使用外部数据

第 1 步：打开 A7.DOC，将光标定位在文档的第二页，执行"插入"|"对象"命令，打开"对象"对话框，单击"由文件创建"选项卡，单击"浏览"按钮，打开"浏览"对话框。

第 2 步：在"查找范围"下拉列表中选择 C:\Win2008GJW\KSML1 文件夹，在列表中选择 KSSJB7-16.XLS，单击"插入"按钮，返回"对象"对话框。单击"确定"按钮。

第 3 步：双击插入的工作表，激活"Microsoft Excel"应用程序，选中 B5:B11、D5:D11 和 G5:I11 数据区域，执行"插入"|"图表"命令，打开"图表向导－4 步骤之 1－图表类型"对话框。

第 4 步：在"图表类型"列表框中选择"柱形图"，在"子图表类型"列表中选择"簇状柱形图"，单击"下一步"按钮，打开"图表向导－4 步骤之 2－图表源数据"对话框。

第 5 步：在"系列产生在"区域选中"列"单选按钮，单击"下一步"按钮，打开"图表向导－4 步骤之 3－图表选项"对话框。

第 6 步：单击"下一步"按钮，打开"图表向导－4 步骤之 4－图表位置"对话框。选中"作为新工作表插入"单选按钮，单击"完成"按钮，返回到文档中。

第 7 步：在文档中选中图表，执行"编辑"|"复制"命令，将光标定位在文档第三页的起始处，执行"编辑"|"选择性粘贴"命令，打开"选择性粘贴"对话框。

第 8 步：选中"粘贴"单选按钮，在"形式"列表框中选择"Microsoft Excel 工作表对象"，单击"确定"按钮返回到文档中。

第 9 步：双击复制后的图表将其激活，在选中的图表上右击，在打开的快捷菜单中选择"图表类型"命令，打开"图表类型"对话框，单击"标准类型"选项卡。在"图表类型"列表框中选择"条形图"，在"子图表类型"列表中选择"簇状条形图"，单击"确定"按钮。

第 10 步：在选中的图表上右击，在打开的快捷菜单中选择"图表选项"命令，打开"图表选项"对话框，单击"标题"选项卡。在"图表标题"文本框中输入"工资表"，单击"确定"按钮。

2. 在文档中插入表格

第 11 步：将光标定位在文档文本的末尾，执行"插入"|"对象"命令，打开"对象"对话框，单击"由文件创建"选项卡，单击"浏览"按钮，打开"浏览"对话框。

第 12 步：在"查找范围"下拉列表中选择 C:\Win2008GJW\KSML1 文件夹，在列表中选择 KSDOC7-16.DOC，单击"插入"按钮，返回"对象"对话框，单击"确定"按钮。

3. 宏的创建

第 13 步：将鼠标定位在文档的第 1 段中，执行"工具"|"宏"|"录制新宏"命令，打开"录制宏"对话框。

第 14 步：在"宏名"文本框中输入"KSMACRO6"，在"将宏保存在"下拉列表中选择"A7.doc"，单击"确定"按钮，打开"录制宏"工具栏。

第 15 步：执行"格式"|"字体"命令，打开"字体"对话框，单击"字体"选项卡。在"中文字体"下拉列表中选择"楷体"，在"字号"列表框中选择"小三"，在"字体颜色"列表中选择"粉红色"，在"下划线线型"下拉列表中选择"实线"，单击"确定"按钮。

第 16 步：执行"格式"|"段落"命令，打开"段落"对话框，在"间距"区域的"行距"下拉列表中选择"固定值"，并在其后的文本框中输入"18 磅"，单击"确定"按钮，单击"停止录制"按钮。

第 17 步：选中文档的第 1、第 2 段，执行"工具"|"宏"|"宏"命令，打开"宏"对话框，在"宏名"列表中选择"KSMACRO6"，单击"运行"按钮。

4. 在各种办公软件间转换文件格式

第 18 步：执行"文件"|"保存"命令，即可保存当前文档。执行"文件"|"另存为"命令，打开"另存为"对话框，在"保存类型"下拉列表中选择"网页"，在对话框中出现一个"更改标题"按钮。

第 19 步：单击"更改标题"按钮，打开"设置页标题"对话框，在"页标题"文本框中输入"高考是面向素质的障碍吗？"，单击"确定"按钮，返回到"另存为"对话框，单击"保存"按钮。

7.17　第 17 题解答

1.　使用外部数据

第 1 步：打开 A7.DOC，将光标定位在文档的第二页，执行"插入"|"对象"命令，打开"对象"对话框，单击"由文件创建"选项卡，单击"浏览"按钮，打开"浏览"对话框。

第 2 步：在"查找范围"下拉列表中选择 C:\Win2008GJW\KSML1 文件夹，在列表中选择 KSSJB7-17.XLS，单击"插入"按钮，返回"对象"对话框。单击"确定"按钮。

第 3 步：双击插入的工作表，激活"Microsoft Excel"应用程序，选中 B4:E12 数据区域，执行"插入"|"图表"命令，打开"图表向导－4 步骤之 1－图表类型"对话框。

第 4 步：在"图表类型"列表框中选择"柱形图"，在"子图表类型"列表中选择"三维簇状柱形图"，单击"下一步"按钮，打开"图表向导－4 步骤之 2－图表源数据"对话框。

第 5 步：在"系列产生在"区域选中"列"单选按钮，单击"下一步"按钮，打开"图表向导－4 步骤之 3－图表选项"对话框。单击"下一步"按钮，打开"图表向导－4 步骤之 4－图表位置"对话框。选中"作为新工作表插入"单选按钮，单击"完成"按钮，返回到文档中。

第 6 步：在文档中选中图表，执行"编辑"|"复制"命令，将光标定位在文档第三页的起始处，执行"编辑"|"选择性粘贴"命令，打开"选择性粘贴"对话框。

第 7 步：选中"粘贴"单选按钮，在"形式"列表框中选择"Microsoft Excel 工作表对象"，单击"确定"按钮返回到文档中。

第 8 步：双击复制后的图表将其激活，在选中的图表上右击，在打开的快捷菜单中选择"图表类型"命令，打开"图表类型"对话框，单击"标准类型"选项卡。在"图表类型"列表框中选择"圆柱图"，在"子图表类型"列表中选择"柱形圆柱图"，单击"确定"按钮。

第 9 步：在选中的图表上右击，在打开的快捷菜单中选择"图表选项"命令，打开"图表选项"对话框，单击"标题"选项卡。在"图表标题"文本框中输入"员工出勤统计表"，单击"确定"按钮。

第 10 步：选中图表标题，在"格式"工具栏的"颜色"下拉列表中选择"粉红色"。

2.　在文档中插入表格

第 11 步：将光标定位在文档文本的末尾，执行"插入"|"对象"命令，打开"对象"对话框，单击"由文件创建"选项卡，单击"浏览"按钮，打开"浏览"对话框。

第 12 步：在"查找范围"下拉列表中选择 C:\Win2008GJW\KSML1 文件夹，在列表中选择 KSDOC7-17.DOC，单击"插入"按钮，返回"对象"对话框，单击"确定"按钮。

3.　宏的创建

第 13 步：将鼠标定位在文档的第 1 段中，执行"工具"|"宏"|"录制新宏"命令，打开"录制宏"对话框。

第 14 步：在"宏名"文本框中输入"KSMACRO7"，在"将宏保存在"下拉列表中选择"A7.doc",单击"键盘"按钮,打开"自定义键盘"对话框。

第 15 步:将鼠标定位在"请按新快捷键"文本框中,然后按键盘上的 Ctrl+F 组合键,单击"指定"按钮,单击"关闭"按钮,打开"录制宏"工具栏。

第 16 步:在常用工具栏中,打开"字体"下拉列表,选择"宋体",在"字号"下拉列表中选择"小四",在"字体颜色"下拉列表中选择"蓝色",在"下划线"下拉列表中选择"波浪线",最后单击"停止录制"按钮。

第 17 步:选中文档的第 1、第 2、第 3 段,按 Ctrl+F 组合键。

4. 在各种办公软件间转换文件格式

第 18 步:执行"文件"|"保存"命令,即可保存当前文档。执行"文件"|"另存为"命令,打开"另存为"对话框,在"保存类型"下拉列表中选择"网页",在对话框中出现一个"更改标题"按钮。

第 19 步:单击"更改标题"按钮,打开"设置页标题"对话框,在"页标题"文本框中输入"音乐是生命的本能",单击"确定"按钮,返回到"另存为"对话框,单击"保存"按钮。

7.18 第 18 题解答

1. 使用外部数据

第 1 步:打开 A7.DOC,将光标定位在文档的第二页,执行"插入"|"对象"命令,打开"对象"对话框,单击"由文件创建"选项卡,单击"浏览"按钮,打开"浏览"对话框。

第 2 步:在"查找范围"下拉列表中选择 C:\Win2008GJW\KSML1 文件夹,在列表中选择 KSSJB7-18.XLS,单击"插入"按钮,返回"对象"对话框。单击"确定"按钮。

第 3 步:双击插入的工作表,激活"Microsoft Excel"应用程序,选中 B4:C11 数据区域,执行"插入"|"图表"命令,打开"图表向导－4 步骤之 1－图表类型"对话框。

第 4 步:在"图表类型"列表框中选择"饼图",在"子图表类型"列表中选择"饼图",单击"下一步"按钮,打开"图表向导－4 步骤之 2－图表源数据"对话框。

第 5 步:在"系列产生在"区域选中"列"单选按钮,单击"下一步"按钮,打开"图表向导－4 步骤之 3－图表选项"对话框。单击"标题"选项卡,在"图表标题"文本框中输入"某市中学实验室仪器统计表 滑线变阻器",选择"数据标志"选项卡,在"数据标签包括"区域选中"值"复选框。

第 6 步:单击"下一步"按钮,打开"图表向导－4 步骤之 4－图表位置"对话框。选中"作为新工作表插入"单选按钮,单击"完成"按钮,返回到文档中。

第 7 步:在文档中选中图表,执行"编辑"|"复制"命令,将光标定位文档第三页的起始处,执行"编辑"|"选择性粘贴"命令,打开"选择性粘贴"对话框。

第 8 步:选中"粘贴"单选按钮,在"形式"列表框中选择"Microsoft Excel 工作表对象",单击"确定"按钮返回到文档中。

第 9 步:双击复制后的图表,将其激活,在选中的图表上右击,在打开的快捷菜单中选择"图表类型"命令，打开"图表类型"对话框，单击"标准类型"选项卡。在"图表类型"列表框中选择"饼图"，在"子图表类型"列表中选择"复合条饼图"，单击"确定"按钮。

第 10 步：选中图表标题，在"格式"工具栏的"字号"下拉列表中选择"10"，"颜色"下拉列表中选择"蓝色"。

2. 在文档中插入表格

第 11 步：将光标定位在文档文本的末尾，执行"插入"|"对象"命令，打开"对象"对话框，单击"由文件创建"选项卡，单击"浏览"按钮，打开"浏览"对话框。

第 12 步：在"查找范围"下拉列表中选择 C:\Win2008GJW\KSML1 文件夹，在列表中选择 KSDOC7-18.DOC，单击"插入"按钮，返回"对象"对话框，单击"确定"按钮。

3. 宏的创建

第 13 步：将鼠标定位在文档的第 1 段中，执行"工具"|"宏"|"录制新宏"命令，打开"录制宏"对话框。

第 14 步：在"宏名"文本框中输入"KSMACRO8"，在"将宏保存在"下拉列表中选择"A7.doc"，单击"确定"按钮，打开"录制宏"工具栏。

第 15 步：执行"格式"|"字体"命令，打开"字体"对话框，单击"字体"选项卡。在"中文字体"下拉列表中选择"幼圆"，在"字号"列表框中选择"小四"，在"字体颜色"列表中选择"浅橙色"，单击"确定"按钮。

第 16 步：执行"格式"|"段落"命令，打开"段落"对话框，在"间距"区域的"段前"和"段后"文本框中选择或者输入"0.5 行"，在"行距"下拉列表中选择"固定值"，并在其后的文本框中输入"19 磅"，单击"确定"按钮，单击"停止录制"按钮。

第 17 步：选中文档的第 1、第 2 段，执行"工具"|"宏"|"宏"命令，打开"宏"对话框，在"宏名"列表中选择"KSMACRO8"，单击"运行"按钮。

4. 在各种办公软件间转换文件格式

第 18 步：执行"文件"|"保存"命令，即可保存当前文档。执行"文件"|"另存为"命令，打开"另存为"对话框，在"保存类型"下拉列表中选择"网页"，在对话框中出现一个"更改标题"按钮。

第 19 步：单击"更改标题"按钮，打开"设置页标题"对话框，在"页标题"文本框中输入"教师赞"，单击"确定"按钮，返回到"另存为"对话框，单击"保存"按钮。

7.19　第 19 题解答

1. 使用外部数据

第 1 步：打开 A7.DOC，将光标定位在文档的第二页，执行"插入"|"对象"命令，打开"对象"对话框，单击"由文件创建"选项卡，单击"浏览"按钮，打开"浏览"对话框。

第 2 步：在"查找范围"下拉列表中选择 C:\Win2008GJW\KSML1 文件夹，在列表中选择 KSSJB7-19.XLS，单击"插入"按钮，返回"对象"对话框。单击"确定"按钮。

第 3 步：双击插入的工作表，激活"Microsoft Excel"应用程序，选中"品种"和"数量"数据区域，执行"插入"|"图表"命令，打开"图表向导－4 步骤之 1－图表类型"对话框。

第 4 步：在"图表类型"列表框中选择"条形图"，在"子图表类型"列表中选择"簇状条形图"，单击"下一步"按钮，打开"图表向导－4 步骤之 2－图表源数据"对话框。

第 5 步：在"系列产生在"区域选中"列"单选按钮，单击"下一步"按钮，打开"图表向导－4 步骤之 3－图表选项"对话框。

第 6 步：单击"下一步"按钮，打开"图表向导－4 步骤之 4－图表位置"对话框。选中"作为新工作表插入"单选按钮，单击"完成"按钮，返回到文档中。

第 7 步：在文档中选中图表，执行"编辑"|"复制"命令，将光标定位在文档第三页的起始处，执行"编辑"|"选择性粘贴"命令，打开"选择性粘贴"对话框。

第 8 步：选中"粘贴"单选按钮，在"形式"列表框中选择"Microsoft Excel 工作表对象"，单击"确定"按钮返回到文档中。

第 9 步：双击复制后的图表，将其激活，选中图表的绘图区，执行"格式"|"绘图区"命令，打开"绘图区格式"对话框。在"区域"区域单击"填充效果"按钮，打开"填充效果"对话框，单击"渐变"选项卡。

第 10 步：在"颜色"列表中选中"预设"单选按钮，在"预设颜色"下拉列表中选择"雨后初晴"，依次单击"确定"按钮返回文档。

2．在文档中插入表格

第 11 步：将光标定位在文档文本的末尾，执行"插入"|"对象"命令，打开"对象"对话框，单击"由文件创建"选项卡，单击"浏览"按钮，打开"浏览"对话框。

第 12 步：在"查找范围"下拉列表中选择 C:\Win2008GJW\KSML1 文件夹，在列表中选择 KSDOC7-19.DOC，单击"插入"按钮，返回"对象"对话框，单击"确定"按钮。

3．宏的创建

第 13 步：将鼠标定位在文档的第 1 段中，执行"工具"|"宏"|"录制新宏"命令，打开"录制宏"对话框。

第 14 步：在"宏名"文本框中输入"KSMACRO9"，在"将宏保存在"下拉列表中选择"A7.doc"，单击"确定"按钮，打开"录制宏"工具栏。

第 15 步：执行"格式"|"字体"命令，打开"字体"对话框，单击"字体"选项卡。在"中文字体"下拉列表中选择"宋体"，在"字号"列表框中选择"四号"，在"字体颜色"列表中选择"深黄"，在"下划线线型"下拉列表中选择"实线"，在"效果"区域选中"阴影"复选框，单击"确定"按钮。

第 16 步：执行"格式"|"段落"命令，打开"段落"对话框，在"间距"区域的"行距"下拉列表中选择"固定值"，并在其后的文本框中输入"21 磅"，单击"确定"按钮，单击"停止录制"按钮。

第 17 步：选中文档的第 1、第 2 段，执行"工具"|"宏"|"宏"命令，打开"宏"对话框，在"宏名"列表中选择"KSMACRO9"，单击"运行"按钮。

4. 在各种办公软件间转换文件格式

第 18 步：执行"文件" |"保存"命令，即可保存当前文档。执行"文件" |"另存为"命令，打开"另存为"对话框，在"保存类型"下拉列表中选择"网页"，在对话框中出现一个"更改标题"按钮。

第 19 步：单击"更改标题"按钮，打开"设置页标题"对话框，在"页标题"文本框中输入"选锅防电磁炉辐射"，单击"确定"按钮，返回到"另存为"对话框，单击"保存"按钮。

7.20　第 20 题解答

1. 使用外部数据

第 1 步：打开 A7.DOC，将光标定位在文档的第二页，执行"插入" |"对象"命令，打开"对象"对话框，单击"由文件创建"选项卡，单击"浏览"按钮，打开"浏览"对话框。

第 2 步：在"查找范围"下拉列表中选择 C:\Win2008GJW\KSML1 文件夹，在列表中选择 KSSJB7-20.XLS，单击"插入"按钮，返回"对象"对话框。单击"确定"按钮。

第 3 步：双击插入的工作表，激活"Microsoft Excel"应用程序，选中"姓名"和"成绩"数据区域，执行"插入" |"图表"命令，打开"图表向导－4 步骤之 1－图表类型"对话框。

第 4 步：在"图表类型"列表框中选择"柱形图"，在"子图表类型"列表中选择"三维簇状柱形图"，单击"下一步"按钮，打开"图表向导－4 步骤之 2－图表源数据"对话框。

第 5 步：在"系列产生在"区域选中"行"单选按钮，单击"下一步"按钮，打开"图表向导－4 步骤之 3－图表选项"对话框。单击"下一步"按钮，打开"图表向导－4 步骤之 4－图表位置"对话框。选中"作为新工作表插入"单选按钮，单击"完成"按钮，返回到文档中。

第 6 步：在文档中选中图表，执行"编辑" |"复制"命令，将光标定位在文档第三页的起始处，执行"编辑" |"选择性粘贴"命令，打开"选择性粘贴"对话框。

第 7 步：选中"粘贴"单选按钮，在"形式"列表框中选择"Microsoft Excel 工作表对象"，单击"确定"按钮返回到文档中。

第 8 步：双击复制后的图表将其激活，在选中的图表上右击，在打开的快捷菜单中选择"图表类型"命令，打开"图表类型"对话框，单击"标准类型"选项卡。在"图表类型"列表框中选择"条形图"，在"子图表类型"列表中选择"簇状条形图"，单击"确定"按钮。

第 9 步：在选中的图表上右击，在打开的快捷菜单中选择"图表选项"命令，打开"图表选项"对话框，单击"标题"选项卡。在"图表标题"文本框中输入"分数表"，单击"确定"按钮。

第 10 步：选中图表标题，执行"格式" |"图表标题"命令，打开"图表标题格式"对话框，单击"图案"选项卡，在"边框"区域中选中"无"单选按钮，在"区域"的

颜色列表中选择"淡紫色"。

2. 在文档中插入表格

第 11 步：将光标定位在文档文本的末尾，执行"插入"|"对象"命令，打开"对象"对话框，单击"由文件创建"选项卡，单击"浏览"按钮，打开"浏览"对话框。

第 12 步：在"查找范围"下拉列表中选择 C:\Win2008GJW\KSML1 文件夹，在列表中选择 KSDOC7-20.DOC，单击"插入"按钮，返回"对象"对话框，单击"确定"按钮。

3. 宏的创建

第 13 步：将鼠标定位在文档的第 1 段中，执行"工具"|"宏"|"录制新宏"命令，打开"录制宏"对话框。在"宏名"文本框中输入"KSMACRO10"，在"将宏保存在"下拉列表中选择"A7.doc"，单击"确定"按钮，打开"录制宏"工具栏。

第 14 步：执行"格式"|"字体"命令，打开"字体"对话框，单击"字体"选项卡。在"中文字体"下拉列表中选择"黑体"，在"字号"列表框中选择"五号"，在"字体颜色"列表中选择"蓝色"，单击"确定"按钮。

第 15 步：执行"格式"|"边框和底纹"命令，打开"边框和底纹"对话框，单击"边框"选项卡。在"设置"区域选择"方框"，在"线型"列表框中选择样文所示线型，在"应用于"下拉列表中选择"段落"。单击"底纹"选项卡，在"填充"区域的颜色列表中选择"茶色"，在"应用于"下拉列表中选择"段落"，单击"确定"按钮，单击"停止录制"按钮。

第 16 步：选中文档的所有段落，执行"工具"|"宏"|"宏"命令，打开"宏"对话框，在"宏名"列表中选择"KSMACRO10"，单击"运行"按钮。

4. 在各种办公软件间转换文件格式

第 17 步：执行"文件"|"保存"命令，即可保存当前文档。执行"文件"|"另存为"命令，打开"另存为"对话框，在"保存类型"下拉列表中选择"网页"，在对话框中出现一个"更改标题"按钮。

第 18 步：单击"更改标题"按钮，打开"设置页标题"对话框，在"页标题"文本框中输入"如何缓解学习压力"，单击"确定"按钮，返回到"另存为"对话框，单击"保存"按钮。

第八单元　桌面信息管理程序应用

8.1　第 1 题解答

1. 答复邮件

第 1 步：在 Outlook 窗口中执行"文件"|"导入和导出"命令，打开"导入和导出向导"对话框，如图 8-01 所示。

第 2 步：在"请选择要执行的操作"列表框中选择"从另一程序或文件导入"，单击"下一步"按钮，打开"导入文件"对话框，如图 8-02 所示。

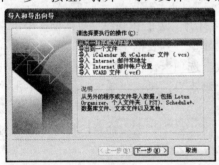

图 8-01　"导入和导出向导"对话框　　　　　图 8-02　"导入文件"对话框

第 3 步：在"从下面位置选择要导入的文件类型"列表框中，选择"个人文件夹文件"，单击"下一步"按钮，打开"导入个人文件夹"对话框，如图 8-03 所示。

第 4 步：选中"用导入的项目替换重复的项目"单选按钮，单击"浏览"按钮，打开"打开个人文件夹"对话框，在"查找范围"下拉列表中选择考生文件夹中的文件 A8.PST，单击"打开"按钮，返回到"导入个人文件夹"对话框。

第 5 步：单击"下一步"按钮，打开"导入个人文件夹"对话框，如图 8-04 所示，在"从下面位置选择要导入的文件夹"列表中选中"个人文件夹"，选中"包括子文件夹"复选框。

图 8-03　"导入个人文件夹"对话框　　　　　图 8-04　选择个人文件夹

第6步：单击"完成"按钮。

第7步：在"收件箱"邮件列表中选中"小明"的邮件，在"常用"工具栏中单击"答复发件人"按钮，打开"答复：购买手机"的邮件窗口，如图8-05所示。

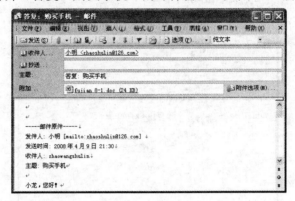

图 8-05　答复邮件

第8步：在邮件窗口的正文区内输入邮件的正文，执行"插入"|"文件"命令，打开"插入文件"对话框，在"查找范围"下拉列表中选择 C:\Win2008GJW\KSML3 文件夹，在列表中选择 fujian8-1.DOC，单击"插入"按钮，单击"发送"按钮。

第9步：在"收件箱"邮件列表中选中"小王"的邮件，在"常用"工具栏中单击"答复发件人"按钮，打开"答复：参加舞会"的邮件窗口。

第10步：单击"抄送"按钮，打开"选择姓名"对话框，如图8-06所示。

第11步：在联系人列表中选择"小丁"，单击"抄送"按钮，单击"确定"按钮。

第12步：在邮件窗口的"常用"工具栏中，单击"标记邮件"按钮，打开"后续标志"对话框，如图8-07所示。

第13步：在"标志"下拉列表中选择"无须响应"，单击"确定"按钮，返回到邮件窗口，单击"发送"按钮。

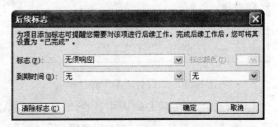

图 8-06　"选择姓名"对话框　　　　　　图 8-07　"后续标志"对话框

2．定制约会

第 14 步：在"常用"工具栏中单击"新建"按钮，在下拉菜单中选择"约会"命令，打开"未命名 - 约会"窗口，如图 8-08 所示。

图 8-08　定制约会

第 15 步：在"主题"文本框中输入"李老师的生日"，在"地点"文本框中输入"李老师的家"，在"开始时间"文本框中选择"2008 年 5 月 22 日"并在后面的时间下拉列表中选择"下午 8:00"，在"结束时间"后面的时间下拉列表中选择"下午 10:00"。选中"提醒"复选框，并在"提前"后面的下拉列表中选择"1 天"。

第 16 步：在"常用"工具栏中单击"重复周期"按钮，打开"约会周期"对话框，如图 8-09 所示。在"定期模式"区域选中"按年"单选按钮，单击"确定"按钮，返回到约会窗口。

第 17 步：在"常用"工具栏中单击"邀请与会者"按钮，在窗口中会出现一个"收件人"按钮，单击"收件人"按钮，打开"选择与会者及资源"对话框，如图 8-10 所示。

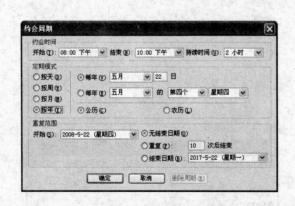

图 8-09　"约会周期"对话框

图 8-10　"选择与会者及资源"对话框

第 18 步：在联系人列表中选择"小甲"，单击"必选"按钮，在联系人列表中选择"小乙"，单击"必选"按钮，单击"确定"按钮。在正文区域内输入适当的内容，单击"发送"按钮。

第 19 步：在"收件箱"邮件列表中选中"参加篮球赛"的邮件，用鼠标拖动到 Outlook 面板列表中的"日历"图标上，打开"参加篮球赛-约会"窗口。

第 20 步：在"地点"文本框中输入"红杏篮球俱乐部球场"，在"开始时间"文本框中选择"2008 年 5 月 25 日"，并在后面的时间下拉列表中选择"下午 5:00"，在"结束时间"后面的时间下拉列表中选择"下午 7:00"。选中"提醒"复选框，并在"提前"后面的下拉列表中选择"1 天"，单击"保存并关闭"按钮。

3. 通讯簿操作

第 21 步：在"常用"工具栏中单击"新建"按钮，在下拉菜单中选择"联系人"命令，打开"未命名 - 联系人"窗口，如图 8-11 所示。根据样文 8-1E 输入联系人相应的内容，单击"保存并关闭"按钮。

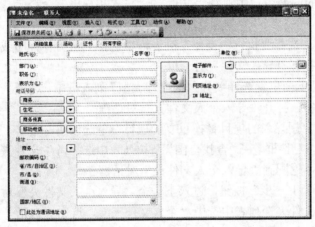

图 8-11　添加联系人

4. 导出结果

第 22 步：执行"文件"|"导入和导出"命令，打开"导入和导出向导"对话框。

第 23 步：在"请选择要执行的操作"列表框中，选择"导出到一个文件"，单击"下一步"按钮，打开"导出到文件"对话框，如图 8-12 所示。

第 24 步：在"创建文件的类型"列表框中选择"个人文件夹文件"，单击"下一步"按钮，打开"导出个人文件夹"对话框，如图 8-13 所示。

图 8-12　"导出到文件"对话框

图 8-13　"导出个人文件夹"对话框

第 25 步：在"选定导出的文件夹"列表中选中"个人文件夹"，选中"包括子文件夹"复选框，单击"下一步"按钮，进入下一个"导出个人文件夹"对话框。

第 26 步：选中"用导出的项目替换重复的项目"单选按钮，单击"浏览"按钮，打开"打开个人文件夹"对话框。在"查找范围"下拉列表中选择考生文件夹，在文本框中输入"A8-A.PST"，单击"确定"按钮，返回到"导出个人文件夹"对话框，单击"完成"按钮。

8.2　第 2 题解答

1．答复邮件

第 1 步：在 Outlook 窗口中执行"文件"|"导入和导出"命令，打开"导入和导出向导"对话框。

第 2 步：在"请选择要执行的操作"列表框中选择"从另一程序或文件导入"，单击"下一步"按钮，打开"导入文件"对话框。

第 3 步：在"从下面位置选择要导入的文件类型"列表框中，选择"个人文件夹文件"，单击"下一步"按钮，打开"导入个人文件夹"对话框。

第 4 步：选中"用导入的项目替换重复的项目"单选按钮，单击"浏览"按钮，打开"打开个人文件夹"对话框，在"查找范围"下拉列表中选择考生文件夹中的文件 A8.PST，单击"打开"按钮，返回到"导入个人文件夹"对话框。

第 5 步：单击"下一步"按钮，进入下一个"导入个人文件夹"对话框。在"从下面位置选择要导入的文件夹"列表中选中"个人文件夹"，选中"包括子文件夹"复选框。单击"完成"按钮。

第 6 步：在"收件箱"邮件列表中选中"赵甲"的邮件，在"常用"工具栏中单击"答复发件人"按钮，打开"答复：参加会议"的邮件窗口。

第 7 步：在邮件窗口的正文区内输入邮件的正文，执行"插入"|"文件"命令，打开"插入文件"对话框，在"查找范围"下拉列表中选择 C:\Win2008GJW\KSML3 文件夹，在列表中选择 fujian 8-2.XLS，单击"插入"按钮，单击"发送"按钮。

第 8 步：在"收件箱"邮件列表中选中"张一"的邮件，在"常用"工具栏中单击"答复发件人"按钮，打开"答复：工作进展"的邮件窗口。

第 9 步：单击"抄送"按钮，打开"选择姓名"对话框。在联系人列表中选择"小丁"，单击"抄送"按钮，单击"确定"按钮。

第 10 步：在邮件窗口的"常用"工具栏中，单击"标记邮件"按钮，打开"后续标志"对话框。在"标志"下拉列表中选择"请答复"，单击"确定"按钮，返回到邮件窗口，单击"发送"按钮。

2．定制约会

第 11 步：在"常用"工具栏中单击"新建"按钮，在下拉菜单中选择"约会"命令，打开"未命名 - 约会"窗口。

第 12 步：在"主题"文本框中输入"业务学习"，在"地点"文本框中输入"一高"，在"开始时间"文本框中选择"2008年6月22日",并在后面的时间下拉列表中选择"上午8:00",在"结束时间"后面的时间下拉列表中选择"上午11:30"。选中"提醒"复选框,并在"提前"后面的下拉列表中选择"1天"。

第13步:在"常用"工具栏中单击"重复周期"按钮,打开"约会周期"对话框。在"定期模式"区域选中"按周"单选按钮,单击"确定"按钮,返回到约会窗口。

第14步:在"常用"工具栏中单击"邀请与会者"按钮,在窗口中会出现一个"收件人"按钮,单击"收件人"按钮,打开"选择与会者及资源"对话框。

第15步:在联系人列表中选择"小丁",单击"必选"按钮,在联系人列表中选择"小洪",单击"必选"按钮,单击"确定"按钮。在正文区域内输入适当的内容,单击"发送"按钮。

第16步:在"收件箱"邮件列表中选中"参加聚会"的邮件,用鼠标拖动到Outlook面板列表中的"日历"图标上,打开"参加聚会-约会"窗口。

第17步:在"地点"文本框中输入"中州宾馆",在"开始时间"文本框中选择"2008年6月30日",并在后面的时间下拉列表中选择"下午3:00",在"结束时间"后面的时间下拉列表中选择"下午6:00"。选中"提醒"复选框,并在"提前"后面的下拉列表中选择"2小时",单击"保存并关闭"按钮。

3. 通讯簿操作

第18步:在"常用"工具栏中单击"新建"按钮,在下拉菜单中选择"联系人"命令,打开"未命名-联系人"窗口。根据样文8-2E输入联系人相应的内容,单击"保存并关闭"按钮。

4. 导出结果

第19步:执行"文件"|"导入和导出"命令,打开"导入和导出向导"对话框。

第20步:在"请选择要执行的操作"列表框中,选择"导出到一个文件",单击"下一步"按钮,打开"导出到文件"对话框。

第21步:在"创建文件的类型"列表框中选择"个人文件夹文件",单击"下一步"按钮,打开"导出个人文件夹"对话框。

第22步:在"选定导出的文件夹"列表中选中"个人文件夹",选中"包括子文件夹"复选框,单击"下一步"按钮,进入下一个"导出个人文件夹"对话框。

第23步:选中"用导出的项目替换重复的项目"单选按钮,单击"浏览"按钮,打开"打开个人文件夹"对话框。在"查找范围"下拉列表中选择考生文件夹,在文本框中输入"A8-A.PST",单击"确定"按钮,返回到"导出个人文件夹"对话框,单击"完成"按钮。

8.3 第3题解答

1. 答复邮件

第1步:在Outlook窗口中执行"文件"|"导入和导出"命令,打开"导入和导出向导"对话框。

第 2 步：在"请选择要执行的操作"列表框中选择"从另一程序或文件导入"，单击"下一步"按钮，打开"导入文件"对话框。

第 3 步：在"从下面位置选择要导入的文件类型"列表框中，选择"个人文件夹文件"，单击"下一步"按钮，打开"导入个人文件夹"对话框。

第 4 步：选中"用导入的项目替换重复的项目"单选按钮，单击"浏览"按钮，打开"打开个人文件夹"对话框，在"查找范围"下拉列表中选择考生文件夹中的文件 A8.PST，单击"打开"按钮，返回到"导入个人文件夹"对话框。

第 5 步：单击"下一步"按钮，进入下一个"导入个人文件夹"对话框。在"从下面位置选择要导入的文件夹"列表中选中"个人文件夹"，选中"包括子文件夹"复选框。单击"完成"按钮。

第 6 步：在"收件箱"邮件列表中选中"王五"的邮件，在"常用"工具栏中单击"答复发件人"按钮，打开"答复：参加篮球赛"的邮件窗口。

第 7 步：在邮件窗口的正文区内输入邮件的正文，执行"插入"|"文件"命令，打开"插入文件"对话框，在"查找范围"下拉列表中选择 C:\Win2008GJW\KSML3 文件夹，在列表中选择 fujian 8-3.DOC，单击"插入"按钮，单击"发送"按钮。

第 8 步：在"收件箱"邮件列表中选中"小飞"的邮件，在"常用"工具栏中单击"答复发件人"按钮，打开"答复：清明旅游"的邮件窗口。

第 9 步：单击"抄送"按钮，打开"选择姓名"对话框。在联系人列表中选择"小乙"，单击"抄送"按钮，在联系人列表中选择"小明"，单击"抄送"按钮，单击"确定"按钮。

第 10 步：在邮件窗口的"常用"工具栏中，单击"标记邮件"按钮，打开"后续标志"对话框。在"标志"下拉列表中选择"请答复"，单击"确定"按钮，返回到邮件窗口，单击"发送"按钮。

2. 定制约会

第 11 步：在"常用"工具栏中单击"新建"按钮，在下拉菜单中选择"约会"命令，打开"未命名－约会"窗口。

第 12 步：在"主题"文本框中输入"英语学习"，在"地点"文本框中输入"二高"，在"开始时间"文本框中选择"2008 年 5 月 25 日"，并在后面的时间下拉列表中选择"下午 7:00"，在"结束时间"后面的时间下拉列表中选择"下午 10:00"。选中"提醒"复选框，并在"提前"后面的下拉列表中选择"1 天"。

第 13 步：在"常用"工具栏中单击"重复周期"按钮，打开"约会周期"对话框。在"定期模式"区域选中"按周"单选按钮，单击"确定"按钮，返回到约会窗口。

第 14 步：在"常用"工具栏中单击"邀请与会者"按钮，在窗口中会出现一个"收件人"按钮，单击"收件人"按钮，打开"选择与会者及资源"对话框。

第 15 步：在联系人列表中选择"小青"，单击"必选"按钮，在联系人列表中选择"小丁"，单击"必选"按钮，单击"确定"按钮。在正文区域内输入适当的内容，单击"发送"按钮。

第 16 步：在"收件箱"邮件列表中选中"参加舞会"的邮件，用鼠标拖动到 Outlook 面板列表中的"日历"图标上，打开"参加舞会-约会"窗口。

第 17 步：在"地点"文本框中输入"青少年宫"，在"开始时间"文本框中选择"2008年 5 月 28"，并在后面的时间下拉列表中选择"下午 7:00"，在"结束时间"后面的时间下拉列表中选择"下午 10:00"。选中"提醒"复选框，并在"提前"后面的下拉列表中选择"1 小时"，单击"保存并关闭"按钮。

3. 通讯簿操作

第 18 步：在"常用"工具栏中单击"新建"按钮，在下拉菜单中选择"联系人"命令，打开"未命名 - 联系人"窗口。根据样文 8-3E 输入联系人相应的内容，单击"保存并关闭"按钮。

4. 导出结果

第 19 步：执行"文件"|"导入和导出"命令，打开"导入和导出向导"对话框。

第 20 步：在"请选择要执行的操作"列表框中，选择"导出到一个文件"，单击"下一步"按钮，打开"导出到文件"对话框。

第 21 步：在"创建文件的类型"列表框中选择"个人文件夹文件"，单击"下一步"按钮，打开"导出个人文件夹"对话框。

第 22 步：在"选定导出的文件夹"列表中选中"个人文件夹"，选中"包括子文件夹"复选框，单击"下一步"按钮，进入下一个"导出个人文件夹"对话框。

第 23 步：选中"用导出的项目替换重复的项目"单选按钮，单击"浏览"按钮，打开"打开个人文件夹"对话框。在"查找范围"下拉列表中选择考生文件夹，在文本框中输入"A8-A.PST"，单击"确定"按钮，返回到"导出个人文件夹"对话框，单击"完成"按钮。

8.4　第 4 题解答

1. 答复邮件

第 1 步：在 Outlook 窗口中执行"文件"|"导入和导出"命令，打开"导入和导出向导"对话框。

第 2 步：在"请选择要执行的操作"列表框中选择"从另一程序或文件导入"，单击"下一步"按钮，打开"导入文件"对话框。

第 3 步：在"从下面位置选择要导入的文件类型"列表框中，选择"个人文件夹文件"，单击"下一步"按钮，打开"导入个人文件夹"对话框。

第 4 步：选中"用导入的项目替换重复的项目"单选按钮，单击"浏览"按钮，打开"打开个人文件夹"对话框，在"查找范围"下拉列表中选择考生文件夹中的文件 A8.PST，单击"打开"按钮，返回到"导入个人文件夹"对话框。

第 5 步：单击"下一步"按钮，进入下一个"导入个人文件夹"对话框。在"从下面位置选择要导入的文件夹"列表中选中"个人文件夹"，选中"包括子文件夹"复选框。单击"完成"按钮。

第 6 步：在"收件箱"邮件列表中选中"李四"的邮件，在"常用"工具栏中单击"答复发件人"按钮，打开"答复：参加聚会"的邮件窗口。

第 7 步：在邮件窗口的正文区内输入邮件的正文，执行"插入"|"文件"命令，打开"插入文件"对话框，在"查找范围"下拉列表中选择 C:\Win2008GJW\KSML3 文件夹，在列表中选择 fujian 8-4.XLS，单击"插入"按钮，单击"发送"按钮。

第 8 步：在"收件箱"邮件列表中选中"王五"的邮件，在"常用"工具栏中单击"答复发件人"按钮，打开"答复：参加篮球赛"的邮件窗口。

第 9 步：单击"抄送"按钮，打开"选择姓名"对话框。在联系人列表中选择"小乙"，单击"抄送"按钮，在联系人列表中选择"小明"，单击"抄送"按钮，单击"确定"按钮。

第 10 步：在邮件窗口的"常用"工具栏中，单击"标记邮件"按钮，打开"后续标志"对话框。在"标志"下拉列表中选择"无须响应"，单击"确定"按钮，返回到邮件窗口，单击"发送"按钮。

2. 定制约会

第 11 步：在"常用"工具栏中单击"新建"按钮，在下拉菜单中选择"约会"命令，打开"未命名 - 约会"窗口。

第 12 步：在"主题"文本框中输入"孩子学习商讨会"，在"地点"文本框中输入"李老师的家"，在"开始时间"文本框中选择"2008 年 5 月 10 日"，并在后面的时间下拉列表中选择"上午 8:00"，在"结束时间"后面的时间下拉列表中选择"上午 10:00"。选中"提醒"复选框，并在"提前"后面的下拉列表中选择"1 小时"。

第 13 步：在"常用"工具栏中单击"重复周期"按钮，打开"约会周期"对话框。在"定期模式"区域选中"按月"单选按钮，然后在后面选择每个月的第二个星期日，单击"确定"按钮，返回到约会窗口。

第 14 步：在"常用"工具栏中单击"邀请与会者"按钮，在窗口中会出现一个"收件人"按钮，单击"收件人"按钮，打开"选择与会者及资源"对话框。

第 15 步：在联系人列表中选择"小甲"，单击"必选"按钮，在联系人列表中选择"小青"，单击"必选"按钮，在联系人列表中选择"小乙"，单击"必选"按钮，单击"确定"按钮。在正文区域内输入适当的内容，单击"发送"按钮。

第 16 步：在"收件箱"邮件列表中选中"参加会议"的邮件，用鼠标拖动到 Outlook 面板列表中的"日历"图标上，打开"参加会议-约会"窗口。

第 17 步：在"地点"文本框中输入"公司会议室"，在"开始时间"文本框中选择"2008 年 6 月 16 日"，并在后面的时间下拉列表中选择"上午 8:00"，在"结束时间"后面的时间下拉列表中选择 "上午 11:00"。选中"提醒"复选框，并在"提前"后面的下拉列表中选择"1 天"，单击"保存并关闭"按钮。

3. 通讯簿操作

第 18 步：在"常用"工具栏中单击"新建"按钮，在下拉菜单中选择"联系人"命令，打开"未命名 - 联系人"窗口。根据样文 8-4E 输入联系人相应的内容，单击"保存并关闭"按钮。

4. 导出结果

第 19 步：执行"文件"|"导入和导出"命令，打开"导入和导出向导"对话框。

第 20 步：在"请选择要执行的操作"列表框中，选择"导出到一个文件"，单击"下一步"按钮，打开"导出到文件"对话框。

第 21 步：在"创建文件的类型"列表框中选择"个人文件夹文件"，单击"下一步"按钮，打开"导出个人文件夹"对话框。

第 22 步：在"选定导出的文件夹"列表中选中"个人文件夹"，选中"包括子文件夹"复选框，单击"下一步"按钮，进入下一个"导出个人文件夹"对话框。

第 23 步：选中"用导出的项目替换重复的项目"单选按钮，单击"浏览"按钮，打开"打开个人文件夹"对话框。在"查找范围"下拉列表中选择考生文件夹，在文本框中输入"A8-A.PST"，单击"确定"按钮，返回到"导出个人文件夹"对话框，单击"完成"按钮。

8.5 第 5 题解答

1. 答复邮件

第 1 步：在 Outlook 窗口中执行"文件"|"导入和导出"命令，打开"导入和导出向导"对话框。

第 2 步：在"请选择要执行的操作"列表框中选择"从另一程序或文件导入"，单击"下一步"按钮，打开"导入文件"对话框。

第 3 步：在"从下面位置选择要导入的文件类型"列表框中，选择"个人文件夹文件"，单击"下一步"按钮，打开"导入个人文件夹"对话框。

第 4 步：选中"用导入的项目替换重复的项目"单选按钮，单击"浏览"按钮，打开"打开个人文件夹"对话框，在"查找范围"下拉列表中选择考生文件夹中的文件 A8.PST，单击"打开"按钮，返回到"导入个人文件夹"对话框。

第 5 步：单击"下一步"按钮，进入下一个"导入个人文件夹"对话框。在"从下面位置选择要导入的文件夹"列表中选中"个人文件夹"，选中"包括子文件夹"复选框。单击"完成"按钮。

第 6 步：在"收件箱"邮件列表中选中"张一"的邮件，在"常用"工具栏中单击"答复发件人"按钮，打开"答复：工作进展"的邮件窗口。

第 7 步：在邮件窗口的正文区内输入邮件的正文，执行"插入"|"文件"命令，打开"插入文件"对话框，在"查找范围"下拉列表中选择 C:\Win2008GJW\KSML3 文件夹，在列表中选择 fujian 8-5.DOC，单击"插入"按钮，单击"发送"按钮。

第 8 步：在"收件箱"邮件列表中选中"李四"的邮件，在"常用"工具栏中单击"答复发件人"按钮，打开"答复：参加聚会"的邮件窗口。

第 9 步：单击"抄送"按钮，打开"选择姓名"对话框。在联系人列表中选择"小甲"，单击"抄送"按钮，在联系人列表中选择"小青"，单击"抄送"按钮，在联系人列表中选择"小乙"，单击"抄送"按钮，单击"确定"按钮。

第 10 步：在邮件窗口的"常用"工具栏中，单击"标记邮件"按钮，打开"后续标志"对话框。在"标志"下拉列表中选择"请转发"，单击"确定"按钮，返回到邮件窗口，单击"发送"按钮。

2. 定制约会

第 11 步：在"常用"工具栏中单击"新建"按钮，在下拉菜单中选择"约会"命令，打开"未命名-约会"窗口。

第 12 步：在"主题"文本框中输入"参加硬笔书法学习"，在"地点"文本框中输入"青少年宫"，在"开始时间"文本框中选择"2008 年 4 月 20 日"，并在后面的时间下拉列表中选择"下午 8:00"，在"结束时间"后面的时间下拉列表中选择"下午 10:00"。选中"提醒"复选框，并在"提前"后面的下拉列表中选择"2 小时"。

第 13 步：在"常用"工具栏中单击"重复周期"按钮，打开"约会周期"对话框。在"定期模式"区域选中"按周"单选按钮，单击"确定"按钮，返回到约会窗口。

第 14 步：在"常用"工具栏中单击"邀请与会者"按钮，在窗口中会出现一个"收件人"按钮，单击"收件人"按钮，打开"选择与会者及资源"对话框。

第 15 步：在联系人列表中选择"小丁"，单击"必选"按钮，在联系人列表中选择"小洪"，单击"必选"按钮，单击"确定"按钮。在正文区域内输入适当的内容，单击"发送"按钮。

第 16 步：在"收件箱"邮件列表中选中"参加培训"的邮件，用鼠标拖动到 Outlook 面板列表中的"日历"图标上，打开"参加培训-约会"窗口。

第 17 步：在"地点"文本框中输入"北京"，在"开始时间"文本框中选择"2008 年 6 月 2 日"，在"结束时间"文本框中选择"2008 年 6 月 4 日"，选中"全天事件"复选框。选中"提醒"复选框，并在"提前"后面的下拉列表中选择"2 天"，单击"保存并关闭"按钮。

3. 通讯簿操作

第 18 步：在"常用"工具栏中单击"新建"按钮，在下拉菜单中选择"联系人"命令，打开"未命名-联系人"窗口。根据样文 8-5E 输入联系人相应的内容，单击"保存并关闭"按钮。

4. 导出结果

第 19 步：执行"文件" | "导入和导出"命令，打开"导入和导出向导"对话框。

第 20 步：在"请选择要执行的操作"列表框中，选择"导出到一个文件"，单击"下一步"按钮，打开"导出到文件"对话框。

第 21 步：在"创建文件的类型"列表框中选择"个人文件夹文件"，单击"下一步"按钮，打开"导出个人文件夹"对话框。

第 22 步：在"选定导出的文件夹"列表中选中"个人文件夹"，选中"包括子文件夹"复选框，单击"下一步"按钮，进入下一个"导出个人文件夹"对话框。

第 23 步：选中"用导出的项目替换重复的项目"单选按钮，单击"浏览"按钮，打开"打开个人文件夹"对话框。在"查找范围"下拉列表中选择考生文件夹，在文本框中输入"A8-A.PST"，单击"确定"按钮，返回到"导出个人文件夹"对话框，单击"完成"按钮。

8.6　第6题解答

1. 转发邮件

第1步：在 Outlook 窗口中执行"文件"|"导入和导出"命令，打开"导入和导出向导"对话框。在"请选择要执行的操作"列表框中选择"从另一程序或文件导入"，单击"下一步"按钮，打开"导入文件"对话框。

第2步：在"从下面位置选择要导入的文件类型"列表框中，选择"个人文件夹文件"，单击"下一步"按钮，打开"导入个人文件夹"对话框。

第3步：选中"用导入的项目替换重复的项目"单选按钮，单击"浏览"按钮，打开"打开个人文件夹"对话框，在"查找范围"下拉列表中选择考生文件夹中的文件 A8.PST，单击"打开"按钮，返回到"导入个人文件夹"对话框。

第4步：单击"下一步"按钮，进入下一个"导入个人文件夹"对话框。在"从下面位置选择要导入的文件夹"列表中选中"个人文件夹"，选中"包括子文件夹"复选框。单击"完成"按钮。

第5步：在"收件箱"邮件列表中选中"参加考试"的邮件，如图 8-14 所示。在"常用"工具栏中单击"转发"按钮，打开"转发：参加考试"的邮件窗口。单击"收件人"按钮，打开"选择姓名"对话框，在联系人列表中选择"小赵"，单击"收件人"按钮，单击"确定"按钮。

第6步：在邮件窗口的正文区内输入邮件的正文，执行"插入"|"文件"命令，打开"插入文件"对话框，在"查找范围"下拉列表中选择 C:\Win2008GJW\KSML3 文件夹，在列表中选择 fujian 8-6.DOC，单击"插入"按钮，单击"发送"按钮。

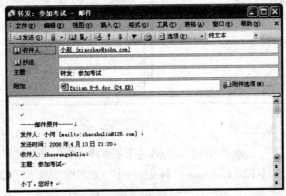

图 8-14　转发邮件

第7步：在"收件箱"邮件列表中选中"参加劳动"的邮件，在"常用"工具栏中单击"转发"按钮，打开"转发：参加劳动"的邮件窗口。单击"收件人"按钮，打开"选择姓名"对话框，在联系人列表中选择"小李"，单击"收件人"按钮，在联系人列表中选择"小于"，单击"抄送"按钮，单击"确定"按钮。

第8步：在邮件窗口的"常用"工具栏中，单击"标记邮件"按钮，打开"后续标志"对话框。在"标志"下拉列表中选择"请阅读"，单击"确定"按钮，返回到邮件窗口。

第 9 步：在邮件窗口"常用"工具栏中，单击"重要性：高"按钮，单击"发送"按钮。

2．安排会议

第 10 步：在"常用"工具栏中单击"新建"按钮，在下拉菜单中选择"会议要求"命令，打开"未命名 - 会议"窗口，如图 8-15 所示。

第 11 步：在"主题"文本框中输入"公司技术工作会议"，在"地点"文本框中输入"公司会议室"，在"开始时间"文本框中选择"2008 年 5 月 22 日"，并在后面的时间下拉列表中选择"上午 9:00"，在"结束时间"后面的时间下拉列表中选择"上午 11:00"。选中"提醒"复选框，并在"提前"后面的下拉列表中选择"1 小时"。

第 12 步：在"常用"工具栏中单击"邀请与会者"按钮，在窗口中会出现一个"收件人"按钮，单击"收件人"按钮，打开"选择与会者及资源"对话框"。

第 13 步：在联系人列表中选择"小李"，单击"必选"按钮，在联系人列表中选择"小于"，单击"可选"按钮，单击"确定"按钮。在正文区域内输入适当的内容，单击"发送"按钮。

3．安排任务

第 14 步：在"常用"工具栏中单击"新建"按钮，在下拉菜单中选择"任务"命令，打开"未命名 - 任务"窗口，如图 8-16 所示。

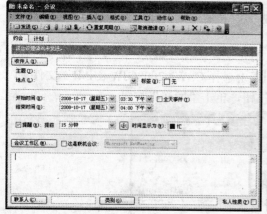

图 8-15　安排会议

图 8-16　安排任务

第 15 步：在"主题"文本框中输入"测量工程师资格培训考试"，在"开始日期"文本框中选择"2008 年 5 月 12 日"，在"截止日期"文本框中选择"2008 年 5 月 14 日"，在正文区域内输入适当的内容，单击"保存并关闭"按钮。

第 16 步：在"常用"工具栏中单击"新建"按钮，在下拉菜单中选择"任务"命令，打开"未命名 - 任务"窗口。

第 17 步：在"主题"文本框中输入"书写财务报告"，在"开始日期"文本框中选择"2008 年 5 月 26 日"，在"截止日期"文本框中输入"2008 年 5 月 31 日"。

第 18 步：在"常用"工具栏中单击"分配任务"按钮，单击"收件人"按钮，打开"选择任务收件人"对话框。

第 19 步：在联系人列表中选择"小乙"，单击"收件人"按钮，在联系人列表中选择"小于"，单击"收件人"按钮，单击"确定"按钮。在正文区域内输入适当的内容，单击"发送"按钮。

4. 导出结果

第 20 步：执行"文件"|"导入和导出"命令，打开"导入和导出向导"对话框。

第 21 步：在"请选择要执行的操作"列表框中，选择"导出到一个文件"，单击"下一步"按钮，打开"导出到文件"对话框。

第 22 步：在"创建文件的类型"列表框中选择"个人文件夹文件"，单击"下一步"按钮，打开"导出个人文件夹"对话框。

第 23 步：在"选定导出的文件夹"列表中选中"个人文件夹"，选中"包括子文件夹"复选框，单击"下一步"按钮，进入下一个"导出个人文件夹"对话框。

第 24 步：选中"用导出的项目替换重复的项目"单选按钮，单击"浏览"按钮，打开"打开个人文件夹"对话框。在"查找范围"下拉列表中选择考生文件夹，在文本框中输入"A8-A.PST"，单击"确定"按钮，返回到"导出个人文件夹"对话框，单击"完成"按钮。

8.7　第 7 题解答

1. 转发邮件

第 1 步：在 Outlook 窗口中执行"文件"|"导入和导出"命令，打开"导入和导出向导"对话框。在"请选择要执行的操作"列表框中选择"从另一程序或文件导入"，单击"下一步"按钮，打开"导入文件"对话框。

第 2 步：在"从下面位置选择要导入的文件类型"列表框中，选择"个人文件夹文件"，单击"下一步"按钮，打开"导入个人文件夹"对话框。

第 3 步：选中"用导入的项目替换重复的项目"单选按钮，单击"浏览"按钮，打开"打开个人文件夹"对话框，在"查找范围"下拉列表中选择考生文件夹中的文件 A8.PST，单击"打开"按钮，返回到"导入个人文件夹"对话框。

第 4 步：单击"下一步"按钮，进入下一个"导入个人文件夹"对话框。在"从下面位置选择要导入的文件夹"列表中选中"个人文件夹"，选中"包括子文件夹"复选框。单击"完成"按钮。

第 5 步：在"收件箱"邮件列表中选中"产品发布会"的邮件。在"常用"工具栏中单击"转发"按钮，打开"转发：产品发布会"邮件窗口。单击"收件人"按钮，打开"选择姓名"对话框，在名称列表中选择"小李"，单击"收件人"按钮，单击"确定"按钮。

第 6 步：在邮件窗口的正文区内输入邮件的正文，执行"插入"|"文件"命令，打开"插入文件"对话框，在"查找范围"下拉列表中选择 C:\Win2008GJW\KSML3 文件夹，在列表中选择 fujian 8-7.DOC，单击"插入"按钮，单击"发送"按钮。

第 7 步：在"收件箱"邮件列表中选中"健身运动"的邮件，在"常用"工具栏中单击"转发"按钮，打开"转发：健身运动"的邮件窗口。单击"收件人"按钮，打开"选择姓名"对话框，在联系人列表中选择"小张"，单击"收件人"按钮，在联系人列表中选择"小赵"，单击"抄送"按钮，单击"确定"按钮。

第 8 步：在邮件窗口的"常用"工具栏中，单击"标记邮件"按钮，打开"后续标志"对话框。在"标志"下拉列表中选择"请答复"，单击"确定"按钮，返回到邮件窗口。

第 9 步：在邮件窗口"常用"工具栏中单击"重要性：高"按钮，单击"发送"按钮。

2. 安排会议

第 10 步：在"常用"工具栏中单击"新建"按钮，在下拉菜单中选择"会议要求"命令，打开"未命名-会议"窗口。

第 11 步：在"主题"文本框中输入"普查工作会议"，在"地点"文本框中输入"局会议室"，在"开始时间"文本框中选择"2008 年 5 月 28 日"，并在后面的时间下拉列表中选择"上午 8:00"，在"结束时间"后面的时间下拉列表中"上午 10:30"。选中"提醒"复选框，并在"提前"下拉列表中选择"30 分钟"。

第 12 步：在"常用"工具栏中单击"邀请与会者"按钮，在窗口中会出现一个"收件人"按钮，单击"收件人"按钮，打开"选择与会者及资源"对话框"。

第 13 步：在联系人列表中选择"小甲"，单击"必选"按钮，在联系人列表中选择"小赵"，单击"可选"按钮，单击"确定"按钮。在正文区域内输入适当的内容，单击"发送"按钮。

3. 安排任务

第 14 步：在"常用"工具栏中单击"新建"按钮，在下拉菜单中选择"任务"命令，打开"未命名-任务"窗口。

第 15 步：在"主题"文本框中输入"环境评估师考试"，在"开始日期"文本框中选择"2008 年 5 月 17 日"，在"截止日期"文本框中输入"2008 年 5 月 18 日"。在正文区域内输入适当的内容，单击"保存并关闭"按钮。

第 16 步：在"常用"工具栏中单击"新建"按钮，在下拉菜单中选择"任务"命令，打开"未命名-任务"窗口。

第 17 步：在"主题"文本框中输入"打扫卫生"，在"开始日期"文本框中选择"2008 年 5 月 19 日"，在"截止日期"文本框中选择"2008 年 5 月 25 日"。

第 18 步：在"常用"工具栏中单击"分配任务"按钮，单击"收件人"按钮，打开"选择任务收件人"对话框。

第 19 步：在联系人列表中选择"小李"，单击"收件人"按钮，在联系人列表中选择"小赵"，单击"收件人"按钮，单击"确定"按钮。在正文区域内输入适当的内容，单击"发送"按钮。

4. 导出结果

第 20 步：执行"文件"|"导入和导出"命令，打开"导入和导出向导"对话框。

第 21 步：在"请选择要执行的操作"列表框中选择"导出到一个文件"，单击"下一步"按钮，打开"导出到文件"对话框。

第 22 步：在"创建文件的类型"列表框中选择"个人文件夹文件"，单击"下一步"按钮，打开"导出个人文件夹"对话框。

第 23 步：在"选定导出的文件夹"列表中选中"个人文件夹"，选中"包括子文件夹"复选框，单击"下一步"按钮，进入下一个"导出个人文件夹"对话框。

第 24 步：选中"用导出的项目替换重复的项目"单选按钮，单击"浏览"按钮，打开"打开个人文件夹"对话框。在"查找范围"下拉列表中选择考生文件夹，在文本框中输入"A8-A.PST"，单击"确定"按钮，返回到"导出个人文件夹"对话框，单击"完成"按钮。

8.8 第 8 题解答

1. 转发邮件

第 1 步：在 Outlook 窗口中执行"文件" | "导入和导出"命令，打开"导入和导出向导"对话框。在"请选择要执行的操作"列表框中选择"从另一程序或文件导入"，单击"下一步"按钮，打开"导入文件"对话框。

第 2 步：在"从下面位置选择要导入的文件类型"列表框中，选择"个人文件夹文件"，单击"下一步"按钮，打开"导入个人文件夹"对话框。

第 3 步：选中"用导入的项目替换重复的项目"单选按钮，单击"浏览"按钮，打开"打开个人文件夹"对话框，在"查找范围"下拉列表中选择考生文件夹中的文件 A8.PST，单击"打开"按钮，返回到"导入个人文件夹"对话框。

第 4 步：单击"下一步"按钮，进入下一个"导入个人文件夹"对话框。在"从下面位置选择要导入的文件夹"列表中选中"个人文件夹"，选中"包括子文件夹"复选框。单击"完成"按钮。

第 5 步：在"收件箱"邮件列表中选中"参加培训"的邮件。在"常用"工具栏中单击"转发"按钮，打开"转发：参加培训"邮件窗口。单击"收件人"按钮，打开"选择姓名"对话框，在名称列表中选择"小于"，单击"收件人"按钮，在名称列表中选择"小李"，单击"收件人"按钮，单击"确定"按钮。

第 6 步：在邮件窗口的正文区内输入邮件的正文，执行"插入" | "文件"命令，打开"插入文件"对话框，在"查找范围"下拉列表中选择 C:\Win2008GJW\KSML3 文件夹，在列表中选择 fujian 8-8.DOC，单击"插入"按钮，单击"发送"按钮。

第 7 步：在"收件箱"邮件列表中选中"游泳"的邮件，在"常用"工具栏中单击"转发"按钮，打开"转发：游泳"的邮件窗口。单击"收件人"按钮，打开"选择姓名"对话框，在联系人列表中选择"小张"，单击"收件人"按钮，在联系人列表中选择"小李"，单击"抄送"按钮，单击"确定"按钮。

第 8 步：在邮件窗口的"常用"工具栏中，单击"标记邮件"按钮，打开"后续标志"对话框。在"标志"下拉列表中选择"请答复"，单击"确定"按钮，返回到邮件窗口。

第 9 步：在邮件窗口"常用"工具栏中单击"重要性：高"按钮，单击"发送"按钮。

2. 安排会议

第 10 步：在"常用"工具栏中单击"新建"按钮，在下拉菜单中选择"会议要求"命令，打开"未命名-会议"窗口。

第 11 步：在"主题"文本框中输入"污染治理工作进度"，在"地点"文本框中输入"公司会议室"，在"开始时间"文本框中选择"2008 年 4 月 30 日"，并在后面的时间下拉列表中选择"下午 2:00"，在"结束时间"后面的时间下拉列表中"下午 5:00"。选中"提醒"复选框，并在"提前"下拉列表中选择"1 天"。

第 12 步：在"常用"工具栏中单击"邀请与会者"按钮，在窗口中会出现一个"收件人"按钮，单击"收件人"按钮，打开"选择与会者及资源"对话框"。

第 13 步：在联系人列表中选择"小于"，单击"必选"按钮，在联系人列表中选择"小甲"，单击"可选"按钮，单击"确定"按钮。在正文区域内输入适当的内容，单击"发送"按钮。

3. 安排任务

第 14 步：在"常用"工具栏中单击"新建"按钮，在下拉菜单中选择"任务"命令，打开"未命名-任务"窗口。

第 15 步：在"主题"文本框中输入"五一旅游"，在"开始日期"文本框中选择"2008 年 5 月 1"，在"截止日期"文本框中选择"2008 年 5 月 3 日"。在正文区域内输入适当的内容，单击"保存并关闭"按钮。

第 16 步：在"常用"工具栏中单击"新建"按钮，在下拉菜单中选择"任务"命令，打开"未命名-任务"窗口。

第 17 步：在"主题"文本框中输入"购买办公用品"，在"开始日期"文本框中选择"2008 年 6 月 16 日"，在"截止日期"文本框中输入"2008 年 6 月 20 日"。

第 18 步：在"常用"工具栏中单击"分配任务"按钮，单击"收件人"按钮，打开"选择任务收件人"对话框。

第 19 步：在联系人列表中选择"小张"，单击"收件人"按钮，单击"确定"按钮。在正文区域内输入适当的内容，单击"发送"按钮。

4. 导出结果

第 20 步：执行"文件"|"导入和导出"命令，打开"导入和导出向导"对话框。

第 21 步：在"请选择要执行的操作"列表框中选择"导出到一个文件"，单击"下一步"按钮，打开"导出到文件"对话框。

第 22 步：在"创建文件的类型"列表框中选择"个人文件夹文件"，单击"下一步"按钮，打开"导出个人文件夹"对话框。

第 23 步：在"选定导出的文件夹"列表中选中"个人文件夹"，选中"包括子文件夹"复选框，单击"下一步"按钮，进入下一个"导出个人文件夹"对话框。

第 24 步：选中"用导出的项目替换重复的项目"单选按钮，单击"浏览"按钮，打开"打开个人文件夹"对话框。在"查找范围"下拉列表中选择考生文件夹，在文本框中输入"A8-A.PST"，单击"确定"按钮，返回到"导出个人文件夹"对话框，单击"完成"按钮。

8.9　第9题解答

1．转发邮件

第1步：在Outlook窗口中执行"文件"|"导入和导出"命令，打开"导入和导出向导"对话框。在"请选择要执行的操作"列表框中选择"从另一程序或文件导入"，单击"下一步"按钮，打开"导入文件"对话框。

第2步：在"从下面位置选择要导入的文件类型"列表框中，选择"个人文件夹文件"，单击"下一步"按钮，打开"导入个人文件夹"对话框。

第3步：选中"用导入的项目替换重复的项目"单选按钮，单击"浏览"按钮，打开"打开个人文件夹"对话框，在"查找范围"下拉列表中选择考生文件夹中的文件A8.PST，单击"打开"按钮，返回到"导入个人文件夹"对话框。

第4步：单击"下一步"按钮，进入下一个"导入个人文件夹"对话框。在"从下面位置选择要导入的文件夹"列表中选中"个人文件夹"，选中"包括子文件夹"复选框。单击"完成"按钮。

第5步：在"收件箱"邮件列表中选中"三十年校庆"的邮件。在"常用"工具栏中单击"转发"按钮，打开"转发：三十年校庆"邮件窗口。单击"收件人"按钮，打开"选择姓名"对话框，在名称列表中选择"小张"，单击"收件人"按钮，单击"确定"按钮。

第6步：在邮件窗口的正文区内输入邮件的正文，执行"插入"|"文件"命令，打开"插入文件"对话框，在"查找范围"下拉列表中选择C:\Win2008GJW\KSML3文件夹，在列表中选择fujian 8-9.DOC，单击"插入"按钮，单击"发送"按钮。

第7步：在"收件箱"邮件列表中选中"乒乓球赛"的邮件，在"常用"工具栏中单击"转发"按钮，打开"转发：乒乓球赛"的邮件窗口。单击"收件人"按钮，打开"选择姓名"对话框，在联系人列表中选择"小于"，单击"收件人"按钮，在联系人列表中选择"小李"，单击"抄送"按钮，单击"确定"按钮。

第8步：在邮件窗口的"常用"工具栏中，单击"标记邮件"按钮，打开"后续标志"对话框。在"标志"下拉列表中选择"请答复"，单击"确定"按钮，返回到邮件窗口。

第9步：在邮件窗口"常用"工具栏中单击"重要性：高"按钮，单击"发送"按钮。

2．安排会议

第10步：在"常用"工具栏中单击"新建"按钮，在下拉菜单中选择"会议要求"命令，打开"未命名-会议"窗口。

第11步：在"主题"文本框中输入"关于京浙高速招标日程安排"，在"地点"文本框中输入"公司会议室"，在"开始时间"文本框中选择"2008年5月28日"，并在后面的时间下拉列表中选择"上午9:00，在"结束时间"后面的时间下拉列表中"上午11:00"。选中"提醒"复选框，并在"提前"下拉列表中选择"15分钟"。

第12步：在"常用"工具栏中单击"邀请与会者"按钮，在窗口中会出现一个"收件人"按钮，单击"收件人"按钮，打开"选择与会者及资源"对话框"。

第13步：在联系人列表中选择"小赵"，单击"必选"按钮，在联系人列表中选择"小李"，单击"可选"按钮，单击"确定"按钮。在正文区域内输入适当的内容，单击"发送"按钮。

3. 安排任务

第 14 步：在"常用"工具栏中单击"新建"按钮，在下拉菜单中选择"任务"命令，打开"未命名-任务"窗口。

第 15 步：在"主题"文本框中输入"劳动和社会保障部全国计算机信息高新技术考试"，在"开始日期"文本框中选择"2008 年 8 月 16"，在"截止日期"文本框中选择"2008 年 8 月 17 日"。在正文区域内输入适当的内容，单击"保存并关闭"按钮。

第 16 步：在"常用"工具栏中单击"新建"按钮，在下拉菜单中选择"任务"命令，打开"未命名-任务"窗口。

第 17 步：在"主题"文本框中输入"维修德银商贸城供电线路"，在"开始日期"文本框中选择"2008 年 5 月 19 日"，在"截止日期"文本框中输入"2008 年 5 月 21 日"。

第 18 步：在"常用"工具栏中单击"分配任务"按钮，单击"收件人"按钮，打开"选择任务收件人"对话框。

第 19 步：在联系人列表中选择"小甲"，单击"收件人"按钮，在联系人列表中选择"小乙"，单击"收件人"按钮，单击"确定"按钮。在正文区域内输入适当的内容，单击"发送"按钮。

4. 导出结果

第 20 步：执行"文件"|"导入和导出"命令，打开"导入和导出向导"对话框。

第 21 步：在"请选择要执行的操作"列表框中选择"导出到一个文件"，单击"下一步"按钮，打开"导出到文件"对话框。

第 22 步：在"创建文件的类型"列表框中选择"个人文件夹文件"，单击"下一步"按钮，打开"导出个人文件夹"对话框。

第 23 步：在"选定导出的文件夹"列表中选中"个人文件夹"，选中"包括子文件夹"复选框，单击"下一步"按钮，进入下一个"导出个人文件夹"对话框。

第 24 步：选中"用导出的项目替换重复的项目"单选按钮，单击"浏览"按钮，打开"打开个人文件夹"对话框。在"查找范围"下拉列表中选择考生文件夹，在文本框中输入"A8-A.PST"，单击"确定"按钮，返回到"导出个人文件夹"对话框，单击"完成"按钮。

8.10　第 10 题解答

1. 转发邮件

第 1 步：在 Outlook 窗口中执行"文件"|"导入和导出"命令，打开"导入和导出向导"对话框。在"请选择要执行的操作"列表框中选择"从另一程序或文件导入"，单击"下一步"按钮，打开"导入文件"对话框。

第 2 步：在"从下面位置选择要导入的文件类型"列表框中，选择"个人文件夹文件"，单击"下一步"按钮，打开"导入个人文件夹"对话框。

第 3 步：选中"用导入的项目替换重复的项目"单选按钮，单击"浏览"按钮，打开"打开个人文件夹"对话框，在"查找范围"下拉列表中选择考生文件夹中的文件 A8.PST，单击"打开"按钮，返回到"导入个人文件夹"对话框。

第 4 步：单击"下一步"按钮，进入下一个"导入个人文件夹"对话框。在"从下面位置选择要导入的文件夹"列表中选中"个人文件夹"，选中"包括子文件夹"复选框。单击"完成"按钮。

第 5 步：在"收件箱"邮件列表中选中"庆祝生日"的邮件。在"常用"工具栏中单击"转发"按钮，打开"转发：庆祝生日"邮件窗口。单击"收件人"按钮，打开"选择姓名"对话框，在名称列表中选择"小赵"，单击"收件人"按钮，单击"确定"按钮。

第 6 步：在邮件窗口的正文区内输入邮件的正文，执行"插入"|"文件"命令，打开"插入文件"对话框，在"查找范围"下拉列表中选择 C:\Win2008GJW\KSML3 文件夹，在列表中选择 fujian 8-10.DOC，单击"插入"按钮，单击"发送"按钮。

第 7 步：在"收件箱"邮件列表中选中"参加篮球赛"的邮件，在"常用"工具栏中单击"转发"按钮，打开"转发：参加篮球赛"的邮件窗口。单击"收件人"按钮，打开"选择姓名"对话框，在联系人列表中选择"小张"，单击"收件人"按钮，在联系人列表中选择"小乙"，单击"抄送"按钮，单击"确定"按钮。

第 8 步：在邮件窗口的"常用"工具栏中，单击"标记邮件"按钮，打开"后续标志"对话框。在"标志"下拉列表中选择"请答复"，单击"确定"按钮，返回到邮件窗口。

第 9 步：在邮件窗口"常用"工具栏中单击"重要性：高"按钮，单击"发送"按钮。

2. 安排会议

第 10 步：在"常用"工具栏中单击"新建"按钮，在下拉菜单中选择"会议要求"命令，打开"未命名-会议"窗口。

第 11 步：在"主题"文本框中输入"水污染治理专题会议"，在"地点"文本框中输入"公司会议室"，在"开始时间"文本框中选择"2008 年 6 月 2 日"，并在后面的时间下拉列表中选择"上午 8:00，在"结束时间"后面的时间下拉列表中"上午 11:30"。选中"提醒"复选框，并在"提前"下拉列表中选择"2 小时"。

第 12 步：在"常用"工具栏中单击"邀请与会者"按钮，在窗口中会出现一个"收件人"按钮，单击"收件人"按钮，打开"选择与会者及资源"对话框"。

第 13 步：在联系人列表中选择"小于"，单击"必选"按钮，在联系人列表中选择"小赵"，单击"可选"按钮，单击"确定"按钮。在正文区域内输入适当的内容，单击"发送"按钮。

3. 安排任务

第 14 步：在"常用"工具栏中单击"新建"按钮，在下拉菜单中选择"任务"命令，打开"未命名-任务"窗口。

第 15 步：在"主题"文本框中输入"书写策划书"，在"开始日期"文本框中选择"2008 年 4 月 20 日"，在"截止日期"文本框中选择"2008 年 4 月 30 日"。在正文区域内输入适当的内容，单击"保存并关闭"按钮。

第 16 步：在"常用"工具栏中单击"新建"按钮，在下拉菜单中选择"任务"命令，打开"未命名-任务"窗口。

第 17 步：在"主题"文本框中输入"图书销售情况调查"，在"开始日期"文本框中选择"2008 年 5 月 24 日"，在"截止日期"文本框中输入"2008 年 5 月 25 日"。

第 18 步：在"常用"工具栏中单击"分配任务"按钮，单击"收件人"按钮，打开"选择任务收件人"对话框。

第 19 步：在联系人列表中选择"小赵"，单击"收件人"按钮，在联系人列表中选择"小张"，单击"收件人"按钮，单击"确定"按钮。在正文区域内输入适当的内容，单击"发送"按钮。

4. 导出结果

第 20 步：执行"文件"|"导入和导出"命令，打开"导入和导出向导"对话框。

第 21 步：在"请选择要执行的操作"列表框中选择"导出到一个文件"，单击"下一步"按钮，打开"导出到文件"对话框。

第 22 步：在"创建文件的类型"列表框中选择"个人文件夹文件"，单击"下一步"按钮，打开"导出个人文件夹"对话框。

第 23 步：在"选定导出的文件夹"列表中选中"个人文件夹"，选中"包括子文件夹"复选框，单击"下一步"按钮，进入下一个"导出个人文件夹"对话框。

第 24 步：选中"用导出的项目替换重复的项目"单选按钮，单击"浏览"按钮，打开"打开个人文件夹"对话框。在"查找范围"下拉列表中选择考生文件夹，在文本框中输入"A8-A.PST"，单击"确定"按钮，返回到"导出个人文件夹"对话框，单击"完成"按钮。

8.11   第 11 题解答

1. 创建新邮件

第 1 步：在 Outlook 窗口中执行"文件"|"导入和导出"命令，打开"导入和导出向导"对话框。在"请选择要执行的操作"列表框中选择"从另一程序或文件导入"，单击"下一步"按钮，打开"导入文件"对话框。

第 2 步：在"从下面位置选择要导入的文件类型"列表框中，选择"个人文件夹文件"，单击"下一步"按钮，打开"导入个人文件夹"对话框。

第 3 步：选中"用导入的项目替换重复的项目"单选按钮，单击"浏览"按钮，打开"打开个人文件夹"对话框，在"查找范围"下拉列表中选择考生文件夹中的文件 A8.PST，单击"打开"按钮，返回到"导入个人文件夹"对话框。

第 4 步：单击"下一步"按钮，进入下一个"导入个人文件夹"对话框。在"从下面位置选择要导入的文件夹"列表中选中"个人文件夹"，选中"包括子文件夹"复选框。单击"完成"按钮。

第 5 步：在"常用"工具栏中单击"新建"按钮，在下拉菜单中选择"邮件"命令，打开"未命名的邮件"窗口，如图 8-17 所示。在"主题"文本框中输入"举办研讨会"，将光标定位在邮件内容编辑框中，根据样文输入具体内容。

"下一步"按钮，打开"导入文件"对话框。

第2步：在"从下面位置选择要导入的文件类型"列表框中，选择"个人文件夹文件"，单击"下一步"按钮，打开"导入个人文件夹"对话框。

第3步：选中"用导入的项目替换重复的项目"单选按钮，单击"浏览"按钮，打开"打开个人文件夹"对话框，在"查找范围"下拉列表中选择考生文件夹中的文件 A8.PST，单击"打开"按钮，返回到"导入个人文件夹"对话框。

第4步：单击"下一步"按钮，进入下一个"导入个人文件夹"对话框。在"从下面位置选择要导入的文件夹"列表中选中"个人文件夹"，选中"包括子文件夹"复选框。单击"完成"按钮。

第5步：在"常用"工具栏中单击"新建"按钮，在下拉菜单中选择"邮件"命令，打开"未命名的邮件"窗口。在"主题"文本框中输入"参加党校学习"，将光标定位在邮件内容编辑框中，根据样文输入具体内容。

第6步：单击"收件人"按钮，打开"选择姓名"对话框，在联系人列表中选择"小明"，单击"收件人"按钮，单击"确定"按钮。

第7步：执行"插入"|"文件"命令，打开"插入文件"对话框，在"查找范围"下拉列表中选择 C:\Win2008GJW\KSML3 文件夹，在列表中选择 fujian 8-12.DOC，单击"插入"按钮，单击"发送"按钮。

第8步：在"常用"工具栏中单击"新建"按钮，在下拉菜单中选择"邮件"命令，打开"未命名的邮件"窗口，在"主题"文本框中输入"新年快乐"，将光标定位在邮件内容编辑框中，根据样文输入具体内容。

第9步：单击"收件人"按钮，打开"选择姓名"对话框，在联系人列表中选择"小王"，单击"收件人"按钮，在联系人列表中选择"小李"，单击"抄送"按钮，单击"确定"按钮。

第10步：在邮件窗口"常用"工具栏中单击"重要性：高"按钮，单击"发送"按钮。

2. 由邮件创建任务

第11步：在"收件箱"邮件列表中选中"参加篮球赛"的邮件，用鼠标拖动到 Outlook 面板列表中的"任务"图标上，打开"参加篮球赛-任务"窗口。

第12步：在"开始日期"文本框中选择"2008年5月25日"，在"截止日期"文本框中选择"2008年5月25日"。选中"提醒"复选框，并在"提醒"后面的文本框中选择"2008年5月25日"，在后面的时间下拉列表中选择"下午1:00"，单击"保存并关闭"按钮。

3. 安排约会

第13步：在"常用"工具栏中单击"新建"按钮，在下拉菜单中选择"约会"命令，打开"未命名-约会"窗口。

第14步：在"主题"文本框中输入"商讨课题"，在"地点"文本框中输入"办公室"，在"开始时间"文本框中选择"2008年8月2日"，并在后面的时间下拉列表中选择"上午8:00"，在"结束时间"后面的时间下拉列表中选择"下午12:00"。选中"提醒"复选框，并在"提前"后面的下拉列表中选择"15分钟"。在正文区域内输入适当的内容，单击"保存并关闭"按钮。

第 15 步：在"常用"工具栏中单击"新建"按钮，在下拉菜单中选择"约会"命令，打开"未命名-约会"窗口。

第 16 步：在"主题"文本框中输入"英语培训"，在"地点"文本框中输入"多功能会议室"，在"常用"工具栏中单击"重复周期"按钮，打开"约会周期"对话框。在"定期模式"区域选中"按天"单选按钮，在"重复范围"的"开始"下拉列表中选择"2008年 8 月 11 日"，在"约会时间"区域选择"下午 8:00 到 10:00"。

第 17 步：单击"确定"按钮返回到约会窗口，在正文区域内输入适当的内容，，单击"保存并关闭"按钮。

4. 导出结果

第 18 步：执行"文件"|"导入和导出"命令，打开"导入和导出向导"对话框。

第 19 步：在"请选择要执行的操作"列表框中选择"导出到一个文件"，单击"下一步"按钮，打开"导出到文件"对话框。

第 20 步：在"创建文件的类型"列表框中选择"个人文件夹文件"，单击"下一步"按钮，打开"导出个人文件夹"对话框。

第 21 步：在"选定导出的文件夹"列表中选中"个人文件夹"，选中"包括子文件夹"复选框，单击"下一步"按钮，进入下一个"导出个人文件夹"对话框。

第 22 步：选中"用导出的项目替换重复的项目"单选按钮，单击"浏览"按钮，打开"打开个人文件夹"对话框。在"查找范围"下拉列表中选择考生文件夹，在文本框中输入"A8-A.PST"，单击"确定"按钮，返回到"导出个人文件夹"对话框，单击"完成"按钮。

8.13　第 13 题解答

1. 创建新邮件

第 1 步：在 Outlook 窗口中执行"文件"|"导入和导出"命令，打开"导入和导出向导"对话框。在"请选择要执行的操作"列表框中选择"从另一程序或文件导入"，单击"下一步"按钮，打开"导入文件"对话框。

第 2 步：在"从下面位置选择要导入的文件类型"列表框中，选择"个人文件夹文件"，单击"下一步"按钮，打开"导入个人文件夹"对话框。

第 3 步：选中"用导入的项目替换重复的项目"单选按钮，单击"浏览"按钮，打开"打开个人文件夹"对话框，在"查找范围"下拉列表中选择考生文件夹中的文件 A8.PST，单击"打开"按钮，返回到"导入个人文件夹"对话框。

第 4 步：单击"下一步"按钮，进入下一个"导入个人文件夹"对话框。在"从下面位置选择要导入的文件夹"列表中选中"个人文件夹"，选中"包括子文件夹"复选框。单击"完成"按钮。

第 5 步：在"常用"工具栏中单击"新建"按钮，在下拉菜单中选择"邮件"命令，打开"未命名的邮件"窗口。在"主题"文本框中输入"参加校庆"，将光标定位在邮件内容编辑框中，根据样文输入具体内容。

第 6 步：单击"收件人"按钮，打开"选择姓名"对话框，在联系人列表中选择"小明"，单击"收件人"按钮，单击"确定"按钮。

第 7 步：执行"插入"|"文件"命令，打开"插入文件"对话框，在"查找范围"下拉列表中选择 C:\Win2008GJW\KSML3 文件夹，在列表中选择 fujian 8-13.DOC，单击"插入"按钮，单击"发送"按钮。

第 8 步：在"常用"工具栏中单击"新建"按钮，在下拉菜单中选择"邮件"命令，打开"未命名的邮件"窗口，在"主题"文本框中输入"五一旅游"，将光标定位在邮件内容编辑框中，根据样文输入具体内容。

第 9 步：单击"收件人"按钮，打开"选择姓名"对话框，在联系人列表中选择"小王"，单击"收件人"按钮，在联系人列表中选择"小青"，单击"抄送"按钮，单击"确定"按钮。

第 10 步：在邮件窗口"常用"工具栏中单击"重要性：高"按钮，单击"发送"按钮。

2. 由邮件创建任务

第 11 步：在"收件箱"邮件列表中选中"参加舞会"的邮件，用鼠标拖动到 Outlook 面板列表中的"任务"图标上，打开"参加舞会-任务"窗口。

第 12 步：在"开始日期"文本框中选择"2008 年 5 月 28 日"，在"截止日期"文本框中选择"2008 年 5 月 28 日"。选中"提醒"复选框，并在"提醒"后面的文本框中选择"2008 年 5 月 28 日"，在后面的时间下拉列表中选择"下午 6:00"，单击"保存并关闭"按钮。

3. 安排约会

第 13 步：在"常用"工具栏中单击"新建"按钮，在下拉菜单中选择"约会"命令，打开"未命名-约会"窗口。

第 14 步：在"主题"文本框中输入"签合同"，在"地点"文本框中输入"办公室"，在"开始时间"文本框中选择"2008 年 7 月 3 日"，并在后面的时间卜拉列表中选择"下午 3:00"，在"结束时间"后面的时间下拉列表中选择"下午 3:30"。选中"提醒"复选框，并在"提前"后面的下拉列表中选择"30 分钟"。在正文区域内输入适当的内容，单击"保存并关闭"按钮。

第 15 步：在"常用"工具栏中单击"新建"按钮，在下拉菜单中选择"约会".命令，打开"未命名-约会"窗口。

第 16 步：在"主题"文本框中输入"羽毛球训练"，在"地点"文本框中输入"羽毛球馆"，在"常用"工具栏中单击"重复周期"按钮，打开"约会周期"对话框。在"定期模式"区域选中"按天"单选按钮，在"重复范围"的"开始"下拉列表中选择"2008 年 7 月 11 日"，在"约会时间"区域选择"下午 4:00 到 6:00"。

第 17 步：单击"确定"按钮，返回到约会窗口，在正文区域内输入适当的内容，单击"保存并关闭"按钮。

4. 导出结果

第 18 步：执行"文件"|"导入和导出"命令，打开"导入和导出向导"对话框。

第 19 步：在"请选择要执行的操作"列表框中选择"导出到一个文件"，单击"下一步"按钮，打开"导出到文件"对话框。

第 20 步：在"创建文件的类型"列表框中选择"个人文件夹文件"，单击"下一步"按钮，打开"导出个人文件夹"对话框。

第 21 步：在"选定导出的文件夹"列表中选中"个人文件夹"，选中"包括子文件夹"复选框，单击"下一步"按钮，进入下一个"导出个人文件夹"对话框。

第 22 步：选中"用导出的项目替换重复的项目"单选按钮，单击"浏览"按钮，打开"打开个人文件夹"对话框。在"查找范围"下拉列表中选择考生文件夹，在文本框中输入"A8-A.PST"，单击"确定"按钮，返回到"导出个人文件夹"对话框，单击"完成"按钮。

8.14　第 14 题解答

1. 创建新邮件

第 1 步：在 Outlook 窗口中执行"文件"|"导入和导出"命令，打开"导入和导出向导"对话框。在"请选择要执行的操作"列表框中选择"从另一程序或文件导入"，单击"下一步"按钮，打开"导入文件"对话框。

第 2 步：在"从下面位置选择要导入的文件类型"列表框中，选择"个人文件夹文件"，单击"下一步"按钮，打开"导入个人文件夹"对话框。

第 3 步：选中"用导入的项目替换重复的项目"单选按钮，单击"浏览"按钮，打开"打开个人文件夹"对话框，在"查找范围"下拉列表中选择考生文件夹中的文件 A8.PST，单击"打开"按钮，返回到"导入个人文件夹"对话框。

第 4 步：单击"下一步"按钮，进入下一个"导入个人文件夹"对话框。在"从下面位置选择要导入的文件夹"列表中选中"个人文件夹"，选中"包括子文件夹"复选框。单击"完成"按钮。

第 5 步：在"常用"工具栏中单击"新建"按钮，在下拉菜单中选择"邮件"命令，打开"未命名的邮件"窗口。在"主题"文本框中输入"报考志愿的意见"，将光标定位在邮件内容编辑框中，根据样文输入具体内容。

第 6 步：单击"收件人"按钮，打开"选择姓名"对话框，在联系人列表中选择"小钱"，单击"收件人"按钮，单击"确定"按钮。

第 7 步：执行"插入"|"文件"命令，打开"插入文件"对话框，在"查找范围"下拉列表中选择 C:\Win2008GJW\KSML3 文件夹，在列表中选择 fujian 8-14.DOC，单击"插入"按钮，单击"发送"按钮。

第 8 步：在"常用"工具栏中单击"新建"按钮，在下拉菜单中选择"邮件"命令，打开"未命名的邮件"窗口，在"主题"文本框中输入"十一出行"，将光标定位在邮件内容编辑框中，根据样文输入具体内容。

第 9 步：单击"收件人"按钮，打开"选择姓名"对话框，在联系人列表中选择"小李"，单击"收件人"按钮，在联系人列表中选择"小明"，单击"抄送"按钮，单击"确定"按钮。

第 10 步：在邮件窗口"常用"工具栏中单击"重要性：高"按钮，单击"发送"按钮。

2. 由邮件创建任务

第 11 步：在"收件箱"邮件列表中选中"参加聚会"的邮件，用鼠标拖动到 Outlook 面板列表中的"任务"图标上，打开"参加聚会-任务"窗口。

第 12 步：在"开始日期"文本框中选择"2008 年 6 月 30 日"，在"截止日期"文本框中选择"2008 年 6 月 30 日"。选中"提醒"复选框，并在"提醒"后面的文本框中选择"2008 年 6 月 30 日"，在后面的时间下拉列表中选择"下午 6:00"，单击"保存并关闭"按钮。

3. 安排约会

第 13 步：在"常用"工具栏中单击"新建"按钮，在下拉菜单中选择"约会"命令，打开"未命名-约会"窗口。

第 14 步：在"主题"文本框中输入"洽谈"，在"地点"文本框中输入"国土宾馆"，在"开始时间"文本框中选择"2008 年 7 月 21 日"，并在后面的时间下拉列表中选择"上午 9:00"，在"结束时间"后面的时间下拉列表中选择"上午 11:00"。选中"提醒"复选框，并在"提前"后面的下拉列表中选择"1 小时"。在正文区域内输入适当的内容，单击"保存并关闭"按钮。

第 15 步：在"常用"工具栏中单击"新建"按钮，在下拉菜单中选择"约会"命令，打开"未命名-约会"窗口。

第 16 步：在"主题"文本框中输入"打扫卫生"，在"地点"文本框中输入"卫生区"，在"常用"工具栏中单击"重复周期"按钮，打开"约会周期"对话框。在"定期模式"区域选中"按周"单选按钮，在"重复范围"的"开始"下拉列表中选择"2008 年 6 月 27 日"，选中"星期五"复选框，在"约会时间"区域选择"下午 5:30 到 6:00"，在"提前"下拉列表中选择"15 分钟"。

第 17 步：单击"确定"按钮，返回到约会窗口，在正文区域内输入适当的内容，，单击"保存并关闭"按钮。

4. 导出结果

第 18 步：执行"文件"|"导入和导出"命令，打开"导入和导出向导"对话框。

第 19 步：在"请选择要执行的操作"列表框中选择"导出到一个文件"，单击"下一步"按钮，打开"导出到文件"对话框。

第 20 步：在"创建文件的类型"列表框中选择"个人文件夹文件"，单击"下一步"按钮，打开"导出个人文件夹"对话框。

第 21 步：在"选定导出的文件夹"列表中选中"个人文件夹"，选中"包括子文件夹"复选框，单击"下一步"按钮，进入下一个"导出个人文件夹"对话框。

第 22 步：选中"用导出的项目替换重复的项目"单选按钮，单击"浏览"按钮，打开

"打开个人文件夹"对话框。在"查找范围"下拉列表中选择考生文件夹，在文本框中输入"A8-A.PST"，单击"确定"按钮，返回到"导出个人文件夹"对话框，单击"完成"按钮。

8.15　第 15 题解答

1. 创建新邮件

第 1 步：在 Outlook 窗口中执行"文件"|"导入和导出"命令，打开"导入和导出向导"对话框。在"请选择要执行的操作"列表框中选择"从另一程序或文件导入"，单击"下一步"按钮，打开"导入文件"对话框。

第 2 步：在"从下面位置选择要导入的文件类型"列表框中，选择"个人文件夹文件"，单击"下一步"按钮，打开"导入个人文件夹"对话框。

第 3 步：选中"用导入的项目替换重复的项目"单选按钮，单击"浏览"按钮，打开"打开个人文件夹"对话框，在"查找范围"下拉列表中选择考生文件夹中的文件 A8.PST，单击"打开"按钮，返回到"导入个人文件夹"对话框。

第 4 步：单击"下一步"按钮，进入下一个"导入个人文件夹"对话框。在"从下面位置选择要导入的文件夹"列表中选中"个人文件夹"，选中"包括子文件夹"复选框。单击"完成"按钮。

第 5 步：在"常用"工具栏中单击"新建"按钮，在下拉菜单中选择"邮件"命令，打开"未命名的邮件"窗口。在"主题"文本框中输入"举办培训班"，将光标定位在邮件内容编辑框中，根据样文输入具体内容。

第 6 步：单击"收件人"按钮，打开"选择姓名"对话框，在联系人列表中选择"小李"，单击"收件人"按钮，单击"确定"按钮。

第 7 步：执行"插入"|"文件"命令，打开"插入文件"对话框，在"查找范围"下拉列表中选择 C:\Win2008GJW\KSML3 文件夹，在列表中选择 fujian 8-15.XLS，单击"插入"按钮，单击"发送"按钮。

第 8 步：在"常用"工具栏中单击"新建"按钮，在下拉菜单中选择"邮件"命令，打开"未命名的邮件"窗口，在"主题"文本框中输入"参加生日宴会"，将光标定位在邮件内容编辑框中，根据样文输入具体内容。

第 9 步：单击"收件人"按钮，打开"选择姓名"对话框，在联系人列表中选择"小王"，单击"收件人"按钮，在联系人列表中选择"小乙"，单击"抄送"按钮，单击"确定"按钮。在邮件窗口"常用"工具栏中单击"重要性：高"按钮，单击"发送"按钮。

2. 由邮件创建任务

第 10 步：在"收件箱"邮件列表中选中"参加培训"的邮件，用鼠标拖动到 Outlook 面板列表中的"任务"图标上，打开"参加培训-任务"窗口。

第 11 步：在"开始日期"文本框中选择"2008 年 6 月 2 日"，在"截止日期"文本框中选择"2008 年 6 月 5 日"。选中"提醒"复选框，并在"提醒"后面的文本框中选择"2008 年 6 月 1 日"，在后面的时间下拉列表中选择"上午 8:00"，单击"保存并关闭"按钮。

3. 安排约会

第 12 步：在"常用"工具栏中单击"新建"按钮，在下拉菜单中选择"约会"命令，打开"未命名-约会"窗口。

第 13 步：在"主题"文本框中输入"散步"，在"地点"文本框中输入"操场"，在"开始时间"文本框中选择"2008 年 7 月 27 日"，并在后面的时间下拉列表中选择"下午 7:00"，在"结束时间"后面的时间下拉列表中选择"下午 7:30"。选中"提醒"复选框，并在"提前"后面的下拉列表中选择"5 分钟"。在正文区域内输入适当的内容，单击"保存并关闭"按钮。

第 14 步：在"常用"工具栏中单击"新建"按钮，在下拉菜单中选择"约会"命令，打开"未命名-约会"窗口。

第 15 步：在"主题"文本框中输入"乒乓球训练"，在"地点"文本框中输入"一高"，在"常用"工具栏中单击"重复周期"按钮，打开"约会周期"对话框。在"定期模式"区域选中"按周"单选按钮，在"重复范围"的"开始"下拉列表中选择"2008 年 7 月 26 日"，选中"星期六"复选框，在"约会时间"区域选择"下午 4:00 到 6:00"。

第 16 步：单击"确定"按钮返回到约会窗口，在正文区域内输入适当的内容，，单击"保存并关闭"按钮。

4. 导出结果

第 17 步：执行"文件"|"导入和导出"命令，打开"导入和导出向导"对话框。

第 18 步：在"请选择要执行的操作"列表框中选择"导出到一个文件"，单击"下一步"按钮，打开"导出到文件"对话框。

第 19 步：在"创建文件的类型"列表框中选择"个人文件夹文件"，单击"下一步"按钮，打开"导出个人文件夹"对话框。

第 20 步：在"选定导出的文件夹"列表中选中"个人文件夹"，选中"包括子文件夹"复选框，单击"下一步"按钮，进入下一个"导出个人文件夹"对话框。

第 21 步：选中"用导出的项目替换重复的项目"单选按钮，单击"浏览"按钮，打开"打开个人文件夹"对话框。在"查找范围"下拉列表中选择考生文件夹，在文本框中输入"A8-A.PST"，单击"确定"按钮，返回到"导出个人文件夹"对话框，单击"完成"按钮。

8.16 第 16 题解答

1. 创建新邮件

第 1 步：在 Outlook 窗口中执行"文件"|"导入和导出"命令，打开"导入和导出向导"对话框。在"请选择要执行的操作"列表框中选择"从另一程序或文件导入"，单击"下一步"按钮，打开"导入文件"对话框。

第 2 步：在"从下面位置选择要导入的文件类型"列表框中，选择"个人文件夹文件"，单击"下一步"按钮，打开"导入个人文件夹"对话框。

第 3 步：选中"用导入的项目替换重复的项目"单选按钮，单击"浏览"按钮，打开

"打开个人文件夹"对话框，在"查找范围"下拉列表中选择考生文件夹中的文件 A8.PST，单击"打开"按钮，返回到"导入个人文件夹"对话框。

第 4 步：单击"下一步"按钮，进入下一个"导入个人文件夹"对话框。在"从下面位置选择要导入的文件夹"列表中选中"个人文件夹"，选中"包括子文件夹"复选框。单击"完成"按钮。

第 5 步：在"常用"工具栏中单击"新建"按钮，在下拉菜单中选择"邮件"命令，打开"未命名的邮件"窗口。在"主题"文本框中输入"参加考试"，将光标定位在邮件内容编辑框中，根据样文输入具体内容。

第 6 步：单击"收件人"按钮，打开"选择姓名"对话框，在联系人列表中选择"小张"，单击"收件人"按钮，单击"确定"按钮。

第 7 步：执行"插入"|"文件"命令，打开"插入文件"对话框，在"查找范围"下拉列表中选择 C:\Win2008GJW\KSML3 文件夹，在列表中选择 fujian 8-16.DOC，单击"插入"按钮，单击"发送"按钮。

第 8 步：在"常用"工具栏中单击"新建"按钮，在下拉菜单中选择"邮件"命令，打开"未命名的邮件"窗口，在"主题"文本框中输入"销售情况"，将光标定位在邮件内容编辑框中，根据样文输入具体内容。

第 9 步：单击"收件人"按钮，打开"选择姓名"对话框，在联系人列表中选择"小赵"，单击"收件人"按钮，在联系人列表中选择"小明"，单击"抄送"按钮，单击"确定"按钮。

第 10 步：在邮件窗口"常用"工具栏中单击"重要性：高"按钮，单击"发送"按钮。

2. 答复邮件

第 11 步：在"收件箱"邮件列表中选中"游泳"邮件，在"常用"工具栏中单击"答复发件人"按钮，打开"答复：游泳"的邮件窗口。

第 12 步：在邮件窗口的正文区内输入邮件的正文，在"常用"工具栏中单击"标记邮件"按钮，打开"后续标志"对话框。在"标志"下拉列表中选择"无须响应"，单击"确定"按钮，返回到邮件窗口，单击"发送"按钮。

3. 转发邮件

第 13 步：在"收件箱"邮件列表中选中"参加聚会"的邮件。在"常用"工具栏中单击"转发"按钮，打开"转发：参加聚会"邮件窗口。单击"收件人"按钮，打开"选择姓名"对话框，在名称列表中选择"小李"，单击"收件人"按钮，单击"确定"按钮。

第 14 步：在邮件窗口的正文区内输入邮件的正文，在"常用"工具栏中单击"标记邮件"按钮，打开"后续标志"对话框。在"标志"下拉列表中选择"请答复"，单击"确定"按钮，返回到邮件窗口。

第 15 步：在邮件窗口"常用"工具栏中单击"重要性：高"按钮，单击"发送"按钮。

4. 通讯簿操作

第 16 步：在"常用"工具栏中单击"新建"按钮，在下拉菜单中选择"联系人"命令，打开"未命名-联系人"窗口。根据样文 8-16E 输入联系人相应的内容，单击"保存并关闭"

按钮。

5. 导出结果

第 17 步：执行"文件"|"导入和导出"命令，打开"导入和导出向导"对话框。在"请选择要执行的操作"列表框中选择"导出到一个文件"，单击"下一步"按钮，打开"导出到文件"对话框。

第 18 步：在"创建文件的类型"列表框中选择"个人文件夹文件"，单击"下一步"按钮，打开"导出个人文件夹"对话框。

第 19 步：在"选定导出的文件夹"列表中选中"个人文件夹"，选中"包括子文件夹"复选框，单击"下一步"按钮，进入下一个"导出个人文件夹"对话框。

第 20 步：选中"用导出的项目替换重复的项目"单选按钮，单击"浏览"按钮，打开"打开个人文件夹"对话框。在"查找范围"下拉列表中选择考生文件夹，在文本框中输入"A8-A.PST"，单击"确定"按钮，返回到"导出个人文件夹"对话框，单击"完成"按钮。

8.17 第 17 题解答

1. 创建新邮件

第 1 步：在 Outlook 窗口中执行"文件"|"导入和导出"命令，打开"导入和导出向导"对话框。在"请选择要执行的操作"列表框中选择"从另一程序或文件导入"，单击"下一步"按钮，打开"导入文件"对话框。

第 2 步：在"从下面位置选择要导入的文件类型"列表框中，选择"个人文件夹文件"，单击"下一步"按钮，打开"导入个人文件夹"对话框。

第 3 步：选中"用导入的项目替换重复的项目"单选按钮，单击"浏览"按钮，打开"打开个人文件夹"对话框，在"查找范围"下拉列表中选择考生文件夹中的文件 A8.PST，单击"打开"按钮，返回到"导入个人文件夹"对话框。

第 4 步：单击"下一步"按钮，进入下一个"导入个人文件夹"对话框。在"从下面位置选择要导入的文件夹"列表中选中"个人文件夹"，选中"包括子文件夹"复选框。单击"完成"按钮。

第 5 步：在"常用"工具栏中单击"新建"按钮，在下拉菜单中选择"邮件"命令，打开"未命名的邮件"窗口。在"主题"文本框中输入"产品介绍"，将光标定位在邮件内容编辑框中，根据样文输入具体内容。

第 6 步：单击"收件人"按钮，打开"选择姓名"对话框，在联系人列表中选择"小李"，单击"收件人"按钮，单击"确定"按钮。

第 7 步：执行"插入"|"文件"命令，打开"插入文件"对话框，在"查找范围"下拉列表中选择 C:\Win2008GJW\KSML3 文件夹，在列表中选择 fujian 8-17.DOC，单击"插入"按钮，单击"发送"按钮。

第 8 步：在"常用"工具栏中单击"新建"按钮，在下拉菜单中选择"邮件"命令，打开"未命名的邮件"窗口，在"主题"文本框中输入"参加产品展销会"，将光标定位在邮件内容编辑框中，根据样文输入具体内容。

第 9 步：单击"收件人"按钮，打开"选择姓名"对话框，在联系人列表中选择"小青"，单击"收件人"按钮，在联系人列表中选择"小于"，单击"抄送"按钮，单击"确定"按钮。

第 10 步：在邮件窗口"常用"工具栏中单击"重要性：高"按钮，单击"发送"按钮。

2. 答复邮件

第 11 步：在"收件箱"邮件列表中选中"参加聚会"邮件，在"常用"工具栏中单击"答复发件人"按钮，打开"答复：参加聚会"的邮件窗口。

第 12 步：在邮件窗口的正文区内输入邮件的正文，在"常用"工具栏中单击"标记邮件"按钮，打开"后续标志"对话框。在"标志"下拉列表中选择"请打电话"，单击"确定"按钮，返回到邮件窗口，单击"发送"按钮。

3. 转发邮件

第 13 步：在"收件箱"邮件列表中选中"产品发布"的邮件。在"常用"工具栏中单击"转发"按钮，打开"转发：产品发布"邮件窗口。单击"收件人"按钮，打开"选择姓名"对话框，在名称列表中选择"小甲"，单击"收件人"按钮，单击"确定"按钮。

第 14 步：在邮件窗口的正文区内输入邮件的正文，在"常用"工具栏中单击"标记邮件"按钮，打开"后续标志"对话框。在"标志"下拉列表中选择"请答复"，单击"确定"按钮，返回到邮件窗口。

第 15 步：在邮件窗口"常用"工具栏中单击"重要性：高"按钮，单击"发送"按钮。

4. 通讯簿操作

第 16 步：在"常用"工具栏中单击"新建"按钮，在下拉菜单中选择"联系人"命令，打开"未命名-联系人"窗口。根据样文 8-17E 输入联系人相应的内容，单击"保存并关闭"按钮。

5. 导出结果

第 17 步：执行"文件" | "导入和导出"命令，打开"导入和导出向导"对话框。在"请选择要执行的操作"列表框中选择"导出到一个文件"，单击"下一步"按钮，打开"导出到文件"对话框。

第 18 步：在"创建文件的类型"列表框中选择"个人文件夹文件"，单击"下一步"按钮，打开"导出个人文件夹"对话框。

第 19 步：在"选定导出的文件夹"列表中选中"个人文件夹"，选中"包括子文件夹"复选框，单击"下一步"按钮，进入下一个"导出个人文件夹"对话框。

第 20 步：选中"用导出的项目替换重复的项目"单选按钮，单击"浏览"按钮，打开"打开个人文件夹"对话框。在"查找范围"下拉列表中选择考生文件夹，在文本框中输入"A8-A.PST"，单击"确定"按钮，返回到"导出个人文件夹"对话框，单击"完成"按钮。

8.18 第18题解答

1. 创建新邮件

第1步：在 Outlook 窗口中执行"文件"|"导入和导出"命令，打开"导入和导出向导"对话框。在"请选择要执行的操作"列表框中选择"从另一程序或文件导入"，单击"下一步"按钮，打开"导入文件"对话框。

第2步：在"从下面位置选择要导入的文件类型"列表框中，选择"个人文件夹文件"，单击"下一步"按钮，打开"导入个人文件夹"对话框。

第3步：选中"用导入的项目替换重复的项目"单选按钮，单击"浏览"按钮，打开"打开个人文件夹"对话框，在"查找范围"下拉列表中选择考生文件夹中的文件 A8.PST，单击"打开"按钮，返回到"导入个人文件夹"对话框。

第4步：单击"下一步"按钮，进入下一个"导入个人文件夹"对话框。在"从下面位置选择要导入的文件夹"列表中选中"个人文件夹"，选中"包括子文件夹"复选框。单击"完成"按钮。

第5步：在"常用"工具栏中单击"新建"按钮，在下拉菜单中选择"邮件"命令，打开"未命名的邮件"窗口。在"主题"文本框中输入"治污工艺"，将光标定位在邮件内容编辑框中，根据样文输入具体内容。

第6步：单击"收件人"按钮，打开"选择姓名"对话框，在联系人列表中选择"小洪"，单击"收件人"按钮，单击"确定"按钮。

第7步：执行"插入"|"文件"命令，打开"插入文件"对话框，在"查找范围"下拉列表中选择 C:\Win2008GJW\KSML3 文件夹，在列表中选择 fujian 8-18.DOC，单击"插入"按钮，单击"发送"按钮。

第8步：在"常用"工具栏中单击"新建"按钮，在下拉菜单中选择"邮件"命令，打开"未命名的邮件"窗口，在"主题"文本框中输入"乒乓球赛"，将光标定位在邮件内容编辑框中，根据样文输入具体内容。

第9步：单击"收件人"按钮，打开"选择姓名"对话框，在联系人列表中选择"小李"，单击"收件人"按钮，在联系人列表中选择"小于"，单击"抄送"按钮，单击"确定"按钮。在邮件窗口"常用"工具栏中单击"重要性：高"按钮，单击"发送"按钮。

2. 答复邮件

第10步：在"收件箱"邮件列表中选中王五的"参加篮球赛"邮件，在"常用"工具栏中单击"答复发件人"按钮，打开"答复：参加篮球赛"的邮件窗口。

第11步：在邮件窗口的正文区内输入邮件的正文，在"常用"工具栏中单击"标记邮件"按钮，打开"后续标志"对话框。在"标志"下拉列表中选择"无须响应"，单击"确定"按钮，返回到邮件窗口，单击"发送"按钮。

3. 转发邮件

第12步：在"收件箱"邮件列表中选中小李的"参加培训"邮件。在"常用"工具栏中单击"转发"按钮，打开"转发：参加培训"邮件窗口。单击"收件人"按钮，打开"选择姓名"对话框，在名称列表中选择"小赵"，单击"收件人"按钮，单击"确定"按钮。

第 13 步：在邮件窗口的正文区内输入邮件的正文，在"常用"工具栏中单击"标记邮件"按钮，打开"后续标志"对话框。在"标志"下拉列表中选择"请转发"，单击"确定"按钮，返回到邮件窗口。

第 14 步：在邮件窗口"常用"工具栏中单击"重要性：高"按钮，单击"发送"按钮。

4．通讯簿操作

第 15 步：在"常用"工具栏中单击"新建"按钮，在下拉菜单中选择"联系人"命令，打开"未命名-联系人"窗口。根据样文 8-18E 输入联系人相应的内容，单击"保存并关闭"按钮。

5．导出结果

第 16 步：执行"文件"|"导入和导出"命令，打开"导入和导出向导"对话框。在"请选择要执行的操作"列表框中选择"导出到一个文件"，单击"下一步"按钮，打开"导出到文件"对话框。

第 17 步：在"创建文件的类型"列表框中选择"个人文件夹文件"，单击"下一步"按钮，打开"导出个人文件夹"对话框。

第 18 步：在"选定导出的文件夹"列表中选中"个人文件夹"，选中"包括子文件夹"复选框，单击"下一步"按钮，进入下一个"导出个人文件夹"对话框。

第 19 步：选中"用导出的项目替换重复的项目"单选按钮，单击"浏览"按钮，打开"打开个人文件夹"对话框。在"查找范围"下拉列表中选择考生文件夹，在文本框中输入"A8-A.PST"，单击"确定"按钮，返回到"导出个人文件夹"对话框，单击"完成"按钮。

8.19　第 19 题解答

1．创建新邮件

第 1 步：在 Outlook 窗口中执行"文件"|"导入和导出"命令，打开"导入和导出向导"对话框。在"请选择要执行的操作"列表框中选择"从另一程序或文件导入"，单击"下一步"按钮，打开"导入文件"对话框。

第 2 步：在"从下面位置选择要导入的文件类型"列表框中，选择"个人文件夹文件"，单击"下一步"按钮，打开"导入个人文件夹"对话框。

第 3 步：选中"用导入的项目替换重复的项目"单选按钮，单击"浏览"按钮，打开"打开个人文件夹"对话框，在"查找范围"下拉列表中选择考生文件夹中的文件 A8.PST，单击"打开"按钮，返回到"导入个人文件夹"对话框。

第 4 步：单击"下一步"按钮，进入下一个"导入个人文件夹"对话框。在"从下面位置选择要导入的文件夹"列表中选中"个人文件夹"，选中"包括子文件夹"复选框。单击"完成"按钮。

第 5 步：在"常用"工具栏中单击"新建"按钮，在下拉菜单中选择"邮件"命令，打开"未命名的邮件"窗口。在"主题"文本框中输入"购买电脑"，将光标定位在邮件内容编辑框中，根据样文输入具体内容。

第 6 步：单击"收件人"按钮，打开"选择姓名"对话框，在联系人列表中选择"小李"，单击"收件人"按钮，单击"确定"按钮。

第 7 步：执行"插入" | "文件"命令，打开"插入文件"对话框，在"查找范围"下拉列表中选择 C:\Win2008GJW\KSML3 文件夹，在列表中选择 fujian 8-19.DOC，单击"插入"按钮，单击"发送"按钮。

第 8 步：在"常用"工具栏中单击"新建"按钮，在下拉菜单中选择"邮件"命令，打开"未命名的邮件"窗口，在"主题"文本框中输入"考试情况"，将光标定位在邮件内容编辑框中，根据样文输入具体内容。

第 9 步：单击"收件人"按钮，打开"选择姓名"对话框，在联系人列表中选择"小青"，单击"收件人"按钮，在联系人列表中选择"小赵"，单击"抄送"按钮，单击"确定"按钮。

第 10 步：在邮件窗口"常用"工具栏中单击"重要性：高"按钮，单击"发送"按钮。

2. 答复邮件

第 11 步：在"收件箱"邮件列表中选中"购买手机"邮件，在"常用"工具栏中单击"答复发件人"按钮，打开"答复：购买手机"的邮件窗口。

第 12 步：在邮件窗口的正文区内输入邮件的正文，在"常用"工具栏中单击"标记邮件"按钮，打开"后续标志"对话框。在"标志"下拉列表中选择"请答复"，单击"确定"按钮，返回到邮件窗口，单击"发送"按钮。

3. 转发邮件

第 13 步：在"收件箱"邮件列表中选中"参加会议"的邮件。在"常用"工具栏中单击"转发"按钮，打开"转发：参加会议"邮件窗口。单击"收件人"按钮，打开"选择姓名"对话框，在名称列表中选择"小明"，单击"收件人"按钮，单击"确定"按钮。

第 14 步：在邮件窗口的正文区内输入邮件的正文，在"常用"工具栏中单击"标记邮件"按钮，打开"后续标志"对话框。在"标志"下拉列表中选择"请阅读"，单击"确定"按钮，返回到邮件窗口。

第 15 步：在邮件窗口"常用"工具栏中单击"重要性：高"按钮，单击"发送"按钮。

4. 通讯簿操作

第 16 步：在"常用"工具栏中单击"新建"按钮，在下拉菜单中选择"联系人"命令，打开"未命名-联系人"窗口。根据样文 8-19E 输入联系人相应的内容，单击"保存并关闭"按钮。

5. 导出结果

第 17 步：执行"文件" | "导入和导出"命令，打开"导入和导出向导"对话框。在"请选择要执行的操作"列表框中选择"导出到一个文件"，单击"下一步"按钮，打开"导出到文件"对话框。

第 18 步：在"创建文件的类型"列表框中选择"个人文件夹文件"，单击"下一步"按钮，打开"导出个人文件夹"对话框。

第 19 步：在"选定导出的文件夹"列表中选中"个人文件夹"，选中"包括子文件夹"复选框，单击"下一步"按钮，进入下一个"导出个人文件夹"对话框。

第 20 步：选中"用导出的项目替换重复的项目"单选按钮，单击"浏览"按钮，打开"打开个人文件夹"对话框。在"查找范围"下拉列表中选择考生文件夹，在文本框中输入"A8-A.PST"，单击"确定"按钮，返回到"导出个人文件夹"对话框，单击"完成"按钮。

8.20　 第 20 题解答

1. 创建新邮件

第 1 步：在 Outlook 窗口中执行"文件"|"导入和导出"命令，打开"导入和导出向导"对话框。在"请选择要执行的操作"列表框中选择"从另一程序或文件导入"，单击"下一步"按钮，打开"导入文件"对话框。

第 2 步：在"从下面位置选择要导入的文件类型"列表框中，选择"个人文件夹文件"，单击"下一步"按钮，打开"导入个人文件夹"对话框。

第 3 步：选中"用导入的项目替换重复的项目"单选按钮，单击"浏览"按钮，打开"打开个人文件夹"对话框，在"查找范围"下拉列表中选择考生文件夹中的文件 A8.PST，单击"打开"按钮，返回到"导入个人文件夹"对话框。

第 4 步：单击"下一步"按钮，进入下一个"导入个人文件夹"对话框。在"从下面位置选择要导入的文件夹"列表中选中"个人文件夹"，选中"包括子文件夹"复选框。单击"完成"按钮。

第 5 步：在"常用"工具栏中单击"新建"按钮，在下拉菜单中选择"邮件"命令，打开"未命名的邮件"窗口。在"主题"文本框中输入"参加面试"，将光标定位在邮件内容编辑框中，根据样文输入具体内容。

第 6 步：单击"收件人"按钮，打开"选择姓名"对话框，在联系人列表中选择"小丁"，单击"收件人"按钮，单击"确定"按钮。

第 7 步：执行"插入"|"文件"命令，打开"插入文件"对话框，在"查找范围"下拉列表中选择 C:\Win2008GJW\KSML3 文件夹，在列表中选择 fujian 8-20.DOC，单击"插入"按钮，单击"发送"按钮。

第 8 步：在"常用"工具栏中单击"新建"按钮，在下拉菜单中选择"邮件"命令，打开"未命名的邮件"窗口，在"主题"文本框中输入"参加舞会"，将光标定位在邮件内容编辑框中，根据样文输入具体内容。

第 9 步：单击"收件人"按钮，打开"选择姓名"对话框，在联系人列表中选择"小甲"，单击"收件人"按钮，在联系人列表中选择"小乙"，单击"抄送"按钮，单击"确定"按钮。

第 10 步：在邮件窗口"常用"工具栏中单击"重要性：高"按钮，单击"发送"按钮。

2. 答复邮件

第 11 步：在"收件箱"邮件列表中选中"工作进展"邮件，在"常用"工具栏中单击

"答复发件人"按钮,打开"答复:工作进展"的邮件窗口。

第 12 步:在邮件窗口的正文区内输入邮件的正文,在"常用"工具栏中单击"标记邮件"按钮,打开"后续标志"对话框。在"标志"下拉列表中选择"请转发",单击"确定"按钮,返回到邮件窗口,单击"发送"按钮。

3. 转发邮件

第 13 步:在"收件箱"邮件列表中选中"清明旅游"的邮件。在"常用"工具栏中单击"转发"按钮,打开"转发:清明旅游"邮件窗口。单击"收件人"按钮,打开"选择姓名"对话框,在名称列表中选择"小张",单击"收件人"按钮,单击"确定"按钮。

第 14 步:在邮件窗口的正文区内输入邮件的正文,在"常用"工具栏中单击"标记邮件"按钮,打开"后续标志"对话框。在"标志"下拉列表中选择"请答复",单击"确定"按钮,返回到邮件窗口。

第 15 步:在邮件窗口"常用"工具栏中单击"重要性:高"按钮,单击"发送"按钮。

4. 通讯簿操作

第 16 步:在"常用"工具栏中单击"新建"按钮,在下拉菜单中选择"联系人"命令,打开"未命名-联系人"窗口。根据样文 8-20E 输入联系人相应的内容,单击"保存并关闭"按钮。

5. 导出结果

第 17 步:执行"文件"|"导入和导出"命令,打开"导入和导出向导"对话框。在"请选择要执行的操作"列表框中选择"导出到一个文件",单击"下一步"按钮,打开"导出到文件"对话框。

第 18 步:在"创建文件的类型"列表框中选择"个人文件夹文件",单击"下一步"按钮,打开"导出个人文件夹"对话框。

第 19 步:在"选定导出的文件夹"列表中选中"个人文件夹",选中"包括子文件夹"复选框,单击"下一步"按钮,进入下一个"导出个人文件夹"对话框。

第 20 步:选中"用导出的项目替换重复的项目"单选按钮,单击"浏览"按钮,打开"打开个人文件夹"对话框。在"查找范围"下拉列表中选择考生文件夹,在文本框中输入"A8-A.PST",单击"确定"按钮,返回到"导出个人文件夹"对话框,单击"完成"按钮。